KB063965

바다인문학연구총서 007

해역 속의 인간과 바다의 조우

– 세계경제와 해역경제 –

이 저서는 2018년 대한민국 교육부와 한국연구재단의 지원을 받아 수행된 연구임(NRF-2018S1A6A3A01081098).

해역 속의 인간과 바다의 조우
-세계경제와 해역경제-

초판 1쇄 발행 2021년 5월 20일

지은이 | 현재열
펴낸이 | 윤관백
펴낸곳 | 도서출판 선인

등 록 | 제5 - 77호(1998.11.4)
주 소 | 서울시 마포구 마포대로 4다길 4, 곶마루빌딩 1층
전 화 | 02)718 - 6252 / 6257
팩 스 | 02)718 - 6253
E-mail | sunin72@chol.com

정 가 24,000원
ISBN 979-11-6068-480-3 93450

· 잘못된 책은 바꿔 드립니다.

바다인문학연구총서 007

해역 속의 인간과 바다의 조우

- 세계경제와 해역경제 -

현 재 열 지음

발간사

한국해양대학교 국제해양문제연구소는 2018년부터 2025년까지 한국연구재단의 지원을 받아 인문한국플러스(HK⁺)사업을 수행하고 있다. 그 사업의 연구 아젠다가 '바다인문학'이다. 바다인문학은 국제해양문제연구소가 지난 10년간 수행한 인문한국지원사업인 '해항도시 문화교섭연구'를 계승·심화시킨 것으로, 그 개요를 간단히 소개하면 다음과 같다.

먼저 바다인문학은 바다와 인간의 관계를 연구한다. 이때의 '바다'는 인간의 의도와 관계없이 작동하는 자체의 운동과 법칙을 보여주는 물리적 바다이다. 이런 맥락에서 바다인문학은 바다의 물리적 운동인 해문(海文)과 인간의 활동인 인문(人文)의 관계에 주목한다. 포유류인 인간은 주로 육지를 근거지로 살아왔기 때문에 바다가 인간의 삶에 미친 영향에 대해 오랫동안 그다지 관심을 갖지 않고 살아왔다. 그러나 최근의 천문·우주학, 지구학, 지질학, 해양학, 기후학, 생물학 등의 연구 성과는 '바다의 무늬'(海文)와 '인간의 무늬'(人文)가 서로 영향을 주고받으며 전개되어 왔다는 것을 보여준다.

바다의 물리적 운동이 인류의 사회경제와 문화에 지대한 영향력을 행사해 왔던 것은 태곳적부터다. 반면 인류가 바다의 물리적 운동을 과학적으로 이해하고 심지어 바다에 영향을 주기 시작한 것은 최근의 일이다. 해문과 인문의 관계는 지구상에 존재하는 생명의 근원으로서의 바다. 지구를 둘러싼 바다와 해양지각의 운동, 태평양진동과 북대서양진동과 같은 바다의 지구기후에 대한 영향, 바닷길을 이용한 사람·상품·문화의 교류와 종(種)의 교환, 바다 공간을 둘러싼 담론 생산과 경쟁, 컨테이너화와 글로벌 소싱으로 상징되는 바다를 매개로 한 지구화, 바다와 인간의 관계 역전과 같은 현상을 통해 역동적으로 전개되어 왔다.

이와 같은 바다와 인간의 관계를 배경으로, 국제해양문제연구소는 크게 두 범주의 집단연구 주제를 기획하고 있다. 인문한국플러스사업 1단계(2018~2021) 기간 중에 '해역 속의 인간과 바다의 관계론적 조우'를, 2단계(2021~2025) 기간 중에 바다와 인간의 관계에서 발생하는 현안해결을 통한 '해역공동체의 형성과 발전 방안'을 연구결과로 생산할 예정이다.

다음으로 바다인문학의 학문방법론은 학문 간의 상호소통을 단절시켰던 근대 프로젝트의 폐단을 극복하기 위해 전통적인 학제적 연구 전통을 복원한다. 바다인문학에서 '바다'는 물리적 실체로서의 바다라는 의미 이외에 다른 학문 특히 해문과 관련된 연구 성과를 '받아들이다'는 수식어의 의미로, 바다인문학의 연구방법론은 학제적·범학적 연구를 지향한다. 우리의 전통 학문방법론은 천지인(天地人) 3재 사상에서 알 수 있듯이, 인문의 원리가 천문과 지문의 원리와 조화된다고 보았다. 천도(天道), 지도(地道) 그리고 인도(人道)의 상호관계성의 강조는 자연세계와 인간세계의 원리와 학문 간의 학제적 연구와 고찰을 중시하였다.

그런데 동서양을 막론하고 전통적 학문방법론은 바다의 원리인 해문이나 해도(海道)와 인문과의 관계는 간과해 왔다. 바다인문학은 천지의 원리뿐만 아니라 바다의 원리를 포함한 천지해인(天地海人)의 원리와 학문적 성과가 상호 소통하며 전개되는 것이 해문과 인문의 관계를 연구하는 학문의 방법론이 되어야 한다고 제안한다. 바다인문학은 전통적 학문 방법론에서 주목하지 않았던 바다와 관련된 학문적 성과를 인문과 결합한다는 점에서 단순한 학제적 연구 전통의 복원을 넘어서는 것으로 전적으로 참신하다.

마지막으로 '바다인문학'은 인문학의 상대적 약점으로 지적되어 온 사회와의 유리에 대응하여 사회의 요구에 좀 더 빠르게 반응한다. 바다인문학은 기존의 연구 성과를 바탕으로 바다와 인간의 관계에서 발생하는 현안에 대한 해법을 제시하는 '문제해결형 인문학'을 지향한다. 국제해양문제연구소가 주목하는 바다와 인간의 관계에서 출현하는 현안은 해양 분쟁의 역사와 전망, 구항재개발 비교연구, 중국의 일대일로와 한국의 북방 및 신남방정책, 표류와 난민, 선원도(船員道)와 해기사도(海技士道), 해항도시 문화유산의 활용 비교연구, 인류세(人類世, Anthropocene) 등이다.

이상에서 간략하게 소개하였듯이 '바다인문학:문제해결형 인문학'은 바다의 물리적 운동과 관련된 학문들과 인간과 관련된 학문들의 학제적·범학적 연구를 지향하면서 바다와 인간의 관계를 둘러싼 현안에 대해 해법을 모색한다. 이런 이유로 바다인문학 연구총서는 크게 두 유형으로 출간될 것이다. 하나는 1단계 및 2단계의 집단연구 성과의 출간이며, 나머지 하나는 바다와 인간의 관계에서 발생하는 현안을 다루는 연구 성과의 출간이다. 우리는 이 총서들이 상호연관성을 가지면서 '바다인문학:문제해결형 인문학' 연구의 완성도를 높여가길 기대한다. 그리하여 이 총서들이 국제해양문제연구소가 해문과 인문 관계 연구의 학문적·사회적 확산을 도모하고 세계적 담론의 생산·소통의 산실로 자리매김하는데 일조하길 희망한다. 물론 연구총서 발간과 그 학문적 수준은 전적으로 이 프로젝트에 참여하는 연구자들의 역량에 달려 있다. 연구·집필자들께 감사와 부탁의 말씀을 동시에 드린다.

2020년 1월

국제해양문제연구소장

정 문 수

책을 내며

이 책은 한국해양대 국제해양문제연구소에서 수행하는 인문한국플러스 연구사업(바다인문학)의 1단계 3년차 연구 성과로서 제출된 것이다. 이 사업의 1단계 3년차 연구 주제는 바다에서 벌어지는 인간과 바다의 조우를 지역별로 연구한 뒤 그것을 광역 비교해 보는 것이었다. 원래는 이런 연구 주제에 맞추어 여러 지역을 전공으로 연구하는 학자들의 성과를 모아 배열하는 방식으로 3년차의 성과를 제출할 생각이었지만, 실제 이를 실행해 보니 생각만큼 쉽지 않았다. 무엇보다 광역 비교를 위해선 특정 키워드에 맞는 지역별 연구 성과의 산출이 이루어져야 하고 그에 입각해 전체적 구성을 짜야 하지만, 실제 우리에게 주어진 조건에서는 그렇게 특정 키워드에 맞추어 멀리 떨어진 지역들을 별개로 연구하는 사례들을 발견하기는 어려웠다. 그러던 차에 내가 오랫동안 구상하던 좀 큰 그림이 있었고 그 그림 속에서 광역 비교가 하나의 방법으로 들어가 있었기에, 비록 원래의 그 큰 그림을 실현하기는 아직 부족하지만, 중간 단계로서 광역 비교의 방법을 사용해 지금까지 공부하고 생각한 바를 정리해보자는 생각을 하게 되었다. 그리고 내 생각을 연구소 기획 부문과 소장님을 비롯한 운영진에 밝혀 승낙을 얻고 이 책을 비교적 짧은 기간에 서술하게 되었다. 그러다 보니 책이 하고자 하는 바는 꽤 크고 넓으나 실제로 실현된 바는 별것이 없는 그런 것이 되고만 느낌도 든다. 다음에 기회가 된다면, 좀 더 보강하고 고쳐 나갈 것을 약속드린다.

하지만 이 책은 내가 혼자 구상하고 서술한 것이지만, 그렇다고 온전히 나의 것이기만 한 것은 아니다. 내가 이 책에서 서술하고 펼쳐 놓은 생각들은 지난 10여 년간 한국해양대학교 국제해양문제연구소에 몸담으며 주변의 동료들과 끊임없이 나눈 대화와 토론의 결과들이다. 물론 내가 여기에 펼쳐 놓은 생각에 연구소 동료 교수님들이 모두 동의하는 것도 아니고, 심지어 반대하기도 할 것이다. 그럼에도 내가 지금 현재 수준에서 세계경제사에 대해 가진 생각은 오로지 나 혼자 공부한 결과가 아니라 여러 자리에서, 세미나나 학습 모임의 자리만이 아니라 밥 먹는 자리에서, 차 마시는 자리에서, 산책하는 자리에서 여러 동료 교수님들과 마음껏 나눈 대화의 결과이다. 어쩌면 이런 환경이야말로 한국의 학문 사회에서 아직은 쉽게 접하기 힘든 것이며 내가 그런 환경 속에서 10년을 더 넘게 다양한 관심사를 가지고 여러 주제에 대해 공부할 수 있었던 것은 행운이라는 생각이 든다. 그렇다고 이 책의 내용에 대한 책임을 얄궂게도 다른 동료 교수님께 돌리려는 의도는 전혀 없으며, 이 책의 내용에 대한 책임은 전적으로 나의 것이다.

책은 완전히 새로 쓴 것이다. 물론 책의 내용에 따라, 특히 1부에서는 기존에 내가 발표한 경제사 관련 여러 논문들이 토대가 되어 주었다. 그래서 일부는 그 논문들의 내용과 거의 똑같은 부분도 있을 것이다. 하지만 기본적으로 나는 이 책에서 기존에 나온 논문과 내용상으로 거의 똑

같다고 하더라도 글은 완전히 새로 쓰고자 노력했다. 그리고 2부의 경우 능력과 여유의 부족으로 인해 실증과 준거 면에서 부족한 점이 많지만, 지금까지 어디서도 밝힌 적 없는 내 생각을 그대로 풀어보았다. 특히 동아시아 역사에 대해 전혀 전문적이지 못한 내가 논지 전개의 많은 부분을 그에 의지하였다. 당연히 오류와 비약, 과장과 누락이 곳곳에 산재할 것이다. 여러 전공 연구자들의 진심 어린 비판과 조언 부탁드린다.

막상 책을 낸다고 하니 여러 고민이 따랐다. 그 중 한 가지는 여기서 밝혀두어야 할 것 같다. 그것은 각주 표기 방식이다. 보통 학술서에서 각주를 표기하는 방식은 두 가지인 것 같다. 역사학에서 전통적으로 사용하는 방식은 각주에서 주로 본문 내용의 전거 문헌을 제시하고, 처음 문헌을 제시할 때 서지사항을 모두 다 갖추어 명기한 후 다음 나올 때부터는 요약 표기를 하는 것이다. 한편 사회과학 쪽에서는 주로 각주는 본문에 대한 부가 설명을 위해 사용하고 전거 문헌의 제시는 저자 이름과 출판년도만 기록하는 방식을 이용한다. 그렇다고 이것이 학문간 경계에 따라 딱 정해진 것은 아니고 저자의 선택에 따라 역사학에서 후자의 방식을 사용하기도 하고 사회과학에서도 전자의 방식을 사용하는 경우도 있는 것 같다.

나 역시도 역사학 전공자인 만큼 아무래도 전자의 방식을 선호하고, 지금까지 발표한 모든 글에서 항상 전자의 방식을 사용해 왔다. 하지만 막상 꽤 복잡한 내용을 다루는 긴 호흡의 책을 내려고 하니, 전자의 방식에는 아무래도 글의 전체 흐름을 따라가는 데 방해가 되는 측면이 있다는 생각이 든다. 특히 글이 시작되는 시점에 엄청난 양의 서지사항들이 거의 한 면의 반 이상을 채우며 제시되는 것은, 한편의 논문으로서는 논문의 학술적 위치를 명확히 한다는 점에서 의미가 있겠지만, 아무래도 학술 전공자만이 아니라 얼마간 일반인까지도 염두에 두어야 하는 책에서는 비효율적인 것으로 보일 수 있다는 느낌이다. 또 늘 느끼는 것이지만, 글을 쓰다 보면 이 전거 문헌이 처음 나온 것인지 앞에 이미 기록된 것인지 헷갈리는 일도 자주 있다. 그러면 그것을 확인하려고 애먼 시간을 허비하는 일이 다반사다. 게다가 책의 경우는 장마다 주제가 달라지거나, 혹은 본서처럼 부로 나누어 서술할 경우, 그 서두마다 저런 복잡한 과정이 반복되어야 하는 번거로움도 있다. 한편 사회과학에서 주로 쓰는 저자와 출판년도만 제시하는 방식도 너무 간략하여 본문의 전거 문헌을 찾아 참고문헌을 확인하는 과정에서 자주 혼란스러움을 느꼈다. 또 자주 확인하는 것이지만, 이런 방식을 쓸 경우 본문과 각주에서 제시한 전거 문헌을 참고문헌에서 찾을 수 없거나 참고문헌에서 제시된 것과 일치하지 않는 일도 있다. 지금까지 본 외국 문헌에서는 이런 경우를 거의 매번 확인한다. 즉, 이 방식은 전거 문헌을 확인하고자 하는 독자들에게 너무 불친절하다는 느낌이다.

그래서 나는 이 책에서 위의 두 방식을 절충해 보고자 마음먹었다. 저자 이름(외국인의 경우 성)과 책이나 논문 제목을 참고문헌에서 확실히 확인 가능한 수준까지만 제시하는 것이다. 출판년도의 경우는 기본적으로 필요한 한에서만, 예컨대 문헌이 처음 제시될 때와 본문에서 연도와 관련한 언급을 했을 경우에만 제시한다. 이런 방식은 사실 예전의 외국 문헌에서 간간히 보이기도 했었다. 하지만 어느 시점부터 논지가 입각하는 전거의 확실성을 강조한다는 의미에서, 전자의 방식으로 가거나 아니면 좀 더 독자의 가독성을 보장한다는 측면에서 후자의 방식으로 갔던 것 같다. 나는 이 방식이 현재로서는 전자의 방식이 가진 번거로움과 비효율성을 줄이고 후자의 방식이 가진 불편함을 완화시킬 최선의 선택이라 생각하고 각주의 전거 문헌 표기에 적용했다. 동료 연구자나 일반 독자들이 보시기에, 생소하게 느껴지더라도 양해 바라며, 약식 표기된 전거 문헌의 전체적 확인은 참고문헌을 통하시기를 부탁드린다.

내 이름으로 나온 첫 번째 책을 세상에 내놓으려니, 감사드려야 할 사람이 한 두 명이 아니다. 먼저 연구소의 집단적 성과 산출에 개인 저술을 포함시켜 달라는 요청에 흔쾌히 응해주신 국제해양문제연구소 정문수 소장님과 운영진께 감사드린다. 또 앞서도 얘기했듯이, 이 책은 나와 함께 국제해양문제연구소에서 10년 이상 같이 공부하고 있는 여러 교수님들이 없었다면 불가능했을 것이다. 그 분들께 감사의 인사를 드린다. 특히 동아시아 역사와 관련 사항들에 대해 아무래도 모자람이 많은 나에게 필요한 여러 자료를 제공해 주시고 숱한 대화를 통해 큰 도움을 주신 중국문학 전공의 최낙민 교수님과 일본사 전공의 이수열 교수님께 깊은 감사를 드린다. 한국사의 경우 나로서는 가장 조심스런 부분이었다. 서양사 연구자이고 깊이 있는 접근은 어렵겠지만, 한국인으로서 한국 역사에 대해 잘못된 접근은 하지 말아야지 하는 생각이었다. 그래서 같은 연구소에 근무하시는 조선시대사 전공 김강식 교수님의 도움이 절대적이었다. 교수님께서 주신 많은 자료와 조언과 격려에 이루 말할 수 없는 감사를 드린다. 눈코 뜰 새 없이 바쁜 중에도 항상 기꺼이 시간 내시어 내 생각을 들어주고 아낌없는 조언을 주시는 인류학 전공의 안미정 교수님께도 깊은 감사를 드린다. 그 외에도 권경선 교수님, 김승 교수님, 노영순 교수님, 우양호 교수님, 최진이 교수님 등 연구소의 모든 동료 교수님들께 감사하다는 인사를 드린다. 아울러 지난 10여 년의 과정에서 연구소에서 같이 시간을 보내며 많은 도움을 얻었지만 지금은 같이 하지 못하는 분들도 있다. 그 분들께도 감사 인사를 드리며, 특히 건축학 전공으로서 내게 세계와 역사에 대해 새로운 시야를 가질 수 있는 계기를 제공해 주셨던 김나영 선생님께 이 자리를 빌어 고개 숙여 감사 인사를 보낸다. 마지막으로 꼭 인사드려야 할 분이 있다. 30여 년 전 공부를 시작하며 경제만이 아니라 다방면에 걸쳐 많은 지식을 섭렵할 기회가 있었다. 그때의 공부가 지금까지도 내가 하는 모든 공부의 기초가 되고 있고, 경제를 다루는 이 책도 그 덕분에 쓸 수 있었던 것 같다. 내가 그런 기회를 누릴 수 있게 해주었고 늘 다양한 지적 자극을 주시는 경북대학교 김경남 교수님께 너무너무 감사하다는 인사 말씀을 드린다.

반드시 재차 덧붙여야 할 것은, 이렇게 감사 인사를 드린다고 해도 책의 내용과 관련해서는 이 분들께 어떤 책임도 없다는 점이다. 이렇게 많은 도움과 격려를 받았음에도 책은 많은 문제점들을 갖고 있으며, 이것은 전적으로 나의 역량 부족과 오류로 인해 발생한 나의 책임이다.

도서출판 선인의 편집진들은 지금까지 내가 낸 여러 번역서들을 출간하는 데 큰 도움을 주었다. 이제 번역서가 아닌 나의 이름으로 첫 책을 내는 데도 이 분들께서 한결 같은 성실함으로 고생을 해 주셨다. 항상 감사드렸지만, 이번에는 더욱 더 감사 인사를 드릴 수밖에 없다. 내가 쓴 책이라는 점도 있지만, 주어진 시간이 얼마 없는데다가 내가 원고를 늦게 끝내는 바람에 더 많이 힘들게 한 것 같다. 죄송하고 고맙다는 말씀 드린다.

사실 나는 대부분의 책에서 저자들이 가족에게 고마움을 표하는 모습이 좀 어색하다고 느껴왔다. 뭔가 형식적인 것 같고 꼭 저래야 하나 싶기도 했다. 하지만 그런 나도 이미 번역서를 여럿 내면서 어느새 옮긴이의 말에서 가족에게 인사말을 남기고 있었다. 정말 그런 것 같다. 꽤 긴 시간 투여해 책이라는 형식으로 하나의 결과물이 나올 때 가장 많이 생각나는 것은 가족인 것 같다. 공부란 것이 지식의 문제가 아니라 삶과 사람을 알아가는 과정이라는 것을 알게 된 것은 오로지 가족 덕분이었다. 늘 옆에서 자기 자리를 굳건히 지키며 끝없는 자극을 주는 나의 동반자, 조원옥과 존재 그 자체가 누군가에게 행복이 될 수 있음을 일깨워준 두 딸들, 수경과 명해에게 이 책을 바친다. 특히 수경은 이 책에 실린 그림 두 개를 그려주었다. 비록 그리 어렵지 않은 간단한 그림이지만, 그래도 정말 어려운 시기를 함께 보내며 똘망똘망 자라나던 아이가 어느새 아빠에게 도움을 주는 완전체가 되었다는 것이 너무 고맙다. 무한한 사랑을 보낸다.

2021년 어느새 봄이 다 지나갈 무렵에

현 재 열

Contents

| 그림 |

| 표 |

1. 서 론

우리에게 근대를 이해하는 몇 가지 열쇠를 제공한 것으로 너무나도 잘 알려진 미셸 푸코(Michel Foucault)는, 얼마간 놀랍게도, 근대 규율 형성의 계보학 중 광기와 정신병원의 역사를 다루는 책에서 바다를 "정화"의 장소로서 "가장 자유롭고 가장 개방적인 길"이면서 "끊임없이 이어지는 교차로"라고 부른다.[1] 우리가 흔히 알고 있듯이, 바다는 인간에게 원래 두려움의 대상이었고 감히 접근하기 힘든 존재였다. '해역사 연구'의 출발점에 있는 브로델(F. Braudel)조차도 바다를 "거대한 칸막이"이고 "극복해야 할 장애"였다고 한다.[2] 특히 대양은 건널 생각조차 하기 힘든 "가공할 장애물"이었다.[3] 그런데 푸코는 이미 바다를 가장 자유롭고 개방적이며 어디든 이어지는 교차로라고 한다. 푸코에게서 보이는 이런 바다에 대한 인식은 그 자체가 16세기 이래 유럽인의 해양 팽창과

1) 미셸 푸코, 『광기의 역사』, 56-57쪽.

2) Braudel, *Mediterranean*, vol. 1, p. 201. '해양사' 혹은 '해역사'의 고전인 브로델의 『지중해』는 주경철 등의 번역을 통해 2017년에 한국어판이 간행되었다. 하지만 필자는 한국어판 간행 전에 영어판을 이미 참고한 상태이다. 이에 이하 브로델의 『지중해』 인용은 영어판에 준거할 것이다.

3) 폴 뷔텔, 『대서양』, 15쪽.

함께 전개된 세계 대양의 연결과 그에 영향 받은 인간 삶의 변화를 반영하는 '근대적'인 것이라는 생각이 든다.

하지만 근대인들은 이렇게 바다를 칸막이이자 장애물로 여기는 데서 하나의 길로 보는 시각으로 전환하는 한편으로, 동시에 바다를 "광대한 빈 액체 공간"으로 인식하기도 했다.[4] 이를 잘 보여주는 것이 우리가 흔히 보는 세계 지도로, 특별히 지질학적 정보를 담은 지도가 아니라면 대개가 육지 외의 공간은 푸른 빈 공간으로 표시해 두었다. 이를 통해 근대의 국가나 민족적 경계에 익숙한 채 근대가 상정하는 온갖 기제에 얽매인 속에서 육지에서의 삶에 버둥거리는 우리는, 바다를 아주 당연하게 인간과는 무관한 것으로, 인간 행동과는 그다지 관계가 없는 것으로, 한 번씩 기분 전환하러 가는 먼 곳에 있는 빈 공간으로 인식하게 된다.[5]

지금으로부터 약 2억 년 전 하나로 뭉쳐있던 초대륙, 판게아(Pangaea)가 갈라지면서 1억 5,000만 년 전 태평양이 등장하고 대서양이 모두 완성되는 것은 1억 년 전 무렵이었다. 그리고 대양 중에서는 나중에 인도양이 약 6,000년 전 무렵에 등장했다.[6] 하지만 인간이 문명을 발생시키고 서로 떨어진 인간 집단들 사이에 교환행위와 문화적 교섭 현상이 발생하기 시작한 것은 기원전 3,000년경부터였고,[7] 인간이 대양을 횡단하며 이런 교환 및 교섭 행위를 수행한, 현재 수준에서 최초의 사례는 기원전 300년경 인도양을 항해한 말레이인들이었다.[8] 이 이

---

4) Buschmann, *Oceans in World History*, p. 2.
5) 근대 이후 바다에 대한 의존도가 커지는 만큼 오히려 인간의 삶과 의식에서 바다가 멀어지는 현상에 대해서는, 로즈와도스키, 『처음 읽는 바다 세계사』, 222-224쪽 참조.
6) Buschmann, *Oceans in World History*, p. 3.
7) Bentley, "Cross-Cultural Interaction", pp. 756-758.
8) Schaffer, "Southernization", p. 4. 최근 나온 한 고고학 박사 논문은 인도양에서 동남아시아인들의 대양 활동이 기원전 1000년대까지는 정기화되었고, 이때 이미 정향, 육두구, 후추 같은 향신료 무역이 이루어진 것으로 보고 있다.

후부터 바다는 흔히 지도상에 공백으로 놔두는 것과는 달리, 실제로는 물자와 사람의 운동으로 가득 차 있었다. 증기와 철도의 도입 이전 강이 그러했듯이, 바다는 해류와 바람의 도움을 받아 인간에게 주된 연결로들을 제공했다. 초기 인간 사회는 강과 바다, 대양을 통한 교역이 육상 교역보다 화물수송 역량이 더 크고 속도도 더 빠름을 인식하면서 그것이 훨씬 더 경제적임을 곧바로 파악했다.[9] 종종 난파라는 불행을 겪는 일도 있었지만 배의 빠른 속도와 적재 능력은 그런 위험을 충분히 상쇄했다. 일단 해류와 바람에 대해 완전히 파악하면,[10] 바다는 인간이 자주 이용하는 "고속도로"가 되었다. 바다의 움직임을 완전히 아는 것은 기술 진보에 중요한 자극을 제공했고, 선체 구조, 돛 형태, 항해용 계기는 이런 과정에서 핵심적인 역할을 했다.[11]

필자는 오늘날 우리를 감싸고 있는 21세기적 상황에서, "바다는 인간과 뗄 수 없는 관계를 맺고 있다"[12]는 로즈와도스키(Rozwadowski)의 말에 동의한다. 무엇보다 바다에 대한 접근에서 인문학적 시선을 강조하는 그녀의 다음과 같은 말은 필자에게도 출발점을 이룬다.

Hoogervorst, "Southeast Asia in the ancient Indian Ocean", pp. 252-256. 또한 Mahdi, "Origins of Southeast Asian Shipping", pp. 25-49도 참조.

9) 현재열, 「'바다에서 보는 역사'와 8-13세기 '해양권역'의 형성」, 188-189쪽.

10) 대양 중 인간이 가장 빨리 바람의 주기적 변동, 즉 풍계(風系)를 파악한 곳은 인도양이었다. 기록상으로 기원전 1세기에 인도양을 항해한 그리스인들은 풍계를 알고 있었다고 한다. 미야자키 마사카쓰, 『바다의 세계사』, 53쪽. 그런데 이것은 그리스인들이 인도양의 풍계를 발견했다는 뜻은 아니다. 각주 8)에서 얘기했듯이, 그리스인들이 오기 아주 오래전부터 동남아시아인들이 인도양을 항해했고 이것은 그리스인들보다 훨씬 앞서 그곳 사람들이 인도양 풍계를 파악하고 있었음을 뜻한다. 피어슨, 『인도양』, 90-95쪽; Hoogervorst, "Southeast Asia in the ancient Indian Ocean", p. 201; McLaughlin, *Rome and the Distant East*, 2장 참조.

11) Buschmann, *Oceans in World History*, p. 6.

12) 로즈와도스키, 『처음 읽는 바다 세계사』, 13쪽.

> 인문학은 예로부터 바다에서 일했던 사람들의 지식뿐 아니라 상상력을 통해서도 우리가 바다를 알고 있음을 일깨워준다. 속을 알 수 없는 바다는 우리가 그 표면에 자신의 두려움과 욕망을 되비추고 있음을 새삼 깨닫게 해 준다. 따라서 바다와의 생물학적 상호작용이나 화학 반응 못지않게 중요한 것이 인간이라는 주제인 셈이다.[13]

이런 시각에서 필자는 "해문(海文)"과 인문(人文)의 관계를 연구하는 '바다인문학'의 연구 필요성[14]에 공감하며 그에 대한 학문적 기여를 목표로 연구를 수행하고 있다. 그러면서도 '바다인문학'이 포괄하는 다양하고 넓은 여러 분야들 중에서 필자는 우선 바다와 인간의 조우 속에서 나타나는 경제적 양상에 관심을 둔다. 바다를 통한 인간의 교류는 크게 물자와 정보, 인간의 흐름으로 나타날 수 있는데, 특히 물자의 흐름은 가치의 이동에 다름 아니고 그 가치의 이동을 파악하는 것은, 결국 바다를 통한 여러 인간 공동체들 간의 경제적 교환 행위를 파악함을 뜻한다. 하지만 그렇다고 바다를 통한 경제적 교환 행위에 전체적으로 접근하기에는 필자의 한계가 명확하다. 오히려 그보다는 바다를 통한 경제적 교환 행위와 그것이 이에 연루된 해역 사회들에게 지속적으로 영향을 미치는 양상을 좀 더 명확히 하기 위해, 시대와 연구 대상을 한정하고 무엇보다 비교의 관점을 적용하여 이를 파악해 보고자 한다.

이에 따라 이 책에서 다룰 주제는 16-18세기 세계경제와 해역경제이다. 바다와 인간의 조우는 해역세계 내에서 일어난다. 여기서 해역세계는 인간이 바다와 관계하며 인식하게 되는 세계상이자 지리적 측면에서는 바다와 그에 접해있는 육지를 포괄하는 단위로서, 해역 내 해항도

13) 위의 책, 19쪽.
14) 정문수·정진성, 「해문(海文)과 인문(人文)의 관계 연구」, 50-53쪽.

시간 연결을 통해 성립한다.[15] 이 해역세계에서 일어나는 경제적 교류와 상호연관성의 발생은 해역경제의 형성을 뜻한다. 한편 이 해역세계들이 연결되어 세계경제를 형성한다. 따라서 경제적 측면에서 바다와 인간의 조우를 보려는 우리의 관심 단위는 해역경제와 세계경제일 수밖에 없다. 그리고 지구상의 해역경제가 모두 연결되어 전(全)지구적인 세계경제가 형성되어 간 것은 16세기부터이다. 이 지점에서 필자는, 본문의 내용에서 명확히 되겠지만, 현재 여러 글로벌 경제사학자들이 생각하는 것과 약간 다르게 16세기 이후의 세계경제를 바라본다. 여러 경제사학자들은 16세기 아메리카 은의 흐름을 통해 전(全)지구적인 세계경제가, 즉 글로벌 경제(a Global economy)가 형성되었다고 보는데, 필자는 16세기부터 전(全)지구적인 세계경제가 형성되어 간 것은 사실이지만, 그것이 완성되는 것은 18세기 말의 일이고, 제대로 글로벌 경제가 완전히 등장하는 것은 19세기 중반이나 되어서라고 보고 있다.[16] 그래서 필자는 이 책에서 다루는 시간 범위를 16세기에서 18세기로 설정하여 소위 아메리카산 은의 세계적 흐름을 통해 추동된 세계경제의 형성 과정이 3세기 간에 걸쳐 어떻게 진행되었고 그 성격이 무엇인지를 살펴보고자 하는 것이다. 그와 함께 필자는 18세기까지 여전히 기본적으로 작동하던 것은 오랜 시간에 걸쳐 형성되고 16세기 이전부터 작동하거나 16세기에 비로소 나타났던 해역경제들이었음을 밝히고, 이 해역경제들이 어떤 성격을 가지고 있었는지를 비교 방법을 통해 살펴보려 한다.

---

15) 이에 대한 자세한 논의는, 정문수 외, 『해항도시문화교섭연구방법론』, 110-113쪽; 현재열, 「브로델의 『지중해』」, 207-213쪽 참조.

16) 1부에서 상세히 다루겠지만, 필자는 기본적으로 바다를 통한 연결과 몇 가지 시장의 통합 현상만으로 글로벌 경제가 형성되었다고 보는 데 동의하지 않는다. 글로벌 경제 형성에 가장 중요한 시장 통합은 금융시장 통합이며 이 통합은 무엇보다 정보통신 상에 전(全)지구적인 연결성을 확보했을 때 가능했다고 본다. Findlay, "The Emergence of the World Economy" 참조.

세계경제와 해역경제

그러면 여기서 필자가 사용하는 세계경제와 해역경세 개념을 좀 더 명확히 해두자. 경제적인 것만이 아니라 모든 점에서 바다를 통한 인간의 교류는 기존의 대륙과 문명, 지역, 민족 같은 일반적으로 받아들여지는 범주나 경계를 넘어선다.[17] 바다는 지구 전체에 걸쳐 물리적으로 이어져 있고 어떤 인위적 경계도 수용하지 않는다. 따라서 바다를 통한 인간의 교류에 접근하는 것은 세계를 시야에 둘 수밖에 없다. 그렇지만 바다를 통해 인간이 마음 놓고 교류할 만큼 어느 정도 수준의 선박이나 항해 기술을 확보하여 지구 전체에 이어져 있는 세계를 대상으로 교류를 수행한 것은 그리 오래된 일이 아니다. 그렇다면 바다를 통한 경제적 교류가 세계 전체를 무대로 이루어진 것도 마찬가지일 것이다. 하지만 이렇게 보는 것은 세계를 지구 전체와 동일시하는 것을 전제로 하는 얘기이다. 실제로 인간이 세계를 인식하는 것이 지구 전체와 동일하게 된 것은 아주 최근의 일이다. 그 이전에 인간의 바다를 통한 경제적 교류는 그 시대와 조건의 한계 속에서 이루어졌고, 그들 간의 교류는 저마다 그들 나름의 '세계경제'를 낳았다.

오늘날, 특히 20세기 말부터 진행된 글로벌화의 영향을 받은 우리는 세계경제를 거의 자동적으로 글로벌 경제와 동일시한다. 세계경제가 지구 전체에 걸쳐 연속적인 상품 연쇄를 통해 하나로 연결되어 작동하는 체제를 가리키기 위해 이런 용어를 사용한다.[18] 하지만 이런 상태를 한정 없이 위로 거슬러 올려 적용하기는 힘들다. 적어도 19세기 이전

17) Bentley, "Sea and Ocean Basins", p. 216.
18) 이에 대해선, Greffi and Korzeniewicz, eds., *Commodity Chains and Global Capitalism*에 수록된 논문들을 보라.

의 지구 전체에 대해서 하나의 상품 연쇄나 금융 연쇄 같은 개념들을 적용할 수 있을지 의문이다.[19] 하지만 그럼에도 16세기 이래 장기적인 과정을 통해 지구 전체를 하나로 연결하는 세계경제가 등장하기 시작했음도 분명하다. 이 세계경제를 글로벌 경제와 동일시할 수는 없지만 그렇다고 그것을 그 이전에 존재하던 분절된 세계경제, 고립된 해역세계 속에서 작동하던 세계경제들과 같은 것이라고 볼 수도 없다. 이 점에서 필자는 페르낭 브로델과 월러스틴(I. Wallerstein)의 '세계-경제(world-economy)' 논의를 참조한다.

오래 전 브로델은 "**세계경제**(une économie modiale)"와 "**경제-세계**(une économie-monde)"를 구분하면서 "세계경제는 세계를 전부 합쳐봤을 때의 경제, 즉 세계의 경제 전체를 뜻하며 … '지구 전체의 시장'을 말합니다. … 경제-세계는 지구의 어느 한 부분에 국한된 경제를 가리키는데, 그 자체로 하나의 완전한 경제 단위를 이루는 경제권을 말합니다"라고 하였다.[20] 브로델에게 경제-세계는 지리적으로 지구 전체의 한 부분에 해당하지만 내부적으로는 하나의 완결된 "경제 단위"이며 일정한 분업관계를 내포하고 있다. 이런 브로델의 경제-세계 개념을 활용해, 월러스틴도 자신의 세계체제론의 핵심 개념으로 "세계-경제(world-economy)" 개념을 제시하면서 그 내부에 하나의 완전한 분업관계를 상정한다.[21] 이 두 사람의 논의를 활용하여 필자가 다루고자 하

19) 이것은 사실 글로벌화가 언제 시작되었느냐를 둘러싼 논의와도 관련된 이야기이다. 이에 대해선 아래 본문에서 글로벌화 논쟁을 다루면서 좀 더 상세히 논하겠다. 여기서는 오늘날 통계에 기초한 글로벌 경제사의 전(全)지구적인 프로젝트인 매디슨 프로젝트의 기초자인 앵거스 매디슨(Angus Maddison) 역시 '글로벌 경제' 용어의 한계를 1870년 정도로 잡고 있음을 밝힌다. Maddison and van der Eng, "Asia's Role in the Global Economy", pp. 2-6.

20) 브로델, 『물질문명과 자본주의 읽기』, 95-96쪽. 강조는 원문의 것이다.

21) Wallerstein, *The Politics of the World-Economy*, p. 13.

는 세계경제와 해역경제의 개념을 제시하면, 세계경제는 주로 시장 교환의 측면에서 지구 전체가 하나로 연결된 경제를 뜻하며,[22] 해역경제는 바다를 통해 연결된 지구상의 어느 한 부분으로서 그 내부의 네트워크를 통한 경제 교류로 결합된 하나의 완결된 경제 단위를 지칭한다.[23]

그렇다면 해역경제는 하나가 아니라 여러 개이다. 주로 지리·환경적 이유에서[24] 세계의 주요 해역에는 오래전부터 해역세계들이 형성되었고, 이것들은 그 내부의 해역 네트워크들을 통해 활발한 경제적 교류를 수행하여 긴밀한 연결 관계를 맺으면서 하나의 해역경제들을 형성했다. 이런 해역세계와 해역경제들의 형성은 짧은 기간에 갑자기 발생한 것이 아니라 오랜 시기에 걸쳐 아주 지속적이고 완만한 교류의 과정을 통해 천천히 이루어졌다. 필자는 13세기에 유라시아 대륙 전체에 걸쳐 8개의 경제적 "순환로들"이 만들어졌고 이것들이 연결되어 하나의 "세계체제"를 이루었다는 아부-루고드(Abu-Lughod)의 개척적인 연구[25]를 수용한다. 그렇지만 필자는 아부-루고드처럼 13세기에 고정하여 상황을 파악하지 않는다. 이런 해역세계와 해역경제의 형성은 13세기에 서로 연결을 완료하여 하나의 "세계체제"를 이루었을 수도 있겠지만, 그 개별 해역세계들의 형성 과정은 그 이전 여러 세기에 걸쳐 진행되었다.

이슬람의 세력 확장과 함께 인도양 해역세계가 등장하는 것은 8세

---

22) 시장의 측면에서 보면 세계경제는 "세계시장"인데, 이것은 "실제로는 전(全)지구적으로 퍼져있고 중첩되는 일련의 상호 연결된 지역 시장들"이다. Flynn, "Comparing the Tokugawa Shogunate with Hapsburg Spain", p. 340.

23) 필자와 비슷하게, '해양 아시아'를 브로델적인 시각을 도입해 바라볼 것을 제안하는, Wong and Will, "Entre monde et nation", pp. 5-41 참조.

24) 지리·환경적 측면에서 해역세계를 설정하는 대표적인 역사가는 당연히 브로델이다. Braudel, *Mediterranean*, vol. 1, p. 134. 그 외 해역세계 설정에서 지리·환경적 요인을 강조하는 설명은, Denys Lombard, "Another 'Mediterranean' in Southeast Asia"; 쵸두리, 『유럽 이전의 아시아』, 1부, 1장, 3절 「인도양의 공간·시간·구조들」 참조.

25) 아부-루고드, 『유럽 패권 이전』, 1장.

기에서 10세기 사이로 여겨진다.[26] 중국이 남중국해에 관심을 두고 동남아시아 지역과 긴밀한 교역관계를 열어 남중국해와 동중국해를 포괄하는 거대한 해역세계가 이루어지기 시작하는 것도 8세기 무렵부터였다.[27] 동아시아에서는 이미 4, 5세기에 한반도의 백제가 중국과 한반도, 일본을 연결하는 일정한 해역세계를 형성했고,[28] 10세기대에는 장보고와 그 선단의 활동과 같은 해상활동이 완전한 틀을 갖추었다.[29] 세계적 범위에서 해역세계 및 해역경제의 형성과 관련한 논의는 아래 본문에서 좀 더 상세히 다루겠지만, 어쨌든 이상의 논의를 통해 필자는 해역세계들이 8세기에서 13세기 사이에 전(全)지구적으로 형성되었다고 본다. 그리고 이렇게 형성된 해역세계들의 모습을 지도상에서 표시하면 다음과 같다.[30]

---

26) Chaudhuri, *Trade and Civilisation in Indian Ocean*, pp. 10-12; Das Gupta, *The World of the Indian Ocean Merchant*, pp. 34-35.

27) Wang Gungwu, *The Nanhai Trade*, pp. 74-78; 에노모토 와타루, 「중국인의 해상 진출과 해상제국으로서의 중국」, 30쪽.

28) 신형식, 『백제의 대외관계』, 174-175쪽.

29) 에노모토 와타루, 「중국인의 해상 진출과 해상제국으로서의 중국」, 32쪽; 윤명철, 『장보고시대의 해양활동과 동아지중해』.

30) 이 지도는 아부-루고드, 『유럽 패권 이전』, 59쪽의 도판 2를 해역세계에 대한 역사적 연구 결과들에 입각하여 일정하게 수정한 것이다. 아부-루고드의 8개 교역 '순환로'를 이와 같이 수정하는 과정은, 현재열, 「'바다에서 보는 역사'와 8-13세기 '해양권역'의 형성」, 200-207쪽 참조.

그림 1. 8-13세기에 형성된 해역세계들[31]

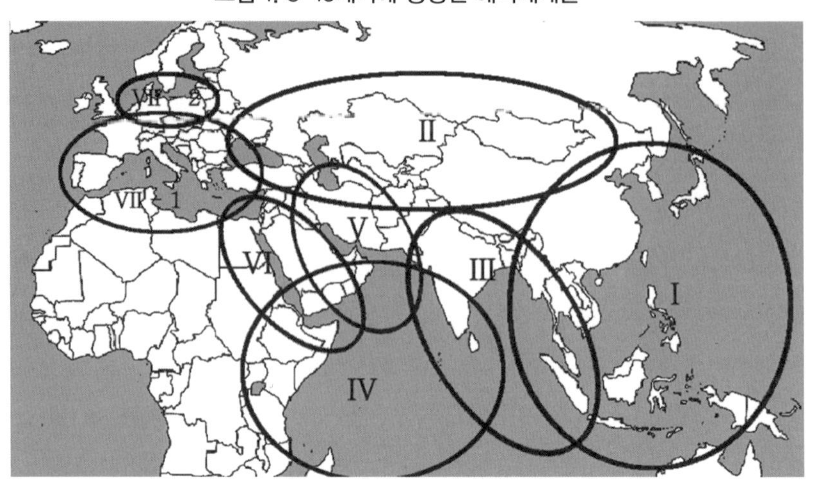

Ⅰ: 동아시아 해역세계; Ⅱ: 중앙아시아 육역세계; Ⅲ: 인도양 해역세계; Ⅳ: 동아프리카 및 아라비아해 해역세계; Ⅴ: 서아시아 해역세계; Ⅵ: 북아프리카 및 홍해 해역세계; Ⅶ-1: 지중해 해역세계; Ⅶ-2: 북해 및 발트해 해역세계

당연히 위의 해역세계와 해역경제들을 모두 살피는 것은 필자의 영역을 벗어나 있다. 그럼에도 몇 개의 해역경제들을 광역 비교하여 봄으로써 해역세계 및 해역경제들의 성격과 메커니즘을 이해하는 것이 가능할 것이다.[32] 그런 점에서 이 연구의 시간적 대상인 16-18세기의 세계에서 비교를 위해 설정한 해역경제들은 대서양 해역경제와 동아시아 해역경제이다. 주지하듯이, 대서양 해역경제는 16세기 유럽인의 대양 진출로부터 형성되었으며 이후 세계경제의 시작과 진행과정에 지대한 영향을 미쳤다.[33] 반면 동아시아 해역경제는 앞서 잠시 얘기했듯이 4, 5세

---

31) 정문수 외, 『해항도시문화교섭연구방법론』, 120쪽.

32) 독일의 역사가이자 철학자, 사회학자인 지그프리드 크라카우어(Siegfried Kracaurer)는 "같은 규모의 역사들은 같은 특징을 공유한다. … 비교 단위들은 역사가가 어떤 일반성의 수위에서 움직이느냐에 따라 다르다"고 하여, 비교 방법의 중요성을 강조한다. 크라카우어, 『역사』, 121쪽.

33) 주경철, 「대서양 세계의 형성」, 1-29쪽 참조.

기에 이미 형성을 시작하여 유럽인들이 진입할 때까지 나름의 메커니즘과 논리 하에서 활발하고 확고하게 존속하였고, 거의 19세기에 이르기까지 외부의 간섭에 휘둘리지 않은 채 강력한 힘을 발휘하였다.[34] 이렇게 상반되는 두 해역경제들, 즉 16세기 이후 새로이 형성된 대서양 해역경제와 이미 오래전부터 형성되었고 그 나름의 존재 기반을 갖추고 있던 동아시아 해역경제를 비교하여 대상 해역경제들 각각의 성격과 메커니즘을 이해할 뿐만 아니라 나아가 16-18세기 세계경제와 해역경제의 관계까지도 파악해 보고자 한다.

책의 구성

이상의 목적을 이루기 위해 이 책은 2부로 구성된다. 1부는 16-18세기의 세계경제를 다룬다. 여기서는 16세기 아메리카산 은의 바다를 통한 이동을 통해 세계경제가 형성되는 과정과 그 대략적인 모습을 살펴보고, 나아가 당시 형성된 세계경제가 완결된 하나의 경제인지를 몇 가지 측면에서 파악하여 당시 세계경제의 성격을 살핀다. 아울러 이 시기 세계경제의 성격을 살핀다는 것은 동시에 이 시기의 세계경제가 가진 글로벌적 성격에 대한 이해이기도 하다는 점에서, 이 시기 세계경제를 '글로벌화(Globalization)'[35]의 출발로 보는 시각들을 비판적으로 평가하여 이 시기의 세계경제 형성이 오늘날의 글로벌화와는 무관하다는 점과 글로벌화 논의를 무한정으로 과거로 확장했을 때 발생하는 위험성

34) 안드레 군더 프랑크, 『리오리엔트』, 181-214쪽 참조. 프랑크와는 결이 다르지만, 브로델, 『물질문명과 자본주의 III-2』, 673-739쪽도 참조.

35) 'Globalization'이란 말은 그 동안 '세계화'나 '지구화' 등으로 다양하게 옮겨졌다. 필자는 위르겐 오스터함멜·닐스 페테르손, 『글로벌화의 역사』의 예를 따라 '글로벌화'로 옮긴다.

을 지적하고자 한다. 사실 1부의 내용에 대해서는 필자가 이전에 몇 편의 논문을 통해 이미 정리한 적이 있다.[36] 하지만 그 이후 은 경제 관련 논의를 좀 더 보완할 필요를 느꼈고 최근 글로벌 경제사 내에서 이와 관련해 전개된 논의를 추가할 필요가 있어, 이 책에서는 앞서 발표한 논문의 내용에 입각하면서도 그것을 책의 전체 취지에 맞게 크게 수정하고 보완하여 다시 제시한다. 또 '16세기 글로벌화기원'에 대한 논의는, 필자의 '16세기 글로벌화 기원론'에 대한 비판적 검토 이후에 글로벌 경제사를 연구하는 네덜란드 학자들이 보다 치밀한 통계 수치를 근거로 근대 초기 글로벌화에 대한 더욱 강력한 주장들을 제기하여[37] 이에 대한 추가적인 검토가 필요하게 되었다. 그래서 이 책에서는 근대 초기 글로벌화의 기원 문제와 관련해서 주로 최근 제기된 새로운 주장들을 대상으로 비판적으로 분석하고, 나아가 근대 초기 글로벌화를 주장하는 학자들이 가진 세계사 인식 상의 문제들을 얼마간 시론적으로 짚어본다.

2부에서는 16-18세기 해역경제들을 다루는데, 앞서 말했듯이, 대표적인 사례로서 동아시아 해역경제와 대서양 해역경제를 다룬다. 여기서 지향하는 것은 두 해역경제들에 대한 광역 비교로서, 이런 비교를 위해서는 당연히 비교를 위한 초점들이 마련되어야 한다.[38] 필자는 이 책에서 광역 비교를 위해 그 해역경제들의 구조와 해역경제와 직접 상관관계에 있는 육역(陸域)의 경제발전에 대한 영향, 그리고 해역경제가 속한

---

36) 현재열, 「16·17세기 세계 은 흐름」; 현재열, 「16-17세기 세계경제」; 현재열, 「현재의 글로벌화」. 지금 시점에서 보면 뒤의 두 논문은 내용상 상당히 중첩된다고 생각된다.

37) De Zwart, *Globalization and the Colonial Origins of the Great Divergence*; De Zwart and van Zanden, *The Origins of Globalization*. 앞의 책은 2016년에, 뒤의 책은 2018년에 간행되었다.

38) 예컨대, 하네다 마사시, 「17·18세기 아시아 해항도시 비교연구의 틀과 방법」, 17-28쪽 참조.

정치 단위들의 정치·사회적 조건과의 관계라는 세 가지 틀을 제시한다. 단순히 연대기적으로 양 해역경제들의 역사를 서술하는 것이 아니라 위의 세 가지 초점을 두고 해역경제들을 분석하고 마지막에 양자를 비교함으로써 광역 비교의 방법을 명확하게 실현하고자 한다.[39]

서론을 마치며 이런 말을 덧붙이고 싶다. 지금까지 장기역사를 연구하거나 서술한 사람들은 거의 모두, 마치 헤겔처럼, 자기가 살고 있거나 글을 쓰고 있는 시점을 기나긴 과정의 종점으로만 보고 있다는 느낌이다. 즉 모두가 자기가 사는 시대라는 결론에 이르는 과정을 중심으로 글을 쓰고 있다는 것이다. 예외는 아마도 칼 마르크스(다른 이들이 인정하든 인정하지 않든, 인류역사의 장기적 역사발전 단계를 상정하고 자본주의 시대를 그 속의 한 단계로서 이전 단계의 결과이자 다음 단계의 준비로 설정했다는 점에서)나 월러스틴(세계체제라는 것 자체가 고정되어 있지 않고 끊임없는 변화 과정에 있으며 결국 종식되어 다른 체제로 이행할 것이라고 상정하는 점에서) 정도뿐인 것 같다. 하지만 어쩌면 아주 당연한 얘기지만, 지금은 끊임없이 이어지는 시간적 연쇄의 한 시점일 뿐이며 결코 이것이 종점도 아니고 고정점도 아니다. 그런 면에서 장기역사의 연구나 서술은 기나긴 과정의 연쇄의 기록이라는 점을 명확히 해야 하고, 그를 언제나 인식하는 속에서 진행되어야 한다. 필자가

---

39) 그렇지만 서론에서 미리 말해 둘 것은, 필자가 가진 연구 역량 상의 한계로 인해, 특히 필자의 전공과는 거리가 먼 동아시아 해역경제의 기술에서 많은 문제가 나타날 수 있다는 점이다. 물론 많은 연구자들의 뛰어난 업적에 기대어 동아시아 해역세계의 전체상을 그려나가고자 하지만, 세부적인 사실 관계나 기본적인 역사적 전개의 기술에서 오류가 발생할 여지가 많다. 무엇보다 엄청난 연구 성과가 축적된 중국과 한국의 근대 초기 역사에 대해 나름의 기준에서 접근할 것이지만, 그 많은 성과들을 제대로 담지 못하고 정리해 내지 못하리라는 것은 이미 명확한 일이다. 이를 조금이라도 보완하기 위해 동아시아 역사 전공자들의 도움을 받았지만, 필자의 동아시아 해역경제 서술에서 발생하는 모든 문제는 필자의 모자람 때문임을 밝히며 이에 대한 여러 전공 연구자들의 가차 없는 비판이 있기를 바란다.

16-18세기 세계경제와 해역경제를 대상으로 책이라는 형식으로 긴 글을 서술하고자 나선 데는 바로 이런 문제의식 또한 있다. 유럽의 한 귀퉁이에서 자본주의가 형성되어 대서양 바다를 통해 세계로 확산되는 과정은 결코 일방적인 과정도 아니고 완결된 과정도 아니다. 지금까지 수많은 세계적 학자들과 연구자들이 펼쳐온 16-18세기에 대한 관심과 특히 16세기 세계경제의 흐름에 대한 관심이 너무나도 현재, 아니 이제는 얼마간 지난 서구의 세계 지배에만 맞추어 있다는 느낌이다. 이 책은 16-18세기 세계경제의 형성 역시 하나의 과정이었고 그 다음의 역사 진행과정(19세기 제국주의 침탈, 그 속에서 비[非]유럽 세계가 겪은 고통, 20세기 초에서 중반까지의 전[全]지구적인 물리적 파국, 자본주의 세계체제가 가져온 비극적 현실)으로 이어져 온 것일 뿐, 그 자체가 완결된 것도, 서구라는 특정 지리 지역과 인간 집단들의 발흥이라는 결론을 위한 과정도 아니라는 것을 보여주고자 한다.

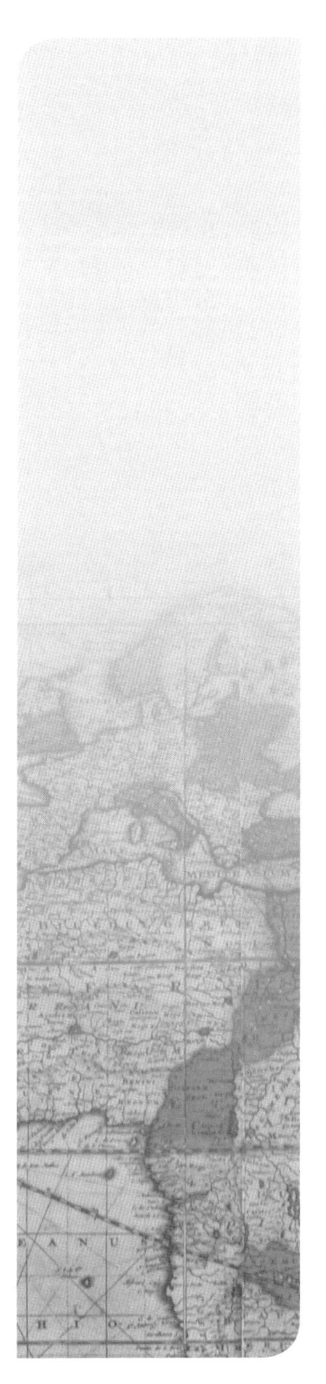

제 I 부

세계경제

2. 16-18세기 은 무역과 세계경제의 형성

3. 근대 초기 '글로벌화': 비판적 평가

4. 결론

2. 16-18세기 은 무역과 세계경제의 형성

서론에서 밝혔듯이, 이 1부는 16-17세기 세계 은 교역의 전개와 연계하여 세계경제가 등장하는 양상을 대략적으로 살펴보고 그렇게 등장한 세계경제의 성격을 파악하며, 아울러 그런 파악에 기초하여 현재 논의되는 근대 초기 글로벌화 기원론을 다시 좀 더 면밀하게 비판해 보려 한다. 익히 알려져 있듯이, 16-17세기 세계경제의 등장은 유럽인들이 아메리카 대륙에서 은 광맥을 발견하고 이것을 전(全)지구적으로 유통시키는 과정에서 발생했다. 그러면 인간이 귀금속을 활용해 가치를 이전하고 유통을 발달시키고 부를 축적한 것은 오래전부터의 일인데, 왜 유독 16세기 이후 아메리카산 은의 유통은 세계경제, 그것도 전(全)지구를 포괄하는 세계경제를 발전시켰을까. 그것이 이 1부의 전반부의 주제이고, 나머지 후반부는 그 결과에 대한 논의에 해당할 것이다.

인간이 공동체를 형성하고 그 공동체 사이에 교류를 하면서, 곧바로 가치의 이전이 발생했고[1] 그런 경제적 교류가 일정 수준에 이르면 유통

1) 이에 대한 인류학적 논의는, 데이비드 그레이버, 『가치이론에 대한 인류학적 접근: 교환과 가치, 사회의 재구성』 참조.

의 매개로서 화폐가 등장했다.[2] 이 과정에서 귀금속은 무엇보다 희소성 때문에 가치가 있었고, 무게에 비해 가치가 더 높았기 때문에 일찍부터 화폐적 기능을 갖게 되었다.[3] 귀금속은 그 가치에 비해 지역마다 고르게 분포한 것이 아니기에, 여러 지역간 또는 대륙간 교역과 접촉의 동기이자 연결고리 역할도 수행했다. 인간이 수송수단을 발전시키면서 귀금속도 그에 힘입어 지리적이거나 정치적인 경계를 넘어 이동했고, 이것은 그 이동의 양방향으로 경제적 영향을 미쳤다.[4] 이런 귀금속의 이동에서 중요한 역할을 한 것이 해양인데, 귀금속은 무게가 많이 나갔기에 수상운송이 대량으로 옮기기에 편리했고, 또 부피와 질량도 커서 외양 항해에 필수적인 바닥짐으로도 안성맞춤이었다.[5] 그래서 귀금속은 먼 옛날부터 인간과 바다가 조우하는 이유 중 하나로서 바다를 통한 인간의 교역과 교섭의 대상이 되었으며, 특히 근대 초기 이후 전(全)지구적 범위에서 인간의 교역과 접촉이 전개되어 가는 데 결정적인 역할을 하였다.[6]

역사학에서 지금까지 가장 주목을 많이 받은 귀금속은 은(silver, White Metal, 白銀)일 것이다. 그것은 은이 오늘날의 전(全)지구적인 단일 세계경제의 출발점이 되었던 16-18세기 세계 무역의 형성과 발전에 결정적인 역할을 했다는 점에 대해 역사가들이 대부분 동의하기 때문일 것이다.[7] 은은 이미 그 이전부터 인간 역사의 경제적 측면에서 중

---

2) 피에르 빌라르, 『금과 화폐의 역사』, 28-31쪽.
3) 위의 책, 29-27쪽; 이글턴·윌리암스 외, 『MONEY』, 17-47쪽..
4) Braudel, "Monnaies et civilisation", pp. 9-11; Watson, "Back to Gold- and Silver", pp. 1-34; Flynn and Giráldez (eds.), *Metals and Monies*, "Introduction", pp. xv-xl; 페르낭 브로델, 『물질문명과 자본주의 I-2』, 660-666쪽.
5) De Vries, "Connecting Europe and Asia", pp. 38-39.
6) Perlin, "A History of Money in Asian Perspective", pp. 235-244; Goldstone, "Trend or Cycles?", pp. 104-119; Morineau, "Fonction de base et diversification", pp. 11-20.
7) 16세기 이래 세계 은 흐름이 "국제적인 경제 통합"의 힘으로 작용했음을 본격적으로 제기한 것은, Chaudhuri, "World Silver Flows"이다.

요한 역할을 줄곧 수행했지만,[8] 무엇보다 15세기 말 유럽인들이 아메리카 대륙에서 막대한 은광을 발견하면서 아메리카와 유럽, 아시아를 연결하는 핵심적 연결고리로서 역할을 시작했다. 이런 점에 주목한 역사가들은 오래전부터 16세기 이래 은의 이동과 그 역할을 연구하고 많은 연구 결과들을 산출했다.[9]

그럼에도 이 시기 은의 역할과 그것이 가진 세계사적 의미에 대한 이해에 대해 모든 역사가들이 동의하는 것은 아니다. 경제 현상이라는 것이 수치나 통계를 통해 쉽게 접근할 수 있는 듯하면서도 실제로는 그 수치나 통계가 언제나 불완전하며 그에 대한 접근 방식 또한 다양하기 때문일 것이다.[10] 지금까지 근대 초기 은의 세계적 이동을 둘러싼 역사학의 주요 논쟁과 논점들에 대해선 필자가 이전에 정리한 바 있다.[11] 그것은 크게 세 가지로 요약되는데, 하나는 근대 초기 아메리카산 은의 유통이 유럽 경제사에서 가지는 의미이다. 이는 유럽의 가격혁명 문제와 관련되며 동시에 은이 유럽의 무역적자 회복의 수단으로서 동쪽으로 흘러갔다는 고전적인 견해[12]를 둘러싼 논의이다.[13] 두 번째는 이렇게 흘러간

---

8) 화폐 이론적 측면에서 은화의 세계를 다룬 것은, 구로다 아키노부, 『화폐시스템의 세계사』, 60-68쪽 참조.

9) 국내에서 이 문제를 다룬 연구 성과는 주경철, 「해양시대의 화폐와 귀금속」; 주경철, 『대항해시대』, 5장; 양동휴, 「16-19세기 귀금속의 이동」 정도이다. 번역서로는 융이, 『백은비사』; 카를로 치폴라, 『스페인 은의 세계사』를 볼 수 있다.

10) "가격혁명"에 대한 논의이긴 하나, 하나의 경제 현상에 대해 경제학자들이 비슷한 수치와 공식을 가지고 어떻게 다양하게 접근할 수 있는지를 잘 보여주는 것은, 양동휴, 「16세기 영국 가격혁명의 재조명」 참조.

11) 현재열, 「16·17세기 세계 은 흐름」, 122-124쪽.

12) 이런 견해는 한동안 대부분의 연구자들에게 거의 '공리'처럼 받아들여졌다. Hamilton, "Imports of American Gold and Silver"; Hamilton, "American Treasure". 앞서 든 피에르 빌라르나 페르낭 브로델 같은 학자들만이 아니라, 심지어 이매뉴얼 월러스틴도 '근대세계체제'에 대한 논의 속에서 은과 유럽의 대(對)아시아 무역을 논하면서 무역적자 회복 수단이라는 같은 입장을 취하였다. 월러스틴, 『근대세계체제 I』, 505-528쪽.

13) 주경철, 「해양시대의 화폐와 귀금속」는 이 문제에 대한 1990년대까지의 논의를

은이 중국 경제사에 미친 영향이다. 특히 이런 은의 유입이 중국사의 흐름을 바꿀 정도로 큰 영향을 미쳤는가를 둘러싼 논의이다. 세 번째는 글로벌화의 기원과 관련한 논의이다. 세 번째 글로벌화의 기원에 대한 논의는 별도의 장에서 깊이 다룰 것이기에 여기서는 앞의 두 논점에 대해서만 간단히 정리해 두자.

첫 번째 논점의 내용을 주경철은 이렇게 요약한다. ① 당시 스페인으로 들어온 귀금속은, 스페인의 외국산 상품 수입에 대한 결제를 통해 유럽 전역으로 퍼졌다. ② 이것이 인플레이션을 유발했는데 그 근거는 소위 '화폐수량설'이다. ③ 이런 인플레이션은 제조업 상품 가격의 상대적으로 빠른 상승을 자극하여 유럽 자본주의 발전을 촉진했다. ④ 한편으로 유럽에 유입된 은은 유럽의 아시아산 상품의 수입에 대한 결제를 통해 동쪽으로 이동했다. ⑤ 이렇게 유출된 은은 아시아에 큰 영향을 주었다. 즉 "세계적인 귀금속 움직임은 유럽에서 자본주의가 성립 발전하는데 일조했고, 또 유럽 자본주의가 다른 대륙에 영향을 미치도록 했다"는 것이다.[14] 하지만 이에 대해선 다양한 형태의 논박이 이루어져[15] 지금은 이런 견해가 일정하게 수정되었다. 즉 아래에서 좀 더 자세히 논하겠지만, 은은 화폐만이 아니라 상품으로서도 유통되었다는 것이다.

두 번째는 이 시기 동쪽으로 흘러간 은은 주로 중국으로 모여들었는데, 이 은이 중국에서 어떤 역할을 했는가에 관한 논의이다. 특히 이 시기 명(明)대 중국의 재정 상황 및 화폐적 조건과 결부되어 은은 중요한 역할을 수행했고, 심지어 17세기 들어 은의 중국으로의 유입이 줄어들면서 중국의 경제 및 사회 상황을 혼란시켜 결국 명·청 교체까지 야

정리하고 있다.

14) 위의 논문, 196-197쪽.

15) 상기 네 가지 점에 대한 비판은 위의 논문, 190쪽 참조.

기했다는 주장이다.[16] 이런 견해는 명대 중국이 세계경제에 단순히 연결된 정도가 아니라 중국의 경제를 좌우할 정도로 세계경제에 긴밀하게 연결되었음을 뜻한다. 근대 초기 중국경제사 전문가인 웨이크먼도 "중국 경제는 1620년과 1660년 사이에 세비야(Seville) 중심의 세계적 범위의 교역 시스템에 충격을 준 격심한 불황에 악영향을 받는 상태에 있었다"고 하여 17세기 중국 경제에 세계경제에 크게 의존했다고 주장한다.[17] 이 주장에서 알 수 있듯이 이런 견해는 17세기 '전반적 위기(General Crisis)' 논의와 연결된다. 16세기에 가격혁명으로 활황을 겪던 세계경제가 17세기 들어 세계 지금 흐름 감소와 활황으로 인한 인구성장 등의 결과로 '위기 국면'으로 접어들었다. 결국 명대 중국도 16세기에 전(全)지구적으로 형성된 "세비야 중심의" 세계경제에 의존하게 되면서 이런 경제의 흐름에 따라 위기 국면에 빠지게 되고 그에 따라 명·청 교체에 이르게 되었다는 것이다.[18]

하지만 이런 견해들은 중국 경제에 대한 세부적인 사실과 당대 동아시아의 현실에 입각해서 반박 가능하다. 분명 명대 중국은 지폐체제가

---

16) 이런 견해를 가장 강력하게 제시한 이는 윌리엄 애트웰(William S. Atwell)이다. Atwell, "International Bullion Flows"; Atwell, "Some Observations"; Atwell, "Ming China". 그만이 아니라 저명한 경제사가인 피에르 쇼뉘(Pierre Chaunu)와 웨이크먼(Frederic Wakeman)도 이와 유사한 주장을 폈다. Chaunu, "Manille et Macao"; Wakeman, "China and the Seventeenth-Century Crisis". 애트웰은 그 이후에 쓴 글에서도 명 말의 혼란에 대해 기후적 요인이 미친 영향을 인정하지만 그럼에도 이전에 내렸던 자신의 결론이 옳다고 생각한다고 밝힌다. Atwell, "Another Look", p. 483." 최근 16세기 글로벌화의 기원을 다시 제기하는 이들도 중국이 당시 형성된 세계경제에 크게 영향받고 있었음을 강조하기 위해 이런 견해를 다시 내세우고 있다. De Zwart and van Zanden, *The Origins of Globalization*, pp. 224–229.

17) Wakeman, "China and the Seventtenth-Century", p. 28.

18) 17세기 '전반적 위기'론에 대한 논의를 여기서 전면적으로 다룰 여유는 없다. 이에 대한 논의의 개략적인 소개 글은, 나종일, 「17세기 위기론과 한국사」, 30-80쪽 참조. 17세기 전반적 위기에 대한 최근 논의는, Parker, "Crisis and Catastrophe", pp. 1053–1079; De Vries, "The Economic Crisis", pp. 151–194 참조.

무너지고 중국 내 은 생산량이 줄어들면서 극심한 은 부족 현상을 겪고 있었고, 이런 점에서 은의 유입이 중국 경제에 중요한 역할을 했다.[19] 하지만 중국으로의 은 유입이 줄어 명이 멸망했다는 주장은 사실과 맞지 않는다.[20] 1639년경까지 중국으로의 은 유입은 계속 꾸준한 상태를 유지했고[21] 1550-1600년에 비해 1600-1645년의 외국산 은 유입량은 2배 정도 늘어났다.[22] 게다가 중국의 은 수입량이 최저점을 찍는 것은 명이 멸망한 후인 1660년대와 1670년대 초였다. 명을 대체한 청 왕조는 1661년 정성공(鄭成功)으로 대표되는 해양 세력을 차단하기 위해 해외 무역을 크게 억제했다. 이에 따라 은 유입량도 하락했는데, 이것은 은 유입량 하락이 명의 멸망과 크게 연관이 없음을 보여준다.[23] 또 은 부족이 명 말의 경제와 사회에 큰 영향을 미쳤다고 하면서 드는 근거에는 은에 비한 동전(銅錢) 가치의 극적인 하락도 있다. 1638년에서 1646년까지 은 대비 동전의 가치가 크게 하락했는데, 이것이 은이 부족해서 야기된 것이며 명 말 중국 사회의 혼란을 보여준다는 것이다.[24] 하지만 이것은 은 부족과 아무런 관련이 없으며 동전 가치의 하락은 명 말 정부의 동전 가치 저하정책과 위조 화폐의 만연 때문에 일어난 현상이었다.[25] 게다가 애트웰은 명 말의 사회경제적 위기로 인해 민간의 축장 현

---

19) Moloughney and Xia, "Silver and the Fall of Ming", p. 52; Von Glahn, "Myth and Reality", p. 429.

20) 프랑크는 명이 멸망한 1644년을 전후하여 1643년에서 1645년까지 일본으로부터의 은 수입량이 크게 축소한 것을 근거로 명의 멸망에 은 유입 감소가 영향을 주었다고 주장한다. 프랑크, 『리오리엔트』, 378-384쪽. 그런데 은이 명의 멸망에 영향을 미쳤는가는 1644년이 아니라 그 이전, 특히 1630년대 말까지의 은 수입량에 초점을 두고 논해야 하는데, 이때는 오히려 은 수입의 정점기였다. 명이 멸망하는 바로 그 시기는 극심한 혼란기이기에 은 수입이 줄어드는 것은 당연하다.

21) Moloughney and Xia, "Silver and the Fall of Ming", p. 61.

22) Von Glahn, *Fountain of Fortune*, p. 140의 표 13 참조.

23) Moloughney and Xia, "Silver and the Fall of Ming", pp. 66-67.

24) Atwell, "International Bullion Flows", pp. 88-89.

25) Von Glahn, *Fountain of Fortune*, p. 241.

상이 발생하여 은의 유통이 더 줄어들었다고 추정한다.[26] 이것은 역사적 사실과 맞지 않는데, 명은 끊임없이 중국으로 유입되는 은의 상당 부분(연간 400만 냥, 약 150톤)을 북방 국경지대로 보내 군사자금으로 썼다고 한다. 그래서 민간은 항상 은이 부족했고 쌀의 가격도 1620년대까지 오르지 않았다고 한다.[27] 이런 역사적 사실들을 고려할 때, 그 원인이 무엇이든 은의 유입과 중국 내 정치·경제·사회적 상황 간의 연결성이 그렇게 긴밀하지 않았음을 드러낸다. 오히려 중국 경제가 처한 화폐 부족의 상황에 내적인 정치적, 시회적 위기가 겹치면서 은에 대한 수요가 더 늘어났다고까지 해석할 수 있다.[28] 명 정부 입장에서도 마찬가지였다. 16세기 중반부터 17세기 전반까지 동아시아는 "병기 제조 기술의 교류와 진보의 시대"였다.[29] 17세기는 동아시아 전체가 소총 및 대포를 중심으로 한 군사기술 및 전략상에서 급격한 변화를 겪던 시기였던 것이다.[30] 이런 상황에서 명 정부가 자신의 은 세입 분을 가만히 놔두고 있었을 리는 없다. 이 시기 중국에는 불랑기(佛朗機)가 들어오고 홍이포(紅夷砲)로의 발전이 이어졌다.[31] 이런 군사적 발전에 정부는 끊임없이 돈을 대야 했다.[32] 이런 모든 경험적 사실을 볼 때, 명대 중국이 당시 등

---

26) Atwell, "International Bullion Flows", p. 87.

27) 岸本美緖, 『東アジアの近世』, 18쪽.

28) Von Glahn, "Myth and Reality", p. 446. 이외에도 명 내부의 은 생산량 문제도 지적할 수 있다. 1530년대에 생산량이 줄어들 때까지 중국에서는 계속 연간 약 11톤(약 30만 냥)의 은이 생산되었고 송과 원대의 은 생산량까지 합치면 그 양이 1만 6,945톤에 달한다고 한다. 이 은이 중국 외부로 사라진 것이 아니라면, 상당한 양이 축적되어 있었다고 보아야 한다. 이것이 사실이라면, 어쩌면 중국에 유입된 은이 그 자체만으로 중국 경제에서 차지하는 비중은 생각만큼 크지 않았을 수도 있다. 李隆生, 「海外白銀大明後期中國經濟影響的再探究」, 152쪽.

29) 岸本美緖, 『東アジアの近世』, 48쪽.

30) Peter A. Lorge, *The Asian Military Revolution*, 3장 참조.

31) 岸本美緖, 『東アジアの近世』, 61-64쪽; 리보중, 『조총과 장부』, 174-181쪽.

32) 일본의 경우에도, 이 시기 일본에서 은광이 개발되고 대규모로 생산 및 유통된 것에는 군사적 측면의 수요가 작용했다고 한다. 本多博之, 『天下統一とシルバー

장하던 단일한 '전(全)지구적 세계경제'에 통합되어 그에 크게 의존했고, 이에 따라 그 경제의 동향에 따라 사회·경제적 동요를 겪어 명의 멸망에 이르렀다는 주장은 지지하기 어렵다고 생각한다.[33]

이상과 같이 간단하게 16-18세기 세계 은 흐름과 관련된 쟁점들과 논의 내용들을 요약했다. 하지만 요약 내용을 보면 알겠지만, 정리를 위해 구분하고 있지만 쟁점들은 서로 깊이 연결되어 있고, 특히 마지막 쟁점인 글로벌화 문제와도 많은 상관성을 지니고 있다. 따라서 아래에서의 세계 은 흐름에 대한 본격적인 논의에서 사안에 따라 다시 거론되고 좀 더 세부적으로 다루어 볼 기회가 있을 것이다.

이 1부에서 가장 중심을 두는 것은 무엇보다 '세계경제'의 형성에 있다. 이 세계경제가 어떻게 형성되었는가를 은을 중심으로 살피는 것이고, 그렇게 형성된 세계경제가 오늘날의 시점에서 보아 말 그대로 '전(全)지구적(global)'이었나를 따져보는 것이 핵심이다. 이제부터 이 문제를 본격적으로 다루어 볼 것인데, 거기에는 여러 가지 이론적·방법론적 논의도 포함된다. 이 장에서는 먼저, 16-18세기 세계 은 흐름의 과정을 전체적으로 정리하고 이후 근대 초기 세계 은 흐름에 힘입어 형성된 세계경제의 성격을 두 가지 측면, 즉 세계경제의 통일성(integration)과 연결성(connection)이라는 측면에서 살펴보아 당시 수준에서 세계경제의 성격이 가진 불완전한 수준을 확인한다. 그리고 다음 3장에서는 이상의 모든 논의에 근거하여 근대 초기 글로벌화 기원 문제를 다시 비판적으로 논의해 본다.

ラッシュ』; 豊田有恒,『世界史の中の石見銀山』참조.

33) 최근에 나온 중국 화폐사 권위자인 폰 글란의 논문은 은 교역이 중국 경제 전반에 크게 영향을 미치게 된 것은 19세기에 들어서부터라고 주장한다. Von Glahn, "Economic Depression and the Silver", pp. 81-117.

16-18세기 세계 은 흐름

16세기에 들면서 은과 관련해서 일어난 일들은 다음과 같이 요약할 수 있다. 물론 이 시기 동안 세계의 은이 상당 부분 거의 일관되게 중국으로 흘러들어갔다는 것은 많은 책에서 공통적으로 지적하는 점이다.[34)]하지만 16세기 이전에는 귀금속의 흐름과 관련한 상황이 정반대로 전개되었다. 대략적인 경향을 보면 13세기부터 은이 유출되고 있던 곳은 오히려 중국이었다. 특히 몽고제국이 유라시아 대륙을 가로지르는 교역망을 통일시키고 그를 통해 활발한 교역이 이루어지면서, 당시 지폐제도에 기초했던 중국[35)]에서 은이 빠져 나와 페르시아에서 스페인에 이르는 이슬람 국가들로 들어갔다.[36)] 이슬람 국가들에서 은의 구매력이 중국에 비해 2배 더 높았기 때문이었다.[37)] 즉, 수요 측면의 힘들이 서아시아와 지중해에서 은의 구매력 상승을 도왔던 반면, 동아시아에서는 중국 내에서 지폐제도의 채용으로 인해 은의 구매력이 떨어졌다. 은의 가치를 저평가하는 중국 시장에서 그 가치를 고평가하는 서아시아, 유럽, 북아프리카 시장들로 은을 옮기는 것은, '차익거래(arbitrage)' 개념을 적용하면, 당연한 현상이었다.[38)] 이 개념은 귀금속만이 아니라 모든 상품에 적용 가능하다. 즉, "한 상품이 다른 곳에서 그 생산 및 운송에 드는 비용을 상회하여 팔릴 수 있다면, 언제든지 그 상품은 수지가 맞는 시장 영역으로 운송"되기 마련인 것이다. 여기서 보이듯, 이렇게 말하는 것은

34) 안드레 군더 프랑크는 이 시기 중국이 세계 은의 "4분의 1 내지 3분의 1을 끌어들이고" 있었다고 추정한다. 프랑크, 『리오리엔트』, 258쪽.
35) 원(元)은 지폐 본위의 제도를 취하고 있었다. 루지아빈·창후아, 『중국 화폐의 역사』, 98-101쪽;
36) Flynn, "Silver in a global perspective", p. 214.
37) Von Glahn, *Fountain of Fortune*, p. 60.
38) Kuroda, "Why and How did Silver", pp. 23-34.

동시에 귀금속을 상품으로 보는 시각에 입각한 것이다.[39)]

이것은 중국의 "가장 중요한 은 공급원"이었다고 하는 일본의 경우도 마찬가지였다. 일본은 전통적으로 보면 11세기 말부터 15세기 늘어서까지 중국에서 은을 수입했다. "… 일본이 사실 언제나 귀금속을 수출한 것은 아니었다. 15세기 중반에 일본에서 유통되던 은화와 동전은 주로 외국에서 들여온 것이었다. … 외국산 통화의 주요 공급원은 조선이었다. … 은이 조선에서 일본으로 밀수되기 시작한 것은 바로 15세기 중반 동안이었다."[40)] 16세기 이전에 중국이 지중해와 일본 그리고 다른 곳으로 상당양의 은을 수출하고 있었다는 것은 그 이후 중국이 지구상에서 가장 큰 은의 "흡입 펌프(suction pump)"로 변모한 것과 대비된다.[41)] 어째서 이렇게 바뀌었는지를 아래에서 살펴보자.

먼저 간단히 밝혀둘 것은 아래에서 제시하는 수치는 모두 추정치라는 점이다. 따라서 이 수치를 정확한 양이라고 받아들여선 안 되며, 대체적인 은 흐름의 규모나 방향을 보여주는 것으로 이해해야 한다. 무엇보다 현재 이 시기 가장 중요한 은 생산지라고 할 수 있는 아메리카 대륙과 일본의 정확한 은 생산량을 알 수 있는 자료가 없다. 현재 연구자들이 이용하는 것은 거의 대부분 공식 자료이며, 이런 자료는 흔히 귀금속과 관련하여 광범위하게 이루어지게 마련인 '밀수행위'나 생산지에서의 '신고액 누락' 같은 불법행위를 빠뜨릴 수밖에 없었음을 고려해야 한다.[42)]

---

39) Flynn, "The Microeconomics of Silver", pp. 37–60; Flynn, "Comparing the Tokugawa Shogunate with Hapsburg Spain", pp. 340–347.

40) Seonmin Kim, "Borders and Crossings", p. 214.

41) "흡입 펌프"라는 표현은 "진공청소기"라는 표현과 함께, 포르투갈 역사가 고디뉴(V.M. Godhino)가 하였다. Flynn and Giráldez, "Born with 'Silver Spoon'", p. 206.

42) 아메리카에서 유럽으로의 은 흐름에 대한 개척적인 연구를 진행했던 해밀턴은

1492년 콜럼버스의 항해 이후 유럽인들이 아메리카 대륙으로 진출하면서 한동안 유럽인들은 아메리카 원주민들이 이미 확보하고 있던 귀금속을 유럽으로 이전시키는 작업만 하였다.[43] 이렇게 아메리카 원주민들이 확보하고 있던 귀금속을 강제로 이전하는 일이 한계에 도달한 것은 1540년대 무렵인데, 이때 정말 "우연히도" 스페인이 지배하던 멕시코와 고지 페루(포토시[Potosí], 현재는 볼리비아에 속한다)에서 세계에서 가장 큰 은광들이 발견되었다.[44] 이후 스페인령 아메리카는 수은 아말감 처리법 같은 생산 기술상의 혁신에 힘입어 19세기 말까지 은을 비롯해 세계 귀금속 생산을 주도했다. 1540년대에 개발된 남아메리카의 은광들은 1570년대가 되면 벌써 어느 정도 생산성 위기를 겪었지만, 그 시기 수은 아말감 공법을 도입해 이후 꾸준히 높은 생산성을 유지했다.[45] 15세기 중반부터 19세기까지 스페인령 아메리카는 세계 은 생산의 85 퍼센트, 세계 금 생산의 70 퍼센트 이상을 생산한 것으로 추정된다.[46]

16세기 스페인 정부가 철저하게 감시하고 강력한 규정들을 구비하여 이런 불법행위가 차지하는 몫이 극히 적었다고 주장했다. 하지만 그가 제시하는 불법행위를 막기 위한 스페인 정부의 수많은 법령들이 오히려 불법행위의 만연을 반증하고 있다고 생각된다. 예컨대 밀수행위에 연루된 '은 전문감독관(maestre de plata)'의 처벌 내용을 담은 1593년의 법령은 1631년, 1634년, 1640년에 똑같은 내용으로 반복해서 포고되었는데, 이는 그만큼 불법행위가 만연했음을 보여주는 사례이다. Hamilton, "Imports of American Gold and Silver", p. 453. 대서양 쪽의 밀무역에 대해서는, Braudel, "Du Potosi à Buenos Aires", pp. 546-550; Mutoukias, "Una forma de oposición", pp. 333-368 참조. 아메리카의 태평양 쪽 밀무역에 대해선, Boxer, "Plata Es Sangre", pp. 467-470; Flynn and Giráldez, "China and the Manila Galleons", p. 79 참조.

43) 빌라르, 『금과 화폐의 역사』, 141-143쪽. 아메리카 대륙에 "여러 세기 동안 축적된 금이 단 20년만에 사라졌다." Bakewell, "Mining in Colonial", p. 105.

44) Ibid., p. 108; Garner, "Long-Term Silver Mining", p. 899.

45) 빌라르, 『금과 화폐의 역사』, 147-149쪽; Bakewell, "Mining in Colonial Spanish", pp. 110-119. 16-18세기 스페인령 아메리카의 은 생산량 추이에 대해선, Garner, "Long-Term Silver Mining", p. 900의 그림 1 참조.

46) Barrett, "World Bullion Flows", p. 230; 현재열, 「16·17세기 세계 은 흐름」, 134쪽.

표 1. 스페인령 및 포르투갈령 아메리카의 금·은 생산량[47] (단위 : 톤)

	16세기			17세기			18세기			총합		
	은	금	은환산	은	금	은환산	은	금	은환산	은	금	은환산
Humbolt			17,563			42,040			73,971			133,574
Soetbeer	17,128	327	20,823	34,008	606	42,431	58,530	1,614	84,354	109,666	2,547	147,608
Merrill & Ridgway	16,925	280	20,089	34,435	590	42,636	51,080	1,620	75,380	102,440	2,490	138,105
Morineau	7,500	150	9,120	26,168	158	28,459	39,157	1,400	61,417	72,825	1,708	98,996
Slicher van Bath	11,175	628	18,544	27,640	420	33,734	58,366	1,485	81,970	97,181	2,533	13,247

배럿(Barrett)이 여러 학자들이 추정한 생산량을 종합하여 정리한 위의 표를 보면, 16세기에서 18세기까지 스페인령 아메리카에서 생산된 은의 양은 13만 내지 15만 톤 정도이다. 18세기에 가장 생산성이 높았기 때문에 16-17세기, 즉 세계경제의 시작 시기에 생산량은 5만-6만 톤 정도로 추정할 수 있다. 배럿은 18세기까지의 전체 은 생산량 중 약 10만 톤(대략 75-80 퍼센트) 정도가 유럽으로 이전되었고, 이 중 40 퍼센트 정도가 유럽에서 다양한 경로를 통해 동쪽으로 이동했다고 한다.[48]

배럿의 추정치를 인정하면, 유럽에서 아래에서 논하는 다양한 경로를 통해 은이 동쪽으로 이동한 양은 4만 톤 정도이다. 그리고 아메리카에 남은 은도 상당 부분이 태평양을 통해 중국으로 유입된 것으로 보이는데, 그 양은 2만에서 3만 톤으로 잡을 수 있을 것이다. 아래에서 논하는 당시 세계에서 두 번째의 은 생산지였던 일본에서 중국으로 유입된 양이 많이 잡아 1,500톤 정도였다. 한편 유럽에서 동쪽으로 이동한 은은, 그 경로 상에서 아래에서 논하는 여러 이유로 모두가 중국으로 유입

47) Barrett, "World Bullion Flows", pp. 228-229의 표 7.1을 일부 수정하였다. 배럿은 표에 보이듯이, 그동안 여러 학자들이 추정한 수치들을 종합하여 표를 구성하고 그에 대한 분석을 수행했다. Ibid., pp. 230-237.

48) Ibid., pp. 250-253.

된 것은 아니었다. 따라서 18세기까지 중국으로 유입된 은의 양은 4만 톤 정도로 세계 전체 생산량의 4분의 1 내지 3분의 1 정도였을 것으로 보인다.

그러면 이런 은의 이동은 어떤 식으로 이루어졌는지 대강 살펴보자. 은이 유럽에서 동쪽으로 이동한 경로는 다음 세 가지였다. 먼저 유럽에서 발트해 무역을 통해 동쪽으로 가는 경로가 있었는데, 이것은 모두 러시아로 유입되었다. 러시아는 당시 중국만큼이나 강렬한 은 수요를 갖고 있었고 중국과 러시아 사이에는 실크와 모피 교역이 주였기 때문에 은이 거의 중국으로 유입되지 않았다고 보아야 한다.[49] 두 번째는 레반트(Levant) 지역을 경유하여 오스만 제국으로 유입되는 경로인데, 17세기에 오스만 제국은 자체의 유통 화폐를 유럽에서 수입된 은화에 전적으로 의존하였기에 이곳을 거쳐 더 동쪽으로 유입되는 은의 양도 그리 크지 않았으리라고 추정할 수 있다.[50] 마지막으로 희망봉을 돌아 바닷길로 가는 경로가 있었는데, 이 경로를 통해 운반된 은은 거의 인도로 들어간 것으로 보아야 한다.[51] 인도의 경우는 무굴제국과 벵골 지방, 남인도가 각각 다른 통화체제를 갖고 있었고, 시기에 따라서도 통화의 변동이 심했다. 특히 무굴제국은 조세 납부와 교역을 위해 은을 사용했고 은이 '본위통화'여서 스페인 8레알 화를 수입해 모두 루피화로 다시 주조했다.[52] 한편 남인도는 금화를 기준으로 삼고 있었고, 벵골 지방은 은

49) Mologhney and Xia, "Silver and the Fall of the Ming", p. 65.
50) Pamuk, "The Disintegration of the Ottoman Monetary System", pp. 67–81; Pamuk, *A Monetary History*, pp. 43–47, 131–149; Flynn and Giráldez, "Silver and Ottoman Monetary History", pp. 9–43.
51) De Vries, "Connecting Europe and Asia", pp. 35–106; Palat, *The Making of An Indian*, pp. 151–212.
52) Chaudhuri, *The Trading World of Asia*, p. 347; Chaudhuri, "World Silver Flow", p. 73.

화와 개오지 껍질을 사용했다.[53] 따라서 인도의 은 수요도 적은 편이 아니었기에, 많은 은들이 인도에서 티베트나 사천, 운남 등을 통해 중국으로 갔을 테지만, 동시에 상당량의 은이 인도 사회에서 유통되었다고 봐야 할 것이다.

한편 스페인령 아메리카에서 유럽으로 유입되고 남은 은은 상당 부분이 태평양을 가로질러 역시 아시아로 유입된 것으로 보인다. 1571년 스페인인들이 마닐라를 자신의 무역 교두보로 건설[54]하면서 시작되는 아카풀코-마닐라 노선의 갤리언 무역이 그것이다.[55] 19세기까지 계속되는 이 무역은 주로 아메리카산 은과 중국산 실크 제품을 거래한 것으로 알려져 있다.[56] 이 노선을 통해 유입된 은의 양이 얼마인지는 정확히 알 수 없지만, 1638년 한 스페인인이 "중국의 왕이 … 신고하지 않은 채 그리고 [스페인] 왕에게 관세를 납부하지 않은 채 … 자기 나라로 들여온 페루산 은괴로 궁전을 하나 세울 수 있을 것"이라고 할 정도로 많은 양이었다는 것은 분명하다.[57] 마닐라 갤리언 무역을 통해 아시아로 유입된 은의 규모에 대해서는 중국 경제사학자 전한승(全漢昇)의 추정치를 주로 이용하고 있다.

53) Prakash, "Precious Metal Flows", pp. 73-84; Chaudhury, "The Inflow of Silver to Bengal", pp. 85-95.

54) Giráldez, *The Age of Trade*, pp. 52-58.

55) Boxer, "Plata Es Sangre", pp. 457-458.

56) Giráldez, *The Age of Trade*, pp. 145-153.

57) Atwell, "International Bullion Flows", p. 147에서 재인용. 이것은 스페인 왕에게 귀족이 스페인령 아메리카에서 식민지 스페인인들이 누리는 부에 대해 불만을 터뜨리면서 나온 말이었다. 그만큼 상당히 과장된 표현이라고 보아야 한다.

표 2. 마닐라 갤리언 무역을 통한 아메리카산 은의 연간 이동량, 1598–1784년[58)]

연도	양 (1만페소)	톤환산양	연도	양 (1만페소)	톤환산양
1593년	100	25.56	1729년과 그 이전	3–400	76.68–102.24
1602년과 그 이전	200	51.12	1731년	243	62.21
1604년	250(+)	63.90	1740년	300	71.68
1620년경	300	76.68	1746–1748년	400	102.24
1633년	200	51.12	1762년	231(+)	59.02
1688년과 그 이전	200	51.12	1764년	300(+)	76.68
1698–1699년	207	52.90	1768–1773년	150–200	38.34–51.12
1712년과 그 이전	260(+)	66.45	1772년	2–300	51.12–76.68
1714년과 그 이전	3–400	76.68–102.24	1784년	279	71.35
1723년	400	102.24			

이 표에 따르면, 마닐라 갤리언 무역을 거쳐 중국으로 유입된 은의 양은 18세기에 가장 많았다. 그리고 16–17세기에도 연간 평균 200만 페소(50톤) 정도가 유입되었다고 생각할 수 있다. 따라서 표에 나오는 200년의 기간 동안에 적게는 1,300톤에서 많게는 1,500톤 정도가 유입되었다고 볼 수 있다.

마지막으로 근대 초기 세계 은 흐름에서 중요한 부분을 차지한 것은 일본산 은이었다. 원래 귀금속을 거의 생산하지 않았던 일본은 1533년 이와미(石見) 은광 개발을 비롯해 16세기 전반에 여러 광산 개발에 성공하여 스페인령 아메리카에 이어 세계에서 두 번째로 중요한 은 공급원이 되었다.[59)] 일본의 은 생산량을 정확히 추계하는 것은 불가능하며, 다

58) Chuan Hange-Sheng, "Trade Between China, the Philippines and the Americas", p. 851의 표에 기초하여 페소를 톤으로 환산한 것.

59) Iwao, "The 'Country of Silver'", p. 44; 豊田有恒, 『世界史の中の石見銀山』; 村上隆, 『金·銀·銅の世界史』, 116–122쪽. 앞서 언급했듯이, 일본의 귀금속 광산 개발은 전국 말기의 일본 내부 정치 정세와 깊이 연관되어 있었다.

만 16세기 말 도요토미 히데요시가 이와미 광산에서 받은 조세수입이 연간 은 10톤이었다거나 17세기 초 도쿠가와 이에야스가 이와미 광산 한군데에서만 연간 12톤의 은을 조세로 거두었다는 추정치들만이 제시되어 있다.[60] 일본에서 나온 은은 전부 중국으로 갔다고 볼 수 있으며, 1668년 도쿠가와 막부의 은 금수조치나 1685년의 수출상한선 제한 조치 등을 고려하면 1550년 무렵부터 17세기 말까지 약 5,000톤 정도의 은이 중국으로 수출된 것으로 볼 수 있다.[61] 또한 일본산 은의 중국 유입은 쓰시마-조선 경로를 통해서도 이루어졌는데,[62] 이미 17세기 초부터 조선은 명의 중요한 은 수입로 역할을 했고,[63] 나아가 1688년부터 일본 막부가 은의 공식 수출을 금지한 이후에도 18세기 중반까지 쓰시마-조선 경로를 통한 은 유입은 계속되고 있었다.[64]

---

60) Iwao, "The 'Country of Silver'", p. 44; Kobata, "The Production and Uses of Gold and Silver", p. 248.
61) Von Glahn, "Myth and Reality", p. 437의 표 1, p. 438의 표 2, p. 443의 표 4와 pp. 442-443의 설명 참조.
62) Lewis, *Frontier Contact*, 2장.
63) 한명기, 「17세기 초 은의 유통」, 1-36쪽.
64) 田代和生, 「'鎖國'時代の日朝貿易」, 1-24쪽; 정성일, 『조선후기 대일무역』, 5장과 6장.

이렇게 다양하게 이루어진 전(全)지구적인 은의 유통 흐름들을 아주 단순하게 표현하면 아래와 같다.

그림 2. 근대 초기 전(全)지구적인 은 흐름[65)]

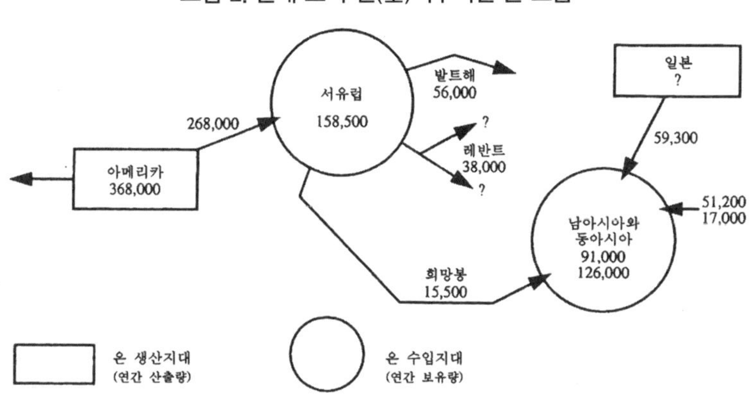

* 수치는 1600–1650년에 유통된 은의 양에 대한 추정치이며, 단위는 킬로그램이다.

위의 그림은 얼마간 유럽을 중심에 두고 있는 한계가 있지만, 그럼에도 근대 초기 세계 전역의 주요 경제권들이 은 교역을 통해 어떻게 연결되었는지를 충분히 보여주고 있다고 생각한다. 이런 전(全)지구적 범위의 연결관계를 고려하면, 적어도 은 교역을 둘러싼 주요 "지역 시장들의 통합"으로서 세계경제의 등장을 이야기하는 것은 충분히 타당한 것으로 보인다.

65) De Vries, "Connecting Europe and Asia", p. 80의 그림.

화폐수량설과 차익거래

그렇다면 이제 근대 초기 은 흐름과 관련된 몇 가지 이론적 문제들을 다루어보겠는데, 그에 앞서 잠시 중국의 귀금속 '축장(hoarding; 蓄藏)'론을 간단히 반박하고 넘어가자. 은과 관련해 중국을 표현하기 위해 역사가들은 흔히 "흡입 펌프"나 "고이는 곳(sink)"[66] 같은 말들을 쓰고 있다. 이런 표현은 분명 사실을 전달하기 위해 고안된 비유이지만, 동시에 얼마간은 유럽인들에게 오랫동안 자리 잡은 편견을 반영하는 것이기도 하다. 즉 중국이나 인도 같이 귀금속이 주로 모이는 곳의 사람들에게는 정서적으로 '축장'의 성향이 있다는 편견이다. 이런 편견은 아주 오래된 것으로 이미 17세기에 한 스페인인은 중국인들이 "은은 피다(plata sa sangre)"라고까지 말한다고 하였다.[67] 그리고 이런 편견은 지금도 계속되고 있다. 예컨대, 브로델은 이렇게 말한다.

> 귀금속을 수입하는 지역으로서, 무엇보다도 화폐경제가 어느 정도 자리 잡고 있으면서도 유럽에서만큼 귀금속의 유통이 활발하지 않은 아시아를 들 수 있다. 따라서 이곳에서는 귀금속을 담아두고 퇴장시키며 말하자면 불완전 고용시키려는 경향이 있었다. 사람들은 이곳을 귀금속에 대해서 물을 빨아들이는 스펀지와 같은 곳 내지 귀금속의 '무덤'이라고 표현했다. 가장 큰 저장소는 중국과 인도였다.[68]

이런 편견을 가장 결정적으로 보여준 이는 미국의 저명한 경제학자 킨들버거(Charles Kingleberger)였다. 그는 인도인과 중국인에 대해

66) "고이는 곳"이라는 표현은 은을 매개로 한 세계경제의 형성을 가장 강조해온 플린과 히랄데스가 쓴다. Flynn and Giráldez, "Born with 'Silver Spoon'", p. 264.
67) 브로델, 『물질문명과 자본주의 I-2』, 654쪽에서 재인용.
68) 브로델, 『물질문명과 자본주의 II-1』, 274쪽.

"축장 성향"이라는 표현을 바로 쓰며 특히 중국인에 대해서는, "중국에서는 은이 주로 아편에 쓰였다. 하나의 중독성 물질이 다른 중독성 물질과 교환된 것이다"라고 한다.[69] 축장은 경제학 용어가 아니다. 이렇게 킨들버거가 노골적으로 오리엔탈리즘적 편견에서 심리학이라는 외피를 쓰고 "축장성향"을 거론한 것에 많은 역사가와 경제학자들이 반박했음에도, 위와 같은 표현들은 여전히 사용되고 있다. 따라서 유럽인들의 아시아 경제에 대한 접근은 아무리 객관적인 듯해도 이런 점에 주목해서 살펴볼 필요가 있다.[70]

근대 초기 은 흐름과 관련해 좀 더 다루어 볼 이론적 문제는 화폐수량설 및 그와 연관된 가격혁명에 대한 논의[71]와 은이 '동양'에 대한 무역수지 적자의 결제로 이동했다는 부분이다. 먼저 화폐수량설 및 가격혁명에 관한 논의를 살펴보자. 근대 초기 유럽 경제사의 전통적인 견해는 중세 말, 특히 13세기를 중심으로 '상업혁명'이라 불러도 좋을 만큼 교역 및 산업에 기초한 경제 성장이 이루어졌고 이에 따라 여러 가지 귀금속에 기초한 화폐제도가 발달했다는 것이다.[72] 하지만 14세기에 들어서면서 기근과 '흑사병' 등의 여타 요인들로 인해 급격하게 인구가 감소하고 경제가 위축되었으며, 아울러 15세기 중반에는 은 생산량이 크게 줄어들어 '화폐 기근' 현상이 심화되었다.[73] 이런 상황에서 16세기에 아메

69) Kindleberger, *Spenders and Hoarders*, pp. 69·79.

70) 프랑크 식으로 근대 이전 세계경제가 완전히 중국 중심이었다고 주장하는 일종의 '중국 중심주의(Sino-centrism)' 역시 이런 면에서 생각해 보면, 또 다른 오리엔탈리즘이라 할 것이다. Wong, "Beyond Sinocentrism", pp. 173-184 참조.

71) 여기서 가격혁명에 대한 논의들을 모두 다룰 수는 없다. 여기서는 화폐수량설과 관련된 한에서만 논의한다. 가격혁명에 대한 경제학자들의 접근에 대해서는 Fisher (1989), "The Price Revolution", pp. 883-902; 양동휴, 「16세기 영국 가격혁명에 대한 재조명」 참조.

72) Lopez, *The Commercial Revolution*, 3장과 4장; 자크 르 고프, 『중세와 화폐』, 57-78쪽 참조.

73) 즉 화폐부족과 격심한 인구 감소로 인해 물가가 크게 하락했으며 임금은 크게 상승

리카산 귀금속이 유입되면서, 그때부터 1세기 동안 물가가 6배나 상승했고 그 대신 실질임금 수준은 정체 내지 하락하였다. 이것이 유럽 경제에 활력을 제공했고, 이런 활력은 이후 유럽에서 자본주의 경제가 발전해 나가는 데 기초를 제공했다는 것이다.[74)]

먼저 '화폐 기근' 현상부터 살펴보자. 유럽에 화폐 기근이 있었는가는 오래 전부터 논란이 되었는데,[75)] 사실 1460년부터 16세기 초까지 유럽의 은광들은 새로운 기술혁신을 통해 생산비용을 줄이면서 가장 높은 생산량을 산출하고 있었음이 입증되었다.[76)] 이에 더해 최근 아메리카산 은의 유입이 본격화되기 직전, 즉 1540년대에 남부독일과 중앙유럽의 은 생산량이 연 평균 50톤 정도로 최고조에 이르렀음도 밝혀졌다.[77)] 이것은 아메리카산 은이 유입될 때까지 유럽에서 은이 계속 생산되고 있었음을 보여주며, 동시에 1550년대 이래 유럽 광산들의 생산량이 급감한 것은 유럽 자체의 광맥이 단절되었기 때문이 아니라 대량으로 밀려오면서 가치를 하향시키는 아메리카산 은과의 경쟁에서 유럽산 은이 뒤처졌기 때문임을 입증한다.[78)]

그러면 화폐수량설과 가격혁명의 관계는 어떠한가. 화폐수량설은, 아주 간단히 말한다면 다른 조건이 똑같다면 화폐가 투입되는 데 비례하여 물가가 올라간다는 것이다. 그것을 소위 '피셔(Fisher)의 공식'으로 표현하면, MV=PT이다. 여기서 M은 화폐량을, V는 (화폐의) 유통속도를, P는 가격을, T는 상품량을 뜻한다. 이전의 일반적인 설명방식

했다. 위의 책, 173–179쪽; Munro, "Precious Metals and the Origins", p. 39.

74) Hamilton, "American Treasure", pp. 338–357.

75) 논의의 대략적인 전개는, Munro, "Political Muscle", pp. 741–746 참조.

76) Nef, "Silver Production", pp. 575–591.

77) Munro, "The Monetary Origins of the 'Price Revolution'", pp. 8–9, 표 1.3 참조.

78) Munro, "Precious Metals and the Origins", pp. 48–49.

은 V는 변화 속도가 느리기 때문에 M의 변화가 P의 변화와 거의 직접적으로 연결된다는 것이다.[79] 그래서 M에 해당하는 16세기 아메리카산 은의 대규모 유입이 유럽에 가격혁명을 불러온 일차적인 원인이라는 것이다. 하지만 유통속도(V=velocity)를 어느 정도 일정한 것으로 상정하지 않게 되면 다른 결론이 나오게 된다. 특히 유통속도는 인구성장이나 도시화에 직접적으로 영향 받는데, 가격혁명이 일어났다고 하는 16세기는 유럽이든 그 외 어디이든 인구성장과 도시화가 두드러진 시기였다. 유럽은 1500년경을 전후로 하여 흑사병의 충격에서 벗어나 7,000만 명 정도로 인구가 늘어났으며, 플랑드르와 네덜란드, 프랑스 남부, 이탈리아, 잉글랜드를 중심으로 도시화도 급격히 진행되는 중이었다.[80] 중국의 경우도 1500년을 경과하며 인구가 1억 명이 넘고 1600년에는 1억 6,000만 명으로 늘어나 당시 세계 인구의 4분의 1을 점하게 되었다.[81]

이런 인구 성장과 도시화는 당연히 통화에 대한 수요를 늘리게 되고 그에 따라 유통속도가 빨라질 수밖에 없다. 따라서 16세기의 가격혁명을 투입 통화량의 증가로만 설명할 수가 없게 된다.[82] 하지만 그렇다고 해서 인구적 요인만을 강조해서 가격혁명을 설명하는 것도 적절치는 않을 것이다. 어쨌든 유통속도만큼이나 투입되는 통화량도 물가 형성에

---

79) 구로다 아키노부, 『화폐시스템의 세계사』, 10쪽; Von Glahn, *Fountains of Fortunes*, pp. 235–236.

80) 이영림 외, 『근대유럽의 형성』, 46과 63–65쪽.

81) Flynn and Giráldez, "Born with a 'Silver Spoon'", p. 207. 중국의 전반적인 도시화는 유럽에 비해 떨어지지만, 그 정도를 간접적으로 가늠할 수 있는 1평방킬로미터당 가구수는 1542년에 동남부 연안지역과 양쯔강 하구 지역에서 22.45와 36.42로서 가장 높은 밀도를 보이고 있었다. 같은 시기 이 두 지역과 양쯔강 중류 지역을 합치면 이곳들에 전체 인구의 60 퍼센트가 몰려 있었다. 이곳들은 주지하다시피 근대 초기 중국에서 상업 활동 및 대외 교역 활동이 가장 활발했던 곳들이다. Hartwell, "Demographic, Political, and Social Transformation", pp. 384–385.

82) Goldstone, "Urbanization and Inflation", pp. 1122–1160.

중요하기 때문이다.[83] 그런 점에서 16세기 가격혁명을 다루는 최근의 설명들은 스페인령 아메리카산 귀금속의 유입(즉, 화폐적 요인)만을 결정적 원인으로 드는 데서 벗어나, 인구와 도시화 등 다른 요인들(즉, 실물적 요인)과 결합하는 쪽으로 바뀌고 있다.[84] 그러하기에 가격혁명이 유럽에만 있었다고 할 수도 없게 된다. 즉 통화량 증가와 인구성장 및 도시화로 인한 유통속도의 증대를 동반한 가격혁명 현상이 16세기 유럽에만 한정될 수는 없기 때문이다. 16세기 중국과 일본, 터키, 인도, 러시아 등에서 정도와 시기 면에서 약간씩 차이는 있지만 가격 인플레이션이 관찰되며, 이런 곳들은 모두 아메리카나 일본산 은이 유입되었던 곳들로서 이런 현상이 유럽에만 한정되지 않고 세계적 범위에서 일어나고 있었음을 보여준다.[85]

이제 은이 동쪽으로 이동한 것이 당시 유럽의 무역수지 적자를 메우기 위해 은을 결제 수단으로 사용한 과정의 결과였다는 주장을 살펴보자. 이런 설명 방식은 기본적으로 역사적 사실과 맞지 않다. 주경철의 정리에서도 보이듯이, 귀금속이 적자 해소를 위한 결제 수단이라면 은보다 더 귀한 금은 왜 그런 식으로 결제 수단으로 사용되지 않았는지가 설명되어야 한다. 은은 동쪽으로 이동했지만, 금은 오히려 유럽으로 들어왔기 때문이다. 게다가 역사적으로 볼 때, 4대 화폐물질(금, 은, 구리, 개오지 껍질)이 동시에 같은 방향으로 이동한 적이 결코 없다는 점

83) Muro, "Money, Prices, Wages, and 'Profit Inflation'", pp. 18-20; Von Glahn, *Fountains of Fortunes*, p. 235.

84) 하지만 가격혁명에 대한 화폐론적 해석을 뒷받침하는 경제학자들의 연구는 지금도 계속되고 있고 계속 경험적 자료들을 제출하고 있다. Kugler and Bernholz, "The Price Revolution", pp. 1-19; Adrian, "Burgudian/Habsburg Mint Policies", pp. 1-15.

85) Flynn and Giráldez, "Born with a 'Silver Spoon'", pp. 260-261.

도 지적할 수 있다.[86] 플린(Flynn) 같은 역사학자들은 설명상의 이런 모순이 유럽의 가격혁명에 대한 화폐수량설의 설명을 국제 교역으로 확장하여 은의 이동을 화폐론적으로 해석했기 때문에 발생했다고 주장한다.[87] 즉 국제 교역에서 거래되는 귀금속을 "화폐"라는 추상적 개념으로 치환시켜버려 각 귀금속(금, 은, 구리 등)의 구체적인 흐름들에 대한 실증적인 파악을 무시하게 만들었다는 것이다.[88] 그러므로 이런 귀금속들은 각각 개별 상품으로 파악해서 각자에게 적용되는 수요·공급의 법칙에 따라서 이해되어야 한다. 그러나 은과 같은 귀금속은 빵처럼 바로 소모되지 않고 비축되는 성향을 지니고 있기 때문에 전통적인 "유동 미시경제학적 수요·공급 분석"으로 파악될 수 없으며, 이런 것들은 '비축 수요(stock demand)' 및 '비축 공급(stock supply)' 분석으로, 즉 비축량에 대한 고려를 통해 파악되어야 한다.[89]

이런 식으로 은을 자체의 지역간 수요와 공급이라는 맥락에서 설명하고자 할 때 필요한 것이 '차익거래' 개념이다. 중국은 11세기 이래 (세계 최초로) 지폐제도를 채택하여 선진적인 화폐제도를 운영했지만, 15세기 들어 지폐의 과도한 발행으로 인해 지폐의 가치가 거의 없어지면서 서서히 은 중심 경제로 이행했다.[90] 명 정부는 이런 과정을 처음에는 저지하려고 애썼지만 실패했고, 이에 따라 명 정부는 1430년대에 이미 동남부 해안지대의 조세를 은으로 납부할 수 있게 허용할 수밖에 없었

86) Flynn, "Silver in a global context", p. 219.
87) Flynn, "Use and misuse of the quantity theory", pp. 383-417.
88) Chaudhuri, *The Trading World of Asia*, p. 156. 좀 더 자세한 설명은, Flynn and Giráldez, *China and the Birth*, pp. 101-113 참조.
89) 이에 대한 경제학적 설명은, Doherty and Flynn, "A microeconomic quantity theory", pp. 185-208 참조.
90) Von Glahn, "Cycles of silver", pp. 31-35; Von Glahn, *Fountain of Fortune*, pp. 97-103.

다. 그리고 결국 16세기 중반에는 전국적인 단일 은납의 조세체계를 확립하는 '일조편법'의 개혁이 시행되었다.[91] 그래서 중국에서 금과 은 교환비율은 1 대 4-5 정도를 유지했는데, 유럽에서는 1 대 14 내지 15였고, 일본에서도 16세기 중반 이래 1 대 10 이상을 유지하게 되었다.[92]

표 3. 중국과 일본, 스페인의 금과 은 교환비율, 1566-1644년[93]

연도	중국	일본	스페인제국
1566	-	-	12.12
1568	6.00	-	12.12
1571	-	7.37	12.12
1572	8.00	-	12.12
1575	-	10.34	12.12
1581	-	8.92	12.12
1588	-	9.15	12.12
1589	-	11.06	12.12
1594	-	10.34	12.12
1596	7.50	-	12.12
1604	-	10.99	12.12
1609	-	12.19	13.13
1615	-	11.38	13.13
1620	8.00	13.05	13.13
1622	-	14.00	13.13
1627-44	10.00-13.00	-	13.13-15.45
1643	-	-	15.45

이런 교환 비율의 편차는 유럽에서든 일본에서든 중국으로 은을 들여오는 것이 2배 이상의 이윤을 보장한다는 것을 뜻했고, 최대 이윤을

91) Hwang, *Taxation and Governmental Finance*, pp. 112-122, 130-133.
92) 인도의 무굴제국에서도 금과 은 교환 비율은 1 대 9로 중국보다 높았다. Flynn and Giráldez, "China and the Manila Galleons", p. 76.
93) Atwell, "International Bullion Flows", p. 155의 그림 4에 기초하여 작성

추구하는 상품 공급 측면의 필연적 논리상 세계의 은들은 자연스럽게 중국으로 밀려든 것이었다. 하지만 이런 차익거래는 위와 같은 수익률이 보장될 때만 유지되는 것인데, 은과 같은 비축적 성격이 강한 상품의 경우 한 지역에 들어올 경우 쉽게 빠져나가지 않는 속성을 가진다. 이에 따라 중국으로 막대한 양의 은이 유입된 결과로 중국 내 은 비축량이 늘어났고, 그 결과 장기적으로는 중국 내 금과 은의 교환비율을 높이는 결과를 낳았다.[94] 그래서 1640년대가 되면 사실상 중국의 금과 은 교환비율도 1 대 15로 수렴되있다.[95] 이것은 적어도 은의 경우에 중국과 그 외 지역 간에 시장의 통합을 뜻하는 것으로, 은 경제 측면에서는 단일한 세계시장이 형성된 것을 보여준다.

이렇게 1640년경부터 중국 내 차익거래로 인한 수익 구조가 사라지게 되었는데, 그럼에도 17세기 내내 은은 계속 중국으로 유입되었다. 그 이유는 첫째, 은과 금 사이의 차익거래 이윤이 사라졌다고 해서 은과 금 외 다른 상품과의 차익거래 가능성이 사라진 것은 아니기 때문이다. 즉 은은 금 이외의 품목과 교환하여 동쪽으로 흘러간 것이며, 이때 은의 기능은 많은 학자들이 이야기하는 화폐적 기능에 더 가까웠다고 볼 수 있다. 둘째, 차익거래로부터의 이득이 상품 판매의 유일한 동기가 아니다. 당시 세계에서 가장 큰 경제였던 중국에서는 여전히 양적인 면에서 은에 대한 수요가 높았기 때문에 차익거래가 사라졌다고 해도 은을 중국으로 들여오는 것이 이익이 되었던 것이다.[96] 이것이 중국이 그렇게 오

94) Flynn and Giráldez, “China and the Manila Galleons”, pp. 76–77; Flynn, “Comparing the Tokugawa Shogunate with Hapsburg Spain”, pp. 342–343.

95) Von Glahn, *Fountains of Fortunes*, p. 128의 그림 4는 1370–1660년에 걸치는 중국, 일본, 프랑스의 금과 은 교환비율의 추이를 그리고 있는데, 1640년경에 중국과 일본, 프랑스의 교환 비율이 하나로 수렴되고 있음을 보여준다.

96) Flynn, “Comparing the Tokugawa Shogunate with Hapsburg Spain”, pp. 344–347. 하지만 17세기 후반으로 가면 중국의 인구가 급증하기 시작하면

랫동안 계속해서 세계 전역으로부터 은을 흡수하는 흡입 펌프였던 근본적인 이유였다. 그렇다면 이러한 설명은 은의 수요와 공급 측면들이 서로 상호 작용하는 세계적 범위의 은 시장의 존재를 이야기하는 것이기도 하다. 즉 적어도 은의 전(全)지구적인 이동은 16세기에 세계적 범위에서 단일한 은 시장(그 아래에 무수한 지역별·국지적 하위 시장들을 가진)의 형성을 보여주는 것이다.[97]

근대 초기 세계경제의 성격: 통합과 연결

그렇다면 이렇게 전(全)지구적인 은 무역을 통해 16세기에 형성되기 시작한 세계경제는 어떤 성격을 가지고 있었는가? 아래에서는 이 문제를 두 가지 측면에서, 즉 통합(integration)과 연결(connection)의 측면에서 살펴보겠다.

일반적으로 '세계시장'의 성립을 이야기할 때 우선시하는 측면은 전(全)지구적 수준에서의 시장 통합이다. 16세기부터 은 교역 및 이에 부수하는 여러 무역관계 등을 통해 세계의 주요 대륙과 경제권을 포괄하는 세계경제가 등장했고, 이는 동시에 지구 전역 바다의 "개방"이었다. 막대한 세계 은들이 1500년과 1800년 사이에 아메리카 대륙과 일본 열도를 중심으로 채굴되어 실크, 도자기, 칠기 등과 교환되면서 중국으로 흘러들어갔고, 이때 교환된 상품들은 유럽 및 아메리카 대륙과 아울러 인도양의 여러 지역으로 들어갔다. 이렇게 볼 때 근대 초기의 세계는 경

서 다시 중국의 은 수요가 늘어나 1700년 무렵에는 차익거래가 다시 일반적이게 되었다. Flynn, "Silver in a global context", pp. 229–230.

97) Flynn and Giráldez, "Born with a 'Silver Spoon'", pp. 202–206; Flynn and Giráldez, "Born Again", pp. 378–381.

계를 지닌 별개의 대륙과 바다들의 집합체라기보다는 “전(全)지구적인 커뮤니케이션과 교환의 복잡한 네트워크가 등장하는 현장”이었다.[98]

그리고 이 세계경제의 성립은 단지 경제적 현상으로만 한정되지 않았다. 오스터함멜과 페테르센은 16세기 세계경제의 등장과 함께 전(全)지구적인 통합을 말할 수 있는 측면을 다섯 가지로 제시한다. 그것은 첫째, 희망봉을 도는 항해가 개시된 점, 둘째 유라시아 전역에 걸쳐 “총포 제국”이 건설된 점, 셋째 아시아 역내 교역권에 대한 유럽인의 참여와 그와 상반되는 서반구에서 유럽인의 일방적인 정치경제의 전개, 넷째 아메리카 대륙으로부터의 소위 ‘콜럼버스적 교환(Columbian Exchange)’과 이것이 가져온 전(全)지구적인 생태 변화, 다섯째 인쇄문화의 발달이다.[99] 즉, 경제를 비롯해, 정치적, 문화적, 생태학적 측면에서 세계 전체를 아우르는 통합이 이루어진 것이다.

그렇다면 이러한 세계 전체의 범위에서 이루어진 통합의 정도는 어떠했을까. 은 시장 통합을 통한 세계경제 형성을 입증하는 데 가장 큰 공을 세웠고, 아울러 이 시기 등장한 세계경제를 ‘글로벌화’의 출발로 상정하는 플린(D.O. Flynn)과 히랄데스(A. Giráldez)는 이런 통합 과정에서 중국 및 동아시아 지역의 역할을 가장 중요시하는데,[100] 이 동아시아 지역이 당시 등장하던 세계시장과 얼마나 통합되었는지를 중심으로 통합의 정도를 살펴보자.

먼저 이 시기 동아시아에는 중국을 중심으로 조선, 일본, 그리고 동남아시아를 포괄하는 거대한 경제권이 존재하고 있었고, 이들 사이에 활발한 교역 활동이 전개되고 있었음은 분명하다. 하지만 이런 ‘동아시

---

98) Bentley, “Sea and Ocean Basins”, pp. 220-221.
99) 오스터함멜·페테르센, 『글로벌화의 역사』, 69-74쪽.
100) Flynn and Girádez, *China and the Birth*, pp. 12-14.

아 역내 교역권(Intra-East Asian Trading Area)'이라고 부를 수 있는 해역경제의 등장이 16세기 은 교역에 의해 갑자기 등장한 것은 아니었다. 나중에 2부에서 살펴보겠지만, 동아시아에서 해역세계 및 해역경제가 등장한 것은 13세기를 전후한 일이었고,[101] 15세기부터 명이 소위 '조공체제'를 강화하면서 동아시아 지역은 16세기 초반까지 "조공무역의 안정기"를 누리면서 통합된 경제권의 모습을 보여주고 있었다.[102] 16세기 들어 중국 은 수요의 폭발적 증대와 이 지역 전체에 걸친 은 교역의 등장이 더욱 활발한 교역 관계를 만들어 내고 동아시아 내 무역 확대의 계기가 되었지만,[103] 그것은 아무것도 없는 상태에서 이루어진 것이 아니었다.

또한 시장적 측면에서 특히 은과 인삼을 매개로 한 청과 조선, 일본 간의 활발한 교역과 청·조선 국경지대와 조선·쓰시마 국경지대를 잇는 통합된 시장이 16세기 이래 존재했음을 확인할 수 있기에,[104] 이를 근거로 동아시아 교역권과 세계시장의 통합을 주장할 수도 있다.[105] 하지만 16세기 동아시아 해역의 유례없는 경제적 활황은 동아시아 도작(稻作) 사회의 대규모 확장에 힘입은 것이며, "… 동아시아는 남북아메리카 등과 달리 유럽의 분업체계에 얽힌 적이 없다. 오히려 16세기 시점에서 동아시아 경제발전의 방향은 내향적인 것이었다. 즉 확장된 도작지에서 집약화의 길을 걷기 시작했고, 토지의 한계생산성이 높은 것이 이를 가

101) 榎本涉, 「日宋·日元貿易」, 70-81쪽; 이강한, 『고려와 원제국의 교역의 역사』, 제3부; Von Glahn, "The Ningbo-Hakata Merchant Network", pp. 249-279.

102) 기시모토 미오·미야지마 히로시, 『현재를 보는 역사』, 87-93쪽.

103) 구도영, 『16세기 한중무역 연구』는 중국과 조선의 관계를 중심으로 이를 확인한다.

104) Kim, "Borders and Crossings"; 정성일, 『조선후기 대일무역』, 233-250쪽; 허지은, 「근세 쓰시마의 바쿠후로의 정보보고와 유통」, 85-115쪽; 岩井茂樹, 『朝貢·海禁·互市』, 5장 참조.

105) Flynn, "Silver in a global context", pp. 214-216; Flynn and Lee, "East Asan Trade before/after", pp. 146-149.

능하게 했다."[106] 최근 나온 청 중기 건륭(乾隆) 연간(18세기 중반에서 말까지) 중국의 전국적 시장 통합에 대한 연구도 이런 시장 통합을 세계체제론의 '중심부'와 '주변부' 개념을 빌려와 중국 내부에 중심부와 주변부가 형성되는 과정으로 설명하지만, 이것에 미친 대외무역의 영향에 대해선 유보적이다.[107]

통합을 살필 때 중요한 요소인 화폐 체제와 관련해 보아서도 16세기의 동아시아는 세계경제와의 통합을 말할 수 있는 상태가 아니었다. 뿐만 아니라 화폐적 측면에서 동아시아 내의 통합도 아직은 전혀 이루어지지 않았다. 일찍이 전국적인 화폐제도를 발전시키고 다양하게 변화시켜 온 중국과 달리, 조선은 16세기 중반에서 18세기 초에 걸쳐 실물화폐에서 명목화폐경제로 이행했으며 법정화폐(常平通寶)가 처음 도입되는 것은 1689년의 일이었다.[108] 일본의 경우도 1670년대 무렵부터 소위 '삼화제도(三貨制度)'에 기초하여 독자적인 화폐제도를 갖추었고 17세기 말에는 전국 단위의 시장 질서를 형성했다.[109] 결국 동아시아 지역 내 각 나라마다 자기 사정에 따라 각각 화폐제도를 형성했고, 대략적으로 말해 동아시아 세 나라에 공통적으로 전국적인 화폐제도가 확립되는 것은 17세기 말경이라고 봐야 할 것이다.

한편 이런 통합에서 중심을 차지한다고 여겨지는 중국의 경우에도, 과연 내부적으로 자신의 지배영역 전체에 대해서 통일된 경제체제를 유지할 수 있었는지 의문이다. 명의 지배를 받았던 운남은 16-17세기에 벵골 지방에서 중국으로 흘러들어가는 은의 중요 통로 중 하나였지만,

---

106) 기시모토 미오·미야지마 히로시, 『현재를 보는 역사』, 242쪽.
107) 홍성화, 「청중기 전국시장과 지역경제」, 305-350쪽.
108) 이정수·김희호, 『조선의 화폐와 화폐량』, 128과 152쪽.
109) 박경수, 「에도시대 삼화제도」, 263-296쪽. 일본은 그 이전에는 주로 '송전(宋錢)', 즉 중국 화폐의 수입과 유통에 의존했다. Von Glahn, "The Ningbo-Hakata Merchant Network", pp. 256-262.

운남 자체에서는 말과 개오지 조개껍질이 주요 통화수단으로 사용되어 중국과는 다른 경제 질서를 갖고 있었다.[110] 청대 중국의 경우에도 시장 질서 및 경제 활동과 관련하여 중요한 도량형이 전국적으로 통일되어 있지 않았고, 지역별로 단위와 척도가 달랐다. "이러한 의미에서 청대 상품 교환이 갖고 있는 성격, 그리고 상품을 둘러싼 인간관계, 나아가 국가와 시장사회의 관계 그 자체가 지금과는 크게 달랐던 것이다."[111]

이렇게 여러 경제적 측면에서 보았을 때, 동아시아 지역에는 이미 오래전부터 해역경제가 활성화 되어 있었고 이것이 은 교역의 개입으로 더욱 활발해졌음은 틀림없지만, 그렇다고 이들 지역 내에 은과 인삼, 생사와 같은 특정 상품을 제외하고 모든 상품을 포괄하는 단일한 경제권이나 시장권이 형성되었다고 하기는 힘든 것으로 보인다.[112] 이런 상황에서 동아시아 지역이 "대서양 지대의 강력한 파동에 지배되는 단일 세계경제"[113]로 끌려 들어갈 정도의 통합이 16세기부터 이루어졌다고 생각하기는 어렵다.[114]

그렇지만 어쨌든 세계의 모든 대륙들이 바다를 통해 생산물을 교환하며 연결되었다는 점은 세계경제의 등장을 인정하는 한 분명한 사실이다. 그렇다면 바로 이 연결의 정도는 어떠했는지가 다음으로 살펴볼 문제이다. 즉 16세기에 등장한 세계경제 내에서 이루어지는 교역활동과 상품 교환이 교역 당사자 모두에게 지속적인 영향을 미칠 정도의 연결

---

110) Yang, "Horse, Silver, and Cowries", pp. 281–322.
111) 홍성화, 「청대도량형연구사」, 282–283쪽.
112) 최근 폰 글란은 중국의 은에 대한 의존도가 시기에 따라 크게 부침이 있었고 그 의미를 획일적으로 적용할 것이 아니라, 그 부침에 따라 해석해야 함을 강조했다. Von Glahn, "The Changing Significance", pp. 553–585 참조.
113) Chaunu, "Manile et Macao", p. 570.
114) 그래서 일부 학자는 16–18세기 세계경제의 등장을 "소프트 글로벌화(soft globalization)"라고 부르며, 이것이 오늘날의 글로벌화와 질적으로 다르다고 한다. De Vries, "The limits of globalization", pp. 711–715.

성을 가졌는가를 보려고 하는 것이다. 이를 논하기 위해서 우선적으로 살펴봐야 할 것은, 아프리카 남단을 돌아 인도양으로 진입하는 희망봉 항로를 통해 16세기에서 18세기까지 전개된 유럽과 아시아 간의 교역 상황을 통계적으로 분석한 데 브리스(de Vries)의 논의이다. 데 브리스는 이 시기 유럽과 아시아 사이에 오고 간 무역선의 수와 용적톤수를 아래와 같이 제시한다.

표 4. 16–18세기 유럽·아시아간 무역선 수와 귀환율[115)]

연도	아시아행선박수(a)	용적톤수(b)	귀환선박수(c)	귀환용적톤수(d)	c/a(%)	d/b(%)
1501–10	151	42,778	73	21,115	48	49
1511–20	96	38,688	59	25,760	61	67
1521–30	81	37,722	53	27,020	65	72
1531–40	80	44,664	57	36,410	71	82
1541–50	68	40,800	52	30,550	76	75
1551–60	58	39,602	35	25,750	60	65
1561–70	50	37,030	40	31,150	80	87
1571–80	50	42,900	39	35,150	78	82
1581–90	70	60,479	50	43,085	72	71
1591–1600	111	80,481	73	48,575	66	60
1601–10	166	121,547	87	58,200	52	48
1611–20	275	166,451	108	79,185	39	48
1621–30	269	136,881	129	75,980	48	56
1631–40	263	122,169	123	68,583	47	56
1641–50	287	160,540	170	112,905	59	70
1651–60	328	177,760	176	121,465	54	68
1661–70	376	191,934	210	125,143	56	65
1671–80	423	235,402	296	172,105	70	73
1681–90	400	211,878	281	171,540	70	81
1691–1700	400	220,756	249	150,168	62	68

115) 이 표는 De Vries, "Connecting Europe and Asia", pp. 40–41, 표 2.1; pp. 46–47, 표 2.2; pp. 56–61, 표 2.4에 기초하여 재구성한 것이다.

연도	아시아행선박수(a)	용적톤수(b)	귀환선박수(c)	귀환용적톤수(d)	c/a(%)	d/b(%)
1701-10	479	266,909	338	189,677	71	74
1711-20	531	318,951	433	261,399	82	82
1721-30	638	405,002	541	348,024	85	86
1731-40	706	435,841	576	367,367	82	84
1741-50	700	470,674	528	340,012	75	72
1751-60	696	520,662	564	417,359	81	80
1761-70	694	526,146	550	433,827	79	82
1771-80	770	582,281	619	461,719	80	79
1781-90	1,034	673,940	805	501,300	78	74
1791-95	531	320,877	422	261,804	79	82
총합	10,781	6,731,745	7,737	5,052,327	72	75

이 표에서 주목되는 것은 유럽에서 아시아로 출항한 선박의 귀환율이다. 평균적으로 이 시기 전체에 걸쳐 그 귀환율은 70 퍼센트 정도에 머물렀으며, 총합의 귀환율 역시 72 퍼센트이다. 이는 콜럼버스와 바스쿠 다가마 시대 이후 유럽의 대규모 아시아 진출과 활발한 무역활동, 그리고 이를 통한 아시아 경제의 활력이라는 일반적인 설명과 상당한 차이를 보여준다. 표는 적어도 30 퍼센트 정도의 선박들이 조난을 당하거나 그 외 다른 이유로 인해 아시아 바다에서 유럽으로 귀환하지 못했음을 가리킨다. 또 귀환 항해의 경우에도 선박의 화물적재 능력을 보여주는 용적톤수가 아시아로의 출항 때에 비해 30 퍼센트 이상 줄어들고 있음을 알 수 있는데, 이는 이 시기 유럽 선박의 항해 능력이나 유럽의 선박 건조기술 등이 희망봉을 경유하는 원거리 항해의 효율성을 떨어뜨렸고, 이러한 기술적 요소가 가진 문제들로 인해 유럽과 아시아 간의 교역활동이 방해를 받았음을 보여준다.[116] 이런 상황에서 유럽과 아시아 간

116) 16-18세기 유럽 선박의 항해 능력 및 기술, 항해가 가진 경제적 효율성 문제는 현재 논쟁의 대상이다. 분명한 것은 이 시기 유럽 선박의 항해 기술 면에서의 진보는 극히 적었다는 것이다. 다만 그럼에도 몇 가지 개선이 가져온 운송비

교역의 연결성이 원활했다고 보기는 힘들 것이다.

16세기에서 18세기까지 유럽에서 아시아로 갔다가 귀환한 사람 수에 대한 통계도 이를 확인해 준다. 데 브리스가 제시하는 통계 수치에 따르면, 이 시기 전체에 걸쳐 200만 7,375명의 유럽인들이 선원이나 군인, 혹은 단순 승객으로서 아시아로 가는 배를 탔지만, 이 중 유럽으로 돌아온 수는 92만 412명, 즉 약 45.8 퍼센트에 불과하다.[117] 이렇게 귀환자 수가 낮은 것은 상당수의 유럽인들이 아시아 현지에 눌러앉았기 때문인 것 같지만, 그럼에도 전체적인 측면에서 상당히 높은 인력 손실을 보여준다. 데 브리스는 유럽에서 아시아로 항해해 가는 동안에 사망률을 12 퍼센트로, 아시아 내에서 조난 및 그 외 다른 이유로 인한 사망률을 20 퍼센트, 유럽으로 돌아오는 귀환 항해에서의 사망률을 12 퍼센트로 보고 있다.[118]

데 브리스의 분석을 전체적으로 요약하면, 이 시기 약 200만 명의 유럽인들이 희망봉을 거쳐 아시아의 바다로 들어갔지만 다시 유럽으로 귀환한 사람은 그 중 반이 되지 않았다. 또 같은 시기에 총 1만 781척의 배들이 아시아를 향해 유럽을 떠났지만, 그 중 유럽으로 돌아온 배는

용의 하락이 해운의 생산성 및 효용성을 얼마나 높였는가가 문제이다. Bruijn, "Between Batavia and the Cape", pp. 251–263; Bruijn, "Productivity, profitability, and cost", pp. 174–194; Rönnbäck, "The Speed of ships", pp. 469–489; Solar and Hens, "Ship speeds", pp. 66–78; Kelly and O'Gráda, "Speed under Sail", pp. 1–21; Solar and de Zwart, "Why were Dutch East", pp. 738–751; Solar and Rönnbäck, "Copper Sheathing", pp. 66–78; Solar, "Opening to the East", pp. 625–661. 위의 모든 연구 결과에서 주목되는 바는 해운 기술 향상 및 그로 인한 운임률 하락이 뚜렷하게 나타나는 것은 18세기 말부터라는 점이다. 해운과 경제성장 간의 연관성에 처음으로 주목한 것은 저명한 경제학자 더글러스 노스(Douglass North)였다. North, "Sources of Productivity", pp. 953–970. 이 문제에 대한 최근 연구 동향은, Unger (ed.), *Shipping and Economic Growth*를 참조.

117) De Vries, "Connecting Europe and Asia", pp. 69–71의 표 2.5 참조.

118) Ibid., p. 74.

7,737척이며 나머지 배들은 조난 및 파괴당하거나 아시아에 남았다. 이런 결과에 따르면, "당시 유럽 소비자 한 명당 아시아 상품 1 파운드를 확보하기 위해서 매년 6,000 내지 7,000명의 유럽인의 목숨과 약 150톤의 은이 필요"했다고 결론지을 수 있다.[119)]

이런 기술적 요소를 비롯한 여러 장애에 제약을 받고 있었기에 유럽과 아시아의 교역 관계는 흔히 그 연결성을 강조하는 만큼 두텁지는 않았다. 아래의 표 역시 이를 입증하고 있다.

표 5. 18세기 말 영국, 프랑스, 네덜란드 수입품의 지리적 분포[120)]

수입원	영국	프랑스	네덜란드
	1772–1773(%)	1772–1776(%)	1770–1779(%)
유럽	45	53	71
서반구	38	42	15
아시아	16	5	14
총가치	1,360만 파운드	3억 6,960만 리브르	1억 4,740만 플로린

이 표는 근세 초기 유럽의 대외무역을 주도했고 유럽 경제에서 가장 큰 비중을 차지했던 영국, 프랑스, 네덜란드의 19세기 말 수입품의 생산지별 분포를 보여준다. 표의 대상 시기가 18세기 말인데도 이 세 나라의 수입 총량 중 아시아로부터의 수입이 차지하는 비중은 11.5 퍼센트에 불과했다. 다른 한편 대서양을 중심으로 이루어진 정말로 유럽이 주도한 대서양 무역을 통한 수입량은 31.4 퍼센트를 차지했다. 여기에 이 표에는 들어있지 않지만 대서양 무역에서 중요한 이베리아 국가들의 비중까

119) Ibid., p. 83.
120) De Vries, "The limits of globalization", p. 729의 표 3.

지 합치면, 대서양 무역이 유럽의 수입 총량에서 차지하는 비중은 아시아로부터의 수입보다 3배 이상 많았을 것이다. 즉 연결성의 정도 면에서 아시아·유럽과 아메리카·유럽 간에 편차가 있었다고 볼 수 있다.

이상의 분석을 통해서 본다면, 16세기 이후 등장한 세계경제의 연결은 물론 지속적이고 성장하고 있었지만, 경제 권역 간의 연결 정도는 당시의 기술적, 제도적 제약 등에 따라 각각 달랐음을 알 수 있다. 특히 아시아와 유럽 간의 연결관계는 연결의 정도에 있어 아직은 상호간에 깊고 지속적인 영향을 미칠 정도는 아니었던 것으로 보인다.

그렇다면 지금까지는 유럽의 입장에서 연결의 문제를 보았고, 반대로 아시아, 특히 동아시아의 입장에서 이 문제를 보면 어떠한가. 앞서 통합 문제에서 보았듯이 시장 통합이나 화폐 유통 측면에서 동아시아 지역 내 경제적 통합의 수준은 이 시기에 해역경제가 형성되어 있었음에도 상대적으로 높지 않았다. 하지만 연결 면에서 보면 동아시아 지역은 해역경제를 말할 수 있을 정도로 바다를 통한 활발한 교역과 상거래를 수행하고 있었다. 비록 명의 해금(海禁)정책이나 청의 천계령(遷界令), 일본의 쇄국(鎖國)정책 등으로 인해 일정한 방해를 받고 있었지만 말이다.[121] 이런 연결은 경제적 측면만이 아니라 기술적 측면에서도 이루어졌다. 즉 16세기 초 유럽 대포가 전래된 이래 17세기 전반까지 동아시아는 "병기 제조 기술의 교류와 진보의 시대"를 맞았던 것이다.[122] 그렇다면 이런 연결성은 동아시아 역외 지역과의 교역 관계에서는 어떻게 나타났는가를 중국의 세계경제에 대한 의존성 논의와 관련해서 살펴보자.

16세기 은 교역에 기초해 등장하던 세계경제가 당시 은 경제로 전환

121) 아라노 야스노리, 『근세일본과 동아시아』, 2장; 민덕기, 「동아시아 해금정책의 변화」, 189-228쪽 참조.
122) 岸本美緒, 『東アジアの近世』, 49쪽.

되는 과정에서 심각한 은 부족 현상과 이로 인해 막대한 은 수요를 창출하던 명대 중국에 상당한 영향을 주었다는 점에서는 학자들의 견해가 대부분 일치한다. 하지만 이런 영향이 어느 정도였는지에 대해서는 학자들마다 의견이 다르다. 특히 당시 중국의 연간 GDP에서 매년 순 수출량이 차지하는 비중이 0.5 퍼센트에도 미치지 못했기 때문에 국제무역이 중국 전체의 경제에 미치는 영향은 극히 미미했으며, 이것에 주로 영향을 받은 곳은 중국의 동남 연안 지역이었다.[123] 또한 명말 중국 경제의 활황이 상당 부분 일본 은의 유입에 힘입은 것이지만, 이때의 활황은 군사나 무역거점을 중심으로 했고 농촌 지역에서는 오히려 불황 양상이 현저했다. 반면 명의 조정은 민간 유통에 이용되던 동전의 발행에 소극적이었고 사회적으로 은의 유동성을 제어할 장치가 없었다.[124] 18세기 세계경제와의 연결성이 더 강화되고 외국산 은의 유입에 더 많이 경제적 영향을 받던[125] 청대에도 화폐 유통 실태와 경제적 현상의 흐름은 대외무역보다는 국내 경제의 흐름에 의해 주도되었던 것 같다.[126] 따라서 명대와 청초에 걸치는 16-17세기에 은 교역에 기초해 등장하던 세계경제는 당시 중국의 "충분히 상업화되어 있던 경제를 증진시키고 자극한 하나의 요소"[127]에 지나지 않았다고 보는 것이 옳을 것이다. 이런 점에서 동아시아의 시각에서 근세 초기 세계경제와 동아시아의 연결 관계에는 상당히 유보적으로 접근해야 할 것 같다. 16세기 이후 세계경제가 형성될 무렵 동아시아에는 이미 오래전부터 자체적인 역내 교역망이 이루

---

123) 李隆生, 「海外白銀大明後期中國經濟影響的再探究」, 153쪽.

124) 홍성화, 「18세기 중국 강남지역의 화폐와 물가」, 188쪽.

125) 이학로, 「아편전쟁 이전 동남 연해지역」, 1-28쪽.

126) 홍성화, 「18세기 중국 강남지역의 화폐사용관행」, 71-98쪽; 홍성화, 「18세기 중국 강남지역의 화폐와 물가」, 157-198쪽 참조.

127) 티모시 브룩, 『쾌락의 혼돈』, 30쪽.

어져 있었고 하나의 해역경제를 형성하고 있었다. 이런 동아시아의 해역경제에 당시 등장하던 세계경제가 연결된 것이지만, 아직은 이 연결 관계가 기존의 교역망을 압도할 수준에 이르지는 않았다. 이런 측면에서 근세 초기 "아시아 자체 내에 큰 파도가 반드시 유럽을 포함하지 않는 형태로 이미 발생하고 있었다. 그 속에 유럽 세력의 선두 부분이 파고 들어가 그들도 아시아적 맥락 속에서 그들 나름의 중요한 역할을 했다"고 보는 것이 맞는 것 같다.[128] 즉, "아시아에는 독자적인 세계시스템이 존재"했던 것이다.[129]

이상의 연결 정도에 대한 논의와 앞에서 이야기한 통합 문제에 대한 논의를 합쳐서 생각해 보면, 16세기 이래 등장한 근대 초기의 세계경제를 오늘날의 '글로벌 경제' 같은 전(全)지구적 일체성을 전제로 한 단일 경제로 상정하기는 어려울 것 같다. 이 시기에 등장하던 세계경제는 분명 은을 비롯한 세계 4대 화폐 물질과 아울러 실크나 도자기, 면포와 같은 중요 상품들의 세계 전역에 걸친 교역을 통해, 적어도 인간이 대규모로 거주하며 경제 활동을 수행하는 세계의 거대 경제권들을 연결시켰다. 그런 점에서 그것은 분명 세계경제의 등장이라고 충분히 말할 수 있다.

그럼에도 이렇게 16세기에 등장한 근대 초기 세계경제는 통합의 정도와 연결의 정도 면에서 오늘날의 전(全)지구적인 상품 연쇄 관계에 입각한 '글로벌 경제'와 비슷한 수준을 보여주지는 않았다. 주로 이 세계경제에서 가장 중요한 역할을 했다고 하는 동아시아 지역을 중심으로 살펴봤을 때, 이 지역에서는 오랜 시기에 걸쳐 이미 하나의 해역경제가 이루어졌음에도 시장 통합이나 화폐 체제는 지역 내 각 나라의 국내 사정에 따라 다양한 형태로 나타났고 상당한 자율성을 누렸다. 물론 18세

128) 村井章介,『世界史のなかの戰國日本』, 21쪽.
129) 위의 책, 16쪽.

기로 가면서 그런 요소들이 점차 수렴되어 가는 모습을 보이고 있지만, 어쨌든 근대 초기 세계 경제 속에서 이 지역의 통합 정도는 낮은 수준에 머물렀다. 연결의 정도 면에서도 분명 해역경제의 형성이란 측면에서 동아시아 내 지역간 연결은 상당히 진행되어 있었지만, 이것이 세계경제로 포섭되어 연결되기는커녕 오히려 세계경제가 이 해역경제에 연결되어 있는 양상이었고, 세계경제의 흐름을 따라 진입한 서구 세력들은 적어도 이 시기에는 동아시아 내 해역경제의 논리에 맞추어 활동해야 했다. 특히 유럽과 아시아 간의 무역에 대한 통계분석의 결과는 그 두 경제권 간의 연결 정도가 비교적 낮은 상태에 있었음을 드러낸다. 이런 모든 점을 고려할 때, 근대 초기에 등장한 세계경제는 이 시기에 각각 내적 역량에 기초해 성장한 세계 전역의 역동적인 여러 경제권(주로 해역경제였다)을 전제로 한 상태에서 그들 간에 연결관계를 이루었다는 의미에서 '다중심적 세계경제(a polycentric world economy)'[130]였다.

130) 이 용어는 De Vries, "Connecting Europe and Asia", p. 38에서 가져왔다. 16-18세기 세계경제의 단일성을 강조하기보다는 다중심성을 강조하는 견해는 주로 동아시아를 전공으로 하는 학자들 사이에 나타난다. 이런 시각에 입각한 최근의 대표적인 연구 성과는, Garcia and de Sousa (eds.), *Global History and New Polycentric Approaches* 참조.

3. 근대 초기 '글로벌화' : 비판적 평가

이제 1부의 마지막 논의사항으로 근대 초기 글로벌화 문제를 다루어 보자. '글로벌화'라는 말은 1960년대에 영어 사전에 처음 실렸지만, 이 말의 사용이 폭발적으로 늘어난 것은 1990년대부터였다.[1] 공적 영역에서 이 말은 종종 맥도널드(McDonalds) 같은 다국적 기업과 인터넷 같은 기술에 의해 자극받아 진행된 '세계의 축소(shrinking world)' 과정이나 세계가 '지구촌(a global village)'이 되는 과정으로서 이해된다. 1990년대 이래 이 개념을 어떻게 정의할 것인가를 두고 여러 학문 분야들에서 다양한 논의가 전개되었지만, 여전히 단일한 정의는 존재하지 않는다. 다만 각 분야의 학자들이 각각 자기 관심 영역에 따라 이런저런 정의들을 제기해오면서, 점차 전체적인 흐름이 어느 정도 수렴되어 가는 분위기이다.

원래 글로벌화 논의를 처음으로 본격적으로 제기했고 한동안 글로벌화와 관련해 가장 영향력있는 저서로 인정받던 데이비드 헬드(David

1) 구글 북스 앤그램 뷰어(Google Books Ngram Viewer: http://books.google.com/ngrams/)에서 'globalization'을 입력해 보라. 이것은 1800년대 이래 책 속에서 특정 단어 하나가 사용된 양을 도표로 보여주는 프로그램이다.

Held) 등이 쓴『전(全)지구적 변혁(*Global Transformation*)』은 글로벌화를 "지역과 대륙을 가로질러 인간 활동을 한데 결합하고 확장시킴으로써 인간적 사안들의 조직 상에 변혁의 기초를 놓는 그러한 공간·시간적(spatio-temporal) 변화 과정"으로 정의하였다.[2] 이런 정의에 영향을 준 것으로 알려진 저명한 사회학자 앤서니 기든스(Anthony Giddens)는 글로벌화를 "지역에 국한되어 일어나는 일들이 수 마일 떨어진 곳에서 발생한 사건들에 의해 이루어지고, 그 반대로도 그러한 방식으로 전개되면서, 아주 멀리 떨어진 장소들(localities)이 서로 연결되는 전(全)세계적인 사회적 관계의 격화"로 정의한다.[3] 사회학자인 괴른 테르보른(Görn Terborn)은 좀 더 사회 현상의 글로벌화, 특히 불평등의 글로벌화에 집중하여, "글로벌화를 사회적 현상의 전(全)세계적 범위에 이르는 영향이나 연결성을 향한, 또는 사회적 행위자들 사이에서 세계를 포괄하는 인식을 향한 경향성들로 정의"하고 있다.[4] 즉 사회학자들은 무엇보다 사회현상과 글로벌화의 연관성, 그리고 그에 대한 행위자들의 인식 및 행위에 미치는 영향 등에 관심을 주고 있다.

하지만 우리의 논의와 좀 더 연관되는 경제학자들은 글로벌화를 좀 더 경제현상과 연관해서 정의하였다. 노벨경제학 수장자인 조지프 스티글리츠(Joseph Stiglitz)는 글로벌화의 경제현상과 그 결과에 주목하면서 글로벌화를 이렇게 정의한다. "글로벌화는 많은 것들을 망라하고 있다. 사상과 지식의 국제적 흐름, 문화의 공유, 글로벌 시민사회, 전(全)지구적 환경운동 [등등이다]. … 경제적 글로벌화 … 는 상품과 서비스, 자본, 그리고 심지어 노동의 흐름 증가를 통한 세계 여러 나라들의 보다

---

2) Held, et al, *Global Transformation*, p. 15.
3) Giddens, *The Consequences of Modernity*, p. 64.
4) Terborn, "Gloalization and Inequality", p. 450.

긴밀한 경제 통합을 수반한다."[5] 한편 피터 터민(Peter Temin)은 "… 글로벌 경제란 지구상의 모든 부분들이 단일 경제에 속하는 것이다. 그것은 차익거래가 세계 전역에 걸쳐 쉽게 이루어진다는 것을 뜻하며 여러 충격들이 세계 전역의 경제에 영향을 미친다는 것을 뜻한다"고 정의한다.[6] 이 터민의 정의는 경제사학자들이 바라보는 글로벌화의 정의와 가장 근접해 있는 것 같다. 곧 우리가 다루게 될 플린과 히랄데스, 그리고 그와 대립되는 오루크와 윌리엄슨(O'Rourke and Williamson) 역시 기본적으로 글로벌화를 전(全)지구적인 "단일 경제"의 형성으로 보는 데서는 동일하기 때문이다.

현 수준에서 이런 저런 여러 글로벌화의 정의들은, 필자가 보기에 다음의 정의로 모두 수렴되는 것 같다. 이것이 경제만이 아니라 거의 모든 부문의 현상들을 포괄하는 정의라고 생각하기 때문이다.

> [오늘날의] 글로벌화는 세계경제와 그것을 이루는 다양한 사회들을 보다 통합되고 보다 상호의존적으로 만드는 전(全)세계적 범위의 일련의 복잡한 과정들을 가리킨다. 글로벌화는 본질적으로 국제 거래의 범위, 규모, 속도의 확장이다. 그것은 세계의 다양한 지역들과 그 지역들의 문화, 정치, 환경 체계들 내에서 그리고 그들 사이에서 자본, 사람, 상품, 생각의 이동을 설명하는 유용한 방식이다. 무엇보다 글로벌화는 서로 다른 장소들 사이에서 운송 및 교통 시간과 비용을 줄임으로써 세계를 줄어들게 하는 과정이다. … 글로벌화의 가장 중요한 차원들은 이러하다. 문화와 소비의 글로벌화, 전기통신의 글로벌화, 다국적 기업과 외국 투자, 노동, 서비스, 정보기술을 비롯한 경제활동의 글로벌화.[7]

5) Stiglitz, *Making Globalization*, p. 4.
6) Temin, "Globalization", pp. 76-89.
7) Stutz and Warf, *The World Economy*, p. 12.

위의 정의에서 보듯이, 현재 우리가 사용하고 염두에 두고 있는 글로벌화는 경제현상만이 아니라 전(全)지구적인 깊고 지속적인 사회적 상호영향과 인간의 세계 인식 차원의 포괄성을 포함하고 있다. 또한 경제 및 환경만이 아니라 정보와 통신, 문화 면에서의 깊은 상호연결성도 포함되어 있다. 이런 점에서 보면 테민이 제시했던 '단일 경제 형성'이라는 측면에서의 경제학적 정의는 협소한 측면이 있다. 따라서 이런 정의에 입각한 경제사학자들의 글로벌화에 대한 시각 역시 협소한 측면이 있다고 생각한다. 이런 점에서 필자는 이전에 플린과 히랄데스가 주로 제기하던 '16세기 글로벌화 기원론'을 비판한 적이 있다.[8]

먼저 플린과 히랄데스가 제시하는 글로벌화 정의, 즉 "(1) 많은 인구가 거주하는 세계의 모든 대륙들이 -서로 간에 직접적으로든 다른 대륙을 통해 간접적으로든- 계속해서 생산물을 교환하기 시작했을 때, (2) 그런 교환들이 교역 당사자 모두에게 지속적인 영향을 발생시킬 만큼 가치 면에서 충분히 교환이 이루어질 때"[9]라는 정의가 오늘날 글로벌화의 시작을 16세기에서 찾는 논의에 충분치 않음을 보여주었다. 그리고 그보다는 차라리 좀 더 엄격하게 경제학적인 접근을 유지하는, 즉 시장 통합에 입각하여 글로벌 경제의 형성을 추적하는 오루크와 윌리엄슨의 논의가 더 합당하고 보았다. 이런 정의에 입각하여 필자는 플린과 히랄데스의 논의가 연결과 통합의 두 가지 측면에서 여전히 단일한 글로벌 경제의 형성을 말하기가 어려운 16-18세기의 세계경제에서 글로벌화의 기원을 찾음으로써 현재의 글로벌화가 가진 자본주의 체제의 심화 혹은 이행적 상황에 대한 이해를 무시하거나 간과하는 결과를 낳게 된다고 비판

8) 현재열, 「현재의 글로벌화」, pp. 271-296.
9) Flynn and Giráldez, "Globalization began", p. 235; Flynn and Giráldez, "Born Again", p. 369.

하였다.[10] 우리가 현재의 글로벌화가 언제 시작되었나를 논하는 것이 골동품적인 호사취미에서 비롯된 것은 아닐 것이다. 그것은 무엇보다 현재에 대한 제대로 된 설명을 추구하는 과정에서 필요한 요소로 인식되어야 한다. 과거의 사건을 지금 현재와 연결짓지 않고 접근하는 이런 태도는 결국, 서론 말미에 지적했듯이, 근대 초기에 대한 수많은 논의들이 모두 이제는 한물간 서구의 흥기를 결론으로 제시하는 양상으로 나타났던 것이다.[11]

그런데 '16세기 글로벌화 기원론'에 대한 필자의 이런 비판 이후 근대 초기 글로벌화 논의에서 새로운 양상이 전개되었다. 2010년대 무렵까지 글로벌 경제사 연구를 주도했던 이들은 안드레 군더 프랑크나 포메란츠(Pomeranz), 얀 데 브리스(Jan de Vries), 리처드 폰 글란(Richard von Glahn) 등의 소위 '캘리포니아 학파'와 패트릭 오브라이언(Patrick O'Brien) 등이 주도한 런던경제대학(London School of Economics)의 '글로벌 경제사 네트워크(Global Economic History Network)'였다. 그런데 2010년대 이후부터 네덜란드계 경제사학자들이 대거 등장하여 글로벌 경제사 비교 연구 등에 활발히 참여하며 전(全)지구적인 학술적 논의에 크게 공헌하고 있다.[12] 그 중 두 사람, 위

10) 현재열, 「현재의 글로벌화」, 290쪽. 플린과 히랄데스에 대한 이런 비판은 '중국중심주의적' 글로벌 경제를 논하는 안드레 군더 프랑크에 대해서도 똑같이 적용될 수 있다. 처음에 격렬한 자본주의 비판으로 시작한 그가 언제부터인가 자신의 성찰에서 자본주의에 대한 고려를 빼버린 것 같다는 느낌이다. 유재건, 「유럽중심주의와 자본주의」, 242-244쪽도 참조.

11) 이에 대해선, 결론 부분에서 다시 좀 더 논할 것이다.

12) 물론 이들을 인위적, 제도적으로 이렇게 구분하는 것은 정확하지 않다. 사실 이들 중 많은 이들이 런던경제대학의 '글로벌경제사 네트워크(GEHN)'에 포함되어 있으며, 이 네트워크에는 현재 글로벌 경제사를 주도하는 이들이 거의 다 망라되어 있다고 보아도 무방하다. 이 네트워크의 홈페이지, https://www.lse.ac.uk/Economic-History/Research/GEHN/Global-Economic-History-Network-GEHN를 참조.

트레히트 대학(Utrecht University)의 얀 루이텐 판 잔덴(Jan Luiten van Zanden)과 바헤닝언 대학(Wageningen University)의 핌 데 즈바르트(Pim de Zwart)는 다른 무엇보다 새로운 시각과 통계자료에 기초해 근대 초기 글로벌화 논의에 접근하여 커다란 성과를 내고 있다.[13)]

이들의 시각은 두 가지 면에서 새로운데, 한 가지는 그들이 네덜란드 출신이라는 점에 힘입어 근대 초기 해양 무역을 주도했던 네덜란드 동인도회사의 자료들에 근거하여 다양한 새로운 통계 수치들을 제시할 수 있었다는 것이며, 다른 하나는 그들이 근거하는 글로벌화 개념이 대체로 앞서 필자가 비판했던 플린과 히랄데스의 글로벌화 정의가 아니라, 그와는 대척 관계에 있던 오루크와 윌리엄슨의 보다 경제학적인 글로벌화 정의에 입각해 있다는 것이다. 판 잔덴과 데 즈바르트는 오루크와 윌리엄슨의 시장 통합에 근거해서 글로벌 경제 형성을 평가하는 시각을 채택하여 근대 초기에 전(全)지구적으로 시장 통합이 일어나고 있었으며 이것이 글로벌 경제가 형성된 증거라고 주장한다. 특히 그들은 오루크와 윌리엄슨이 시장 통합의 근거로 제시하는 '가격 수렴(price convergence)' 현상을 통계 수치를 통해 입증하여 자신들의 주장을 뒷받침함으로써, 플린과 히랄데스의 글로벌화 정의에 입각하지 않더라도, 즉 보다 경제학적인 근거에 입각해서도 근대 초기 글로벌화가 일어나고 있었음을 증명하고자 했다. 이에 필자는 앞서 플린과 히랄데스를 그들의 정의가 가진 추상성과 몇 가지 이론적 측면에서 비판한 것을 넘어, 판 잔덴과 데 즈바르트가 새로이 제기하는 보다 경제학적 통계 자료에 입각한 근대 초기 글로벌화 주장을 비판적으로 살펴보고 근본적으로 반

13) 이와 관련한 이들의 대표적인 성과는, 2009년에 나온 Van Zanden, *The Long Road to the Industrial Revolution*; 2016년에 나온 De Zwart, *Globalization and the Colonial Origins*; 2018년에 나온 De Zwart and van Zanden, *The Origins of Globalization*을 들 수 있다.

박할 필요성을 느끼게 되었다.

아래에서는 이런 목적을 달성하기 위해, 핌 데 즈바르트와 루이텐 판 잔덴이 그들의 근대 초기 글로벌화를 가장 명시적으로 제시하는 최근의 저서인, 『글로벌화의 기원: 글로벌 경제 형성에서 세계 무역, 1500-1800년(*The Origins of Globalization: World Trade in the Making of the Global Economy, 1500-1800)*』을 주 대상으로 삼아 그들의 논의를 비판적으로 살펴볼 것이다. 특히 필자는 논의를 전개하면서 데 즈바르트와 판 잔덴이 근대 초기 글로벌화 주장을 뒷받침하기 위해 제시하는 통계 수치와 각종 그래프들을 주로 이용하여 그들과는 정반대의 해석을 제시하는 방식으로 그들의 주장을 반박하고, 근대 초기 세계경제를 이해하는 그들과는 다른 시각을 제안할 것이다.

시장 통합과 가격 수렴 문제

앞서 제시했듯이, 플린과 히랄데스는 '16세기 글로벌화 기원론'을 주장하면서 "많은 인구가 거주하는 세계의 모든 대륙들이 -서로 간에 직접적으로든 다른 대륙을 통해 간접적으로든- 계속해서 생산물을 교환하기 시작"하고 "그런 교환들이 교역 당사자 모두에게 지속적인 영향을 발생시킬 만큼 가치 면에서 충분히 교환이" 이루어지는 것을 글로벌화라고 보았다.[14] 나아가 그들은 이 글로벌화를 살필 때는 경제에만 초점을 두어선 안 되고 생태·환경적 요소와 인구적 요소, 문화적 요소도 포함시켜야 한다고 주장했다. 그래서 그들은 무엇보다 대양을 가로지르는 식물과 질병, 동물의 소위 콜럼버스적 교환을 강조하면서 중국인들의

14) Flynn and Giráldez, "Born Again", p. 369.

‘신세계 작물’ 채택을 부각시켰다.[15)]

하지만 이에 반해 케빈 오루크(Kevin O’Rourke)와 제프리 윌리엄슨(Jeffrey Williamson)은 보다 경제학적으로 한정된 글로벌화 정의를 제시한다. 그들은 글로벌화를 요소 시장들과 상품 시장들의 통합으로 정의하고, 이를 추동하는 것으로 거래 비용의 하락, 즉 운송 비용의 하락, 정보 불균형의 감소, 독점체와 여타 무역 장애 요소들의 쇠퇴를 든다. 이런 비용들이 구매 시장과 판매 시장 간의 가격 격차를 만들어내며, 따라서 이런 비용 상의 하락이 일어났고 그리하여 상품 시장들의 통합이 발생했다는 가장 좋은 증거는 지구 전체에 걸친 가격 격차의 하락이다.[16)] 따라서 ‘가격 수렴’은 세계가 글로벌화하는지를 보여주는 결정적으로 중요한 시금석이다. 오루크와 윌리엄슨은 이런 정의와 여러 통계 데이터에 기초하여 1820년대 이전에는 전(全)지구적 상품 가격의 수렴 현상이 없었기 때문에 그 시기 이전에는 글로벌화가 절대 일어나지 않았다고 주장한다.[17)]

데 브리스는 이렇게 글로벌 경제사에서 제기된 대표적인 두 가지 글로벌화 정의에 대해, 전자는 “소프트 글로벌화(soft globalization)”라고 부르고 후자는 “하드 글로벌화(hard globalization)”라고 하며, 현재의 글로벌화와 관련한 기원 문제에서는 후자에 손을 들어준다.[18)] 하지만 데 즈바르트트와 판 잔덴은 오루크와 윌리엄슨의 글로벌화 정의를 채택하면서도 결론은 오히려 플린과 히랄데스처럼 근대 초기에 글로벌화

---

15) Flynn and Giráldez, “Cycles of Silver”, pp. 406–407; Flynn and Giráldez, “Born Again”, pp. 369–372; Flynn and Giráldez, “Path Dependence”, pp. 81–108.

16) O’Rourke and Williamson, “When did Globalization Begin?”, pp. 25–26.

17) Ibid., pp. 23–50; O’Rourke and Williamson, “After Columbus”, pp. 417–456; O’Rourke and Williamson, “Once More”, pp. 655–684.

18) De Vries, “The limits of globalization”, p. 173.

가 시작되었다고 제시한다. 그리고 그들이 그런 결론을 내리는 데 가장 중요한 근거는 오루크와 윌리엄슨과 똑같이 가격 수렴 문제를 검토한 결과로 제시된다. 그러면 오루크와 윌리엄슨이 제기하는 가격 수렴 문제는 무엇인지 조금 더 자세히 살펴보자.

오루크와 윌리엄슨에 따르면,[19] 글로벌화는 시간과 지역을 가로지르는 요소 및 상품 시장들의 통합과 같은 것이다. 그들은 상품 시장 통합에 초점을 두며, 앞서 지적했듯이, "가격 격차 축소(declining price gaps)"가 이에 대한 가장 훌륭한 증거를 제공한다고 제시한다. 아래 그림 3은 그들이 제안하는 메커니즘을 보여주는 것이다.

그림 3. 본국과 세계 나머지 간의 무역[20]

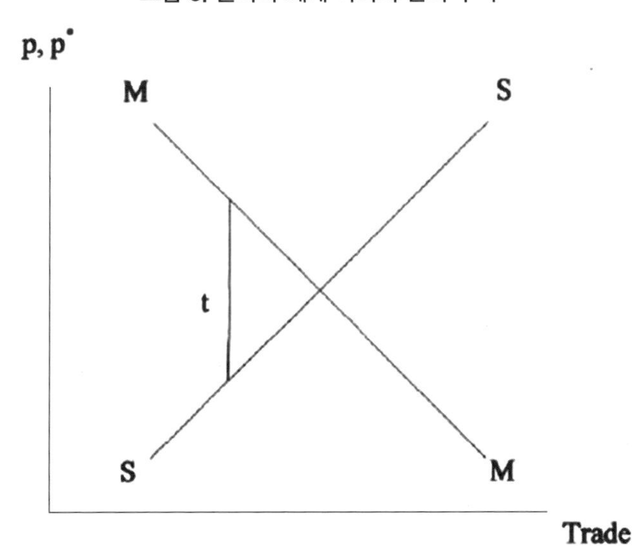

여기서 MM은 국내 수입·수요 함수(the home import-demand

19) O'Rourke and Williamson, "When did Globalisation Begin?", pp. 23-24.
20) Ibid., p. 25에서 인용.

function)이다. 국내 가격(p)이 오르면 국내 공급을 제외하고 수입품에 대한 국내 수요는 하락한다. 그리고 SS는 대외 공급 함수(the foreign supply function)이다. 해외 가격(p*)이 오르면 해외 수요를 제외하고 해외 공급은 증가한다. 글로벌화는 운송 비용 하락이나 금융 장벽 감소의 결과로 일어나며 그것은 무역량 증가와 수출 가격 상승 및 수입 가격 하락으로 이어진다. 무역량은 또한 인구 성장이나 자본 축적, 혹은 시장 통합과는 무관한 다른 요소들의 결과로, 혹은 그런 요소들 모두의 작동 결과로 늘어날 수 있기에, 따라서 글로벌화의 가장 좋은 증거는 해외 수출 가격과 국내 수입 가격 간의 가격 격차(price gap)(t)의 축소이다. 즉 가격 수렴이 일어나는 것이다.[21)]

그렇지만 가격 격차 t 에서 글로벌화를 추론하는 데는 문제가 없는 것이 아니다. t 가 수요 곡선 상의 변화에 의해 영향을 받을 수도 있기 때문이다. 여러 상품들의 가격 탄력성(price elasticities)은 시간에 따라 변할 수도 있는 것이다. 유럽에서의 잉여 소득 증가[22)]의 결과로, 그리고 유럽 소비 패턴의 기준 품목으로 사치품을 포함[23)]시킨 결과로, 수요 곡선은 변할 수 있고 수요의 탄력성이 줄어들 수도 있는 것이다. 즉 가격이 더 크게 요동치면 칠수록 가격이 양에 미치는 영향은 적어질 것이다. 그럼에도 이 시기 전체에 걸쳐 가격 수렴이 있었음을 보여주는 강력한 증거가 있으며, 따라서 그 문제가 전반적 결론을 바꾸지는 않는다. 하지만 가격 분기의 경우에는 글로벌화가 없어서가 아니라 방법론적인 문제로 분기가 추동될 수도 있다는 것을 염두에 두어야 한다.

가격 수렴을 재는 척도들은 여럿 있다. 오루크와 윌리엄슨은 그

21) Ibid., pp. 25-26.
22) O'Rourke and Williamson, "After Columbus", pp. 430-432.
23) McCants, "Poor consumers", pp. 172-299; McCants, "Exotic Goods, Popular Consumption", pp. 433-462.

들이 “마크업(mark-ups)”이라고 부르는 것을 연구한다. 이것은 구입 가격 대비 판매 가격의 비율(the ratio of the selling price to the purchasing price)이다. 이 수치가 높으면 높을수록 가격 격차가 크고 시장 통합의 정도는 약한 것이며, 이 수치가 낮으면 낮을수록, 즉 1에 가까울수록 가격 격차가 적으며 시장 통합의 정도는 강한 것이다. 사실 오루크와 윌리엄슨은 이 수치가 1이어야지 시장 통합이 이루어진 것으로 보고, 이렇게 될 때에야 글로벌화라고 할 수 있다고 본다. 이것이 간단한 척도이긴 하지만, 뢴베크는 그것을 다소 불안정한(unbalanced) 척도라고 비판한다. “판매 시장의 가격 상에 아주 작은 절대적 변화가 일어나면 그것이 마크업 비율 상에 꽤 큰 변화로 전이되기” 때문이다.[24] 마크업 접근이 가진 또 다른 약점은 그것이 2개의 다른 시장들 간의 가격 틈(price wedge)만을 측정할 수밖에 없다는 점이다. 그러므로 변동계수(coefficient of variation; 표준편차를 평균으로 나눈 값)(CV)가 아마 가격 수렴의 더 일반적인 척도일 수도 있다.[25] 변동계수는 몇몇 시장들을 동시에 가로질러 가격 수렴의 측정을 가능케 하며 시장들 사이에 평균 가격 대비 가격 틈의 크기를 보여준다.

오루크와 윌리엄슨의 “마크업”을 통한 가격 수렴 측정에 대해 이런 여러 가지 문제제기가 있었지만, 대체로 이런 문제제기를 고려한 결과나 마크업에 입각한 측정 사이에는 큰 차이가 없었던 것으로 결론이 났다.[26] 그래서 데 즈바르트와 판 잔덴은 이 마크업 개념에 입각하여 각 상품의 통계 데이터를 만들고 그것으로 그래프를 그려 16세기에서 18세기까지 마크업 추세의 하락 경향을 확인하고 이를 근거로 그들은 다음

24) Rönnbäck, “Integration of Global”, p. 100.
25) Federico, “When did European markets”, pp. 93-126 참조.
26) De Zwart, *Globalization and the Colonial Origins*, pp. 46-48.

과 같은 결론을 내린다.

> 근대 초기 글로벌화 과정에 대한 우리의 결론은 상당한 범위의 가격 수렴이 있었다는 것이다. 특히 18세기 말에 선박 속도가 증가한 결과로 운송 비용이 약간 하락했을 가능성이 있다. 대부분 이윤폭을 감소시킨 것은 세계의 해로들에서 적극적으로 활동한 유럽인들 사이의 경쟁 증가였다. 하지만 그 과정은 결코 자동적으로 이루어진 것이 아니었고, 근본적으로 특허장을 가진 회사들이 전(全)지구에 걸친 시장 상황들에 어느 정도로 영향을 줄 수 있었는지에 따라 이루어졌다.[27]

그러면 이들이 내리는 이런 결론을 그들이 이용하는 자료를 그대로 이용하여 반박해 보자. 데 즈바르트와 판 잔덴이 마크업과 관련해 이용하는 자료는 데 즈바르트가 2015년 박사 논문을 위해 작성한 것들이다. 데 즈바르트는 자신의 박사 논문에서 16개 대표적인 교역 상품들을 선정하여 그것들의 가격 격차 추이와 마크업 추이를 모두 계량화해서 도표화했다.[28] 이 도표들 중 이들이 함께 『글로벌화의 기원』에서 자신들의 위의 주장을 뒷받침하기 위해 직접 인용하고 있는 것은 차와 실크, 직물, 초석, 이 네 가지 상품의 가격 격차 및 마크업 추이에 대한 그래프이다.[29] 그것을 원래 데 즈바르트의 박사 논문에 실린 대로 인용하면 다음과 같다.

---

27) De Zwart and van Zanden, *The Origins of Globalization*, pp. 47–48.
28) De Zwart, "Globalization and the Colonial Origins", pp. 70–77.
29) De Zwart and van Zanden, *The Origins of Globalization*, p. 47의 그림 2.3.

그림 4. 네덜란드 동인도회사가 운반한 차, 실크, 직물, 초석, 도자기의 마크업 추이[30]

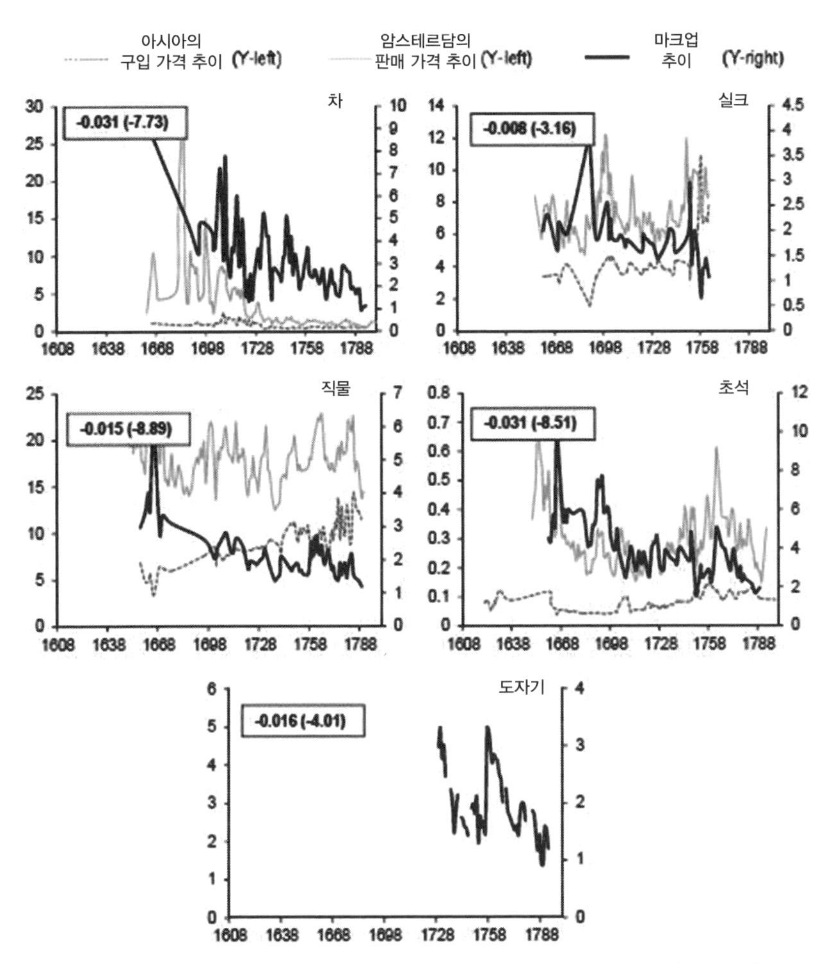

(왼쪽 Y축: 아시아의 가격으로 1 네덜란드 파운드(pond)/1 통(piece)당 길더(guilders)
오른쪽 Y축: 마크업)

이 그림에서 중요한 것은 굵게 표시된 마크업 추이를 나타내는 선이기에, 다른 선보다 그 선만을 중심으로 파악하면 된다. 위 그림에서 데 즈바르트와 판 잔덴이 가격 수렴을 이야기하기 위해 이용하는 것은 그들

30) De Zwart, "Globalization and the Colonial Origins", p. 77의 그림 2.11.

이 말하는 현상이 뚜렷하게 나타나는 위 네 가지이다.

하지만 그들이 이용하지 않는 마크업 추이 그림이 11개가 더 있다(위 그림의 경향성이 뚜렷하지 않은 도자기를 제외하고). 데 즈바르트가 자신의 박사학위 논문과 그것을 편찬한 『글로벌화와 대분기의 식민지적 기원(*Globalization and the Colonial Origins of the Great Divergence*)』에서 제시하는 나머지 12개의 마크업 추이는 위의 네 가지 그림처럼 그렇게 뚜렷하게 가격 수렴을 보여주지 않는다. 당시 네덜란드가 이미 식민지로 삼아 대규모 농장을 가동하던 자바(Java)에서 유입되던 네 가지 상품인 커피와 설탕, 인디고, 면화의 경우[31]는, 설탕을 제외하고 나머지 세 상품이 모두 18세기 말로 가면서 마크업 수치가 더 커지는 양상을, 즉 구입 가격과 판매 가격 상의 격차가 더 커지는 모습으로 나타난다. 이 네 상품이 주목되는 것은, 이것들이 동시에 아메리카에서 유럽으로 유입되던 상품이기도 한 점인데, 특히 면화가 18세기 말이 되면서 계속 높은 가격 격차를 보여주는 것은, 산업혁명과 대서양 경제의 관계 문제와 관련하여 크게 주목할 만하다.[32]

다음으로 나머지 7개 상품, 즉 네덜란드가 유럽에 대해 독점 공급 상태를 유지하던 4대 향신료들인 계피, 정향, 메이스, 육두구, 그리고 네덜란드가 현지 유력자와의 계약을 통해 확보하던 후추, 주석, 구리의 경우[33]도 18세기 말로 가면서 가격 수렴 현상을 보여주지 않고 각자의 상황에 따라 변동 폭이 아주 크며, 적어도 18세기 말에는 높은 마크업 수치를 보여준다. 결국 간단히 말하면, 그들은 근대 초기 유럽인들이 대양을 이용하여 거래한 많은 물품 중 가장 대표적인 것으로 여겨지는 16개 품목을

31) Ibid., p. 73의 그림 2.9.
32) 이에 대해선 2부에서 다시 논하겠다.
33) De Zwart, "Globalization and the Colonial Origins", pp. 70 그림 2.8과 75 그림 2.10.

선정하여 가격 격차 및 마크업 수치를 산정해내지만, 그들이 원하는 수치 1로 마크업이 근접함을 보여주는 품목은 위의 네 가지 품목밖에 없는 것이다. 그래서 그들은 (물론 이 네 가지 품목이 독점이나 그 외 비경제적 제약을 갖지 않는 시장 경쟁 상태의 품목임을 강조하지만[34]) 이 네 가지 품목의 그래프만을 제시하면서 구입 시장과 판매 시장 간의 가격 격차 축소를 주장하며 세계시장의 통합의 근거로 삼고 있는 것이다.

하지만 그들의 이런 논증 방식은 일단 제외된 11개 품목에 대한 설명을 제시하지 않는다는 점에서 문제가 있다. 즉 그들이 제외한 11개 품목은, 그들이 말하는 근대 초기 글로벌화 흐름이 있었다고 하더라도 그 흐름에 속하지 않는다는 말이 되는 것이다. 그런데 이 11개 품목은 위에 열거한 대로 당시만이 아니라 그 이전 오래전부터 그리고 그 이후에도 세계 무역상에서 매우 중요성을 가졌던 대표적인 상품들이며, 이런 상품들의 가격 수렴 문제는 당시 세계경제의 성격을 이해하는 데 아주 중요한 것이다. 게다가 당시 후추는 이미 독점성이 상실되어 그 이전 오랫동안 유지되던 사치품적인 성격을 벗어나게 되었다고 하는데도,[35] 18세기 전체의 마크업 추이는 상향 추세를 보이고 있었다. 이것은 그들이 내리는 "상당한 정도의 가격 수렴이 있었다"는 결론과 이를 통한 "글로벌 단일 시장의 창출"이라는 주장이 맞지 않음을 보여준다. 게다가 이들의 이런 가겸 수렴에 대한 통계 분석들은 모두 네덜란드와 아시아 간의 무역에 기초해 구성된 것이다. 이들은 앞서 얘기했듯이, 네덜란드 동인도회사의 일차사료를 이용할 수 있다는 이점을 최대한 활용하여 논의를 전개하는데, 오히려 여기서 위의 모든 통계 그래프에서 사용된 상품들의 최종 목적지가 언제나 암스테르담이라는 문제가 발생한다. 즉, 그

34) De Zwart and van Zanden, *The Origins of Globalization*, p. 47.
35) De Zwart, *Globalization and the Colonial Origins*, pp. 68-69.

들이 말하고 있는 가격 수렴이란 네덜란드 동인도회사의 무역이 이루어지는 양 방향에만 해당되는 것이다. 이것을 가지고 과연 당시 전(全)지구적인 가격 수렴이 일어났고 단일 시장이 형성되었다고 말할 수 있을지는 의문이다. 근대 초기와 근대 유럽 및 대서양 경제, 나아가 세계 시장에 대해서 시장 통합 문제를 다루는 수많은 연구들이 지난 10여 년 간에 걸쳐 꾸준히 제시되어 왔다. 이런 연구들은 결론상에 약간의 편차가 있고 일부 연구는 1800년 이전 가격 수렴의 징후(signs)가 있다는 결과를 내놓기도 했지만,[36] 대부분의 연구가 시장 통합이 대서양 경제나 유럽 경제 상에서 뚜렷히 나타나는 것은 18세기 말이나 19세기에 들어서 일어났다는 결론을 내놓고 있다.[37] 하물며 아시아의 세계 시장으로의 통합은 19세기 후반 이후의 일이었다고 결론짓는다.[38] 그들의 네덜란드 수치에만 의거한 결론이 이런 많은 연구들의 결론을 넘어설 수 있다고는 생각되지 않는다.

또 그들이 내리는 결론 자체에 대해서도 의문을 제기할 수 있다. 그들이 준거하는 위의 네 가지 마크업 추이 그림들은 분명 뚜렷한 하향세

---

36) Rönnbäck, "Integration of global commodity", pp. 95-120.

37) Dobado-Gonzáles, et al., "The Integration of Grain Markets", pp. 671-707; Jacks, "Intra- and international commodity market", pp. 381-413; Federico, "How much do we know", pp. 470-497; Uebele, "National and international market integration", pp. 226-242; Persson, *Grain Markets*, 5장; Sharp and Weisdorf, "Globalization revisited", pp. 88-98; Findlay and O'Rourke, "Commodity Market Integration", pp. 13-64; Pedersen, et al., "Globalization and Empire", pp. 1-46. 특히 Chilosi, et al., "Europe's many integrations", pp. 46-68은 유럽 전체 차원에서 곡물 시장 통합조차도 지리 조건에 따라 많은 편차가 있었으며, 이에 대해 단일하고 획일적인 접근보다는 구체적 증거에 입각한 다원적인 접근이 필요함을 지적한다. 글로벌 경제 형성에서 중요한 한 요소인 노동시장 통합의 경우는 훨씬 더 늦게 일어났다. Boyer and Hatton, "Regional Labour Market", pp. 84-106; Galizia, *Mediterranean Labor Markets*, 5장; Chjlosi, et al., "Europe's many integrations", pp. 46-68.

38) Panza, "Globalisation and the Ottoman Empire", pp. 1-36; Huff and Caggiano, "Globalization and Labor Market", pp. 255-317.

를 보여주며 특히 1780년대를 전후해서는 1에 근접하거나 그 아래까지 가는 모습을 보여준다. 하지만 전체적 추이는 꾸준한 하향세이지만 16세기나 17세기에 마크업이 바로 1에 근접하지는 않는다. 즉 16세기나 17세기에 바로 시장 통합을 얘기할 수는 없는 것이다. 결국 시장 통합을 향해 간다는 정도만 말할 수 있다. 이것은 적어도 19세기에 들어와서 시장 통합을 얘기할 수 있다는 오루크와 윌리엄슨의 결론을 크게 벗어나지 않는다. 앞서도 잠시 말했지만, 오루크와 윌리엄슨은 마크업이 1이 되었을 때 시장 통합이 완성되고, 이것이 글로벌 경제의 형성, 즉 글로벌화의 시작이라고 제시한다. 하지만 데 즈바르트와 판 잔덴은 1을 향해 나아가는 추세의 시작을 글로벌 경제의 형성으로 보고 시장 통합에 대해 얘기하고 있다. 이것은 이 두 사람이 오루크와 윌리엄슨의 글로벌화 정의에 입각해서 논의를 전개하는 것 같으면서도 사실은 그에 대한 접근 방법이 완전히 다르다는 것을 보여준다. 즉, 이들은 시장 통합을 향해 가는 경향을 바로 시장 통합과 동일시하고 있는 것이고, 오루크와 윌리엄슨은 마크업이 1이 되어 시장 통합이 완성될 때를 진정한 시장 통합으로 보고 그때부터를 글로벌화라고 하고 있는 것이다. 그들이 단지 16세기, 아니 그들의 그림에 따르면 17세기 이후부터 글로벌 경제 형성으로 나아가고 있다는 결론에만 그친다면, 그들의 논의나 주장에는 아무런 문제가 없을 것이다. 하지만 그들은 위 그림들의 하향 추세가 시작되었다는 것만으로 바로 시장 통합을 이야기하고 글로벌화의 시작을 이야기하기 때문에, 앞서 이야기한 글로벌화의 정의와 충돌되는 여러 가지 문제들이 야기되는 것이다.

게다가 이들이 암스테르담과 아시아라는 축으로 산출한 통계 수치로만 결론을 끌어내는 것에 대해서도 이렇게 비판할 수 있다. 즉 데 즈바르트와 판 잔덴의 시장 통합 결론은 유럽을 중심으로만 생각해서 얻은 결론인 것이다. 결국 유럽 시장에서 얼마에 팔렸냐라는 통계 처리만으로 세계경제의 가격 수렴을 말하는 것인데, 세계경제의 성격을 논하면서 이런 식으로 통계를 내서 말하는 것이 과연 옳은지 의문이 든다. 위 인용문에 따르면, 그들은 “대부분 이윤폭을 감소시킨 것은 세계의 해로들에서 적극적으로 활동한 유럽인들 사이의 경쟁 증가였다. 하지만 그 과정은 결코 자동적으로 이루어진 것이 아니었고, 근본적으로 특허장을 가진 회사들이 전(全)지구에 걸친 시장 상황들에 어느 정도로 영향을 줄 수 있었는지에 따라 이루어졌다”고 강조하여 유럽, 그들의 준거에 따르면 유럽의 동인도회사들의 해양 활동이 이 시기 전(全)지구적 해양 활동의 주역임을 드러내놓고 내세우고 있다. 과연 그런지 이를 뒷받침할 수 있는 어떤 통계 수치나 관련 연구도 존재하지 않는다. 이 시기에 유럽에서만 향신료를 쓰고 차나 실크나 직물이나 초석을 쓴 것은 아니다.

데 즈바르트와 판 잔덴이 다루는 16개 품목이 모두 아시아산 상품인 것을 고려하면, 유럽이 이 상품을 다룬 것은 시기적으로 한참 늦은 일이다. 유럽이 이 상품을 다룬다고 해서 그 이전부터 이 상품들을 다루었던 아시아 여러 지역이 이 상품들을 포기한 것도 아니다. 그런데 이들은 마치 다른 지역은 오로지 팔기만 하고 유럽은 오로지 쓰기만 한 것처럼 통계를 내고 유럽 동인도회사들의 활동을 강조하고 있다. 과연 이런 식으로 가격 수렴을 말하는 것 자체가, 그들이 의식하든 말든, 은연 중에 스며있는 유럽중심주의를 보여주는 것이 아닌가 하는 생각이 든다. 어쩌면 향후 누군가가 유럽의 연구들에서 나타난 유럽 동인도회사들의 활동 통계들과, 아시아 연구자들이 제출하는 16-18세기 아시아 바다에서 활동한 아시아 여러 나라의 해양 활동 관련 추정치들의 통계를 비교하는 연구를 진행한다면, 이에 대한 명확한 결론을 얻을 수 있을 것이다. 하지만 현재적 수준에서 대략 유추해 보아도, 아시아의 바다에서 동인도회사의 배들은 결코 주역이 아니었고, 그 비중 면에서도 그리 큰 비중이 아니었다고 보아야 할 것이다. 그런데도 동인도회사, 그것도 네덜란드 동인도회사의 통계 수치에만 의존하여 이런 전(全)지구적인 결론을 내리는 것은 아무리 생각해도 타당하지 않다는 생각이 든다.

각 지역별로 검토한 글로벌화

다음으로 데 즈바르트와 판 잔덴은 유럽, 중국, 인도, 동남아시아를 당시 "세계경제에 가장 강력하게 통합되어 있던 … 거대 지역들"[39]이라고 하면서, 이런 지역들과 함께 유럽인들의 영향력이 확대되었던 라틴아메리카와 아프리카까지 포함하여 하나씩 실증적으로 검토해 들어간다. 이들이 자신들의 책의 3장에서 9장까지 7개 장에 걸쳐 "거대 지역들"을 하나씩 검토하는 이유는 이런 지역들이 그들이 말하는 근대 초기 '글로벌화'에, 당시 형성된 글로벌 경제에 통합되었음을 보여주기 위해서이다. 즉, 이런 지역들이 모두 근대 초기 글로벌화에 통합 혹은 포섭되었음을 보여줌으로써, 근대 초기 글로벌화가 실재했음을 증명하는 것이다. 그런데 여기서 분명히 알 수 있는 것은, 앞의 장에서 필자가 다루었듯이, 그들이 가격 수렴 현상을 검토하면서 16세기부터 18세기 말까지 진행되는 마크업의 하향 추세를 근거로 주장하던 것이 16세기부터 글로벌 경제가 서서히 형성되어 가기 시작했다는 의미가 아니라는 점이다. 마크업에 대한 논의에서는, "근대 초기 글로벌화 과정에 대한 우리의 결론은 상당한 범위의 가격 수렴이 있었다는 것이다"[40]라고 하여 마

---

39) De Zwart and van Zanden, *The Origins of Globalization*, p. 60.
40) Ibid., p. 47.

치 그들이 마크업 추세에서 보이는 것을 인정하면서 16세기부터 글로벌 경제가 형성되기 시작했다는 의미인 듯이 헛갈리게 적고 있지만, 실제로 그들이 상정하고 있는 것은 이미 16세기 유럽의 대양 팽창이 시작되면서 글로벌 경제는 일정 단계에서 형성된 것이다. 그래서 그들이 다루는 "거대 지역들"이나 라틴아메리카나 아프리카 같은 새로운 지역들은 유럽이 주도하는 근대 초기 글로벌화에 이미 포섭된 것이다.

그런데 여기서 또 흥미로운 부분은, 그들이 7개 장에 걸쳐 검토하는 7개 지역들 중 근대 자본주의 경제로의 도약을 의미하는 '스미스적 성장'[41]에 경험적인 면에서 필수적인 것으로 인정되는 "수출 주도 발전(Export-Led Development)"을 북아메리카와 유럽, 특히 영국에 대해서만 설정한다.[42] 그들의 시각에서는 다른 곳에서는 '스미스적 성장'은 전혀 가능하지 않다. 심지어 그들이 북아메리카에 이어 가장 강력하게 글로벌화로 인해 성장을 겪은 곳으로 드는 라틴아메리카에 대해서도 말이다. 하지만 나중에 다시 다루겠지만, 일본을 제외하고 그들이 전혀 스미스적 성장과 무관한 곳으로 상정하는 동아시아에서도 스미스적 성장

41) 애덤 스미스(Adam Smith)는 무역량 증가와 시장의 지리적 확대가 분화(specialization)에 미친 영향과 분화가 성장(growth)에 미친 영향을 강조했다. 즉 점점 더 많은 나라들이 자신이 잘하는 것을 생산하여 수출하고 자신이 잘 만들지 못하는 것을 수입하는 데 초점을 맞추면서, 생산성 전반이 증가한다는 것이다. 경제학자들은 이런 스미스의 견해를 따라, 위의 양상이 실제로 나타나는 것을 스미스적 성장이라고 표현한다. Ibid., p. 244, 주 2); Daudin, "A Model of Smithian Growth", pp. 2-3; Palma, "Sailing away from Malthus", pp. 10-11.

42) 유럽에 대해서는 "수출 주도"라고 하지 않고 "수입대체"라는 표현을 사용한다. De Zwart and van Zanden, *The Origins of Globalization*, p. 257. 물론 '수출 주도'와 '수입대체'는 전혀 다른 것이다. 그러나 이들만이 아니라 근대 초기 글로벌 경제사를 영국이나 유럽에 중심을 두고 연구하는 학자들은 사실상 수입대체를 산업혁명과 직접 연결시키며 결국 수입대체를 통한 수출주도 경제로의 이행을 강조하는 경향이 있다. 이런 의미에서 이들의 논의에서는 '수출 주도'와 '수입대체'는 거의 비슷한 의미를 가진다. Komlos, "The Industrial Revolution", 1-36 참조.

의 가능성을 논하는 연구들이 존재한다.[43] 이들은, 무슨 이유에선지 모르지만, 이런 각 지역에서 나온 영문으로 된 연구성과들을 거의 무시한다. 물론 현재 글로벌 경제사를 주도하는 로버트 앨런(Robert Allen)이나 패트릭 오브라이언, 얀 데 브리스 같은 학자들이 원래 유럽 경제사를 전공으로 하고 있기에 각 지역의 세부적인 연구를 일일이 챙기는 것은 힘든 일이겠지만, 데 즈바르트와 판 잔덴은 주로 네덜란드 동인도회사의 자료에 입각하여 네덜란드 동인도회사의 활동 영역이었던 남아시아와 동남아시아 등을 무대로 연구를 수행하는 이들이다. 이들이 자신들이 설정한 4개 "거대 지역"에 속하는 동아시아 관련 세부 연구 성과를 거의 무시하고 있는 것은 얼마간 놀라운 일이다.

하여튼 이들이 이런 7개 지역들을 하나씩 거론하며 근대 초기 글로벌화의 작동을 논하고 있는 만큼, 아래에서는 이들의 논의를 따라가며, 그들이 근거하는 통계 자료 자체에 의존하여 그들의 논리를 비판적으로 반박해 본다. 먼저 데 즈바르트와 판 잔덴이 첫 번째로 다루는 것은 라틴아메리카이다. 유럽인들이 이곳을 발견함으로써, "근대 초기 글로벌화를 개시"[44]할 수 있었기에 첫 번째 대상이 된 것이다. 라틴아메리카와 관련한 그들의 주된 논지는, 기존에 확립되어 있던 라틴아메리카가 유럽 주도의 대서양 경제 형성에 편입되고 이후 수탈됨으로써 라틴아메리카 저발전의 "뿌리"가 놓여지고 현대까지 이어지는 "종속성"이 시작

43) Lavely and Wong, "Revising the Malthusian", pp. 1-45; Zhou, *Institutional Change and Rural Industrialization*, 1장; Yang and Kim, "An Escape from the 'Malthusian Trap'", pp. 173-201. 물론 양동휴와 김신행은 영국산업혁명과 농업 생산성 간의 관계를 검토하고 이를 조선의 경우와 비교해서 조선에서는 그렇게 맬서스적 덫을 돌파하는 일이 부정적이었다고 결론짓는다. 일본의 '스미스적 성장' 가능성을 논하는 것은, Saito and Settsu, "Money, credit", pp. 1-23 참조.

44) De Zwart and van Zanden, *The Origins of Globalization*, p. 59.

되었다는 주장[45]을 반박하는 것이다. 그들은 라틴아메리카가 글로벌 경제에 편입됨으로써 오히려 유럽인의 도래 이전에 시장 경제가 존재하지 않던 라틴아메리카에 시장 경제로의 이행을 가져왔고 실질임금을 상승시켜 16세기에서 1700년 무렵까지 꾸준한 경제성장을 이룩했다고 주장한다.[46]

라틴아메리카에 많은 공간을 할애하기 힘들기에, 몇 가지만 간단히 짚으면 이러하다. 우선 유럽인이 도래하기 이전에 라틴아메리카에는 멕시코 지역 일부를 제외하고 전반적으로 시장이 없었다는 주장[47]은 아즈텍 사회에서 일반 평민들도 일상적으로 시장을 이용했고 그보다 앞선 마야 사회에 시장이 존재했다는 고고학적 연구 성과들에 의해 반박될 수 있다.[48] 하지만 이 부분에 대해선 이전부터 시장 경제가 있었더라도 그 역할이 미미했고 유럽인들이 도래하면서 훨씬 더 활발해지고 강화되고 아울러 시장 간 통합이 일어났다고 주장할 수도 있다.[49] 그보다 중요한 것은 라틴아메리카가 글로벌 경제에 통합됨으로써 실질 임금이 상승하고 높은 생활수준을 유지했다는 것이다. 이 부분은, 데 즈바르트와 판 잔덴의 정리에 따르면, 주로 로버트 앨런이 주도하는 생활수준 비교연

45) 이것은 안드레 군더 프랑크 같은 1970년대, 80년대의 종속이론가들과 이매뉴얼 월러스틴 같은 세계체제론자들이 줄곧 주장해 온 바이다. 최근의 많은 연구자들도 주로 '경로 의존성(path dependence)'을 강조하여 이들과는 이론적으로 다른 입지에 서 있지만, 기본적으로 비슷한 결론을 내린다. 애쓰모글루·로빈슨, 『국가는 왜 실패하는가』, 42-43쪽; Coatsworth, "Political economy and economic organization", p. 239; Engerman and Sokoloff, "History Lessons", pp. 217-232.

46) 물론 그들은 18세기부터 전반적으로 라틴아메리카의 경제 성장이 "정체" 내지 "둔화"되었음을 지적하고, 부존자원과 경로 의존성으로 인한 라틴아메리카 경제의 한계를 주장한 잉거램과 소콜로프(Engerman and Sokoloff)의 견해를 인정한다. De Zwart and van Zanden, *The Origins of Globalization*, pp. 80-81.

47) Ibid., p. 71.

48) 커틴, 『경제인류학으로 본 세계무역』, 147-150쪽; Barnhart, *Maya to Aztec*, pp. 233-239; Guderjan, *The Nature of an Ancient Maya*, 6장 참조.

49) De Zwart and van Zanden, *The Origins of Globalization*, pp. 71-73.

구 방법[50]에 입각한 최근 연구 성과에서 나온 결론들이다.[51] 이들이 내리는 결론은 라틴아메리카는 근대 초기 전체를 볼 때 전반적으로 노동력이 매우 부족한 상태여서 유럽인의 정복 초기를 제외하면 대부분 "자유 임노동"으로 전환했으며 그 임금 수준은 극히 높았다는 것이다. 심지어 강제노동 제도인 미타(Mita) 제도가 유지되던 페루에서조차 이 제도하의 노동자들이 강제 노동에 종사하는 것은 일년의 3분의 1정도였고 나머지 기간에는 높은 임금을 받고 자신의 노동을 팔 수 있었다고 한다.[52] 따라서 네 즈바르드와 판 잔덴은 라틴아메리카 자유 임금 노동자들의 생활수준은 "유럽 대부분 지역의 생활수준보다 상위에" 있었다고 결론짓는다.[53]

하지만 이들이 인용하고 있는 연구들은 주로 멕시코, 볼리비아, 페루 등의 광업 생산 지역과 광대한 평원지대인 아르헨티나를 중심으로 통계 수치를 산출한 연구들이다. 임금의 경우도 거의 광업 부문에 한정되어 있고, 아르헨티나의 경우는 워낙 인구 수가 부족하여 주로 이 임금 산정의 대상이 이민한 유럽인들로 보아야 한다. 이런 대상들의 실질임금 산정을 근거로 라틴아메리카 전체를 일반화해서 말할 수 있는지는 의문이다. 게다가 어쩌면 라틴아메리카의 "글로벌 경제로의 통합"에 교차로 역할을 했던 카리브 해 경제는 별도로 이야기하면서(이곳의 실질임금은 누구도 통계 산출하지 않는다),[54] 이런 결론을 내리는 것은 납득

50) Allen, "The Great Divergence", pp. 411–447; Allen, et al. (eds.), *Living Standards in the Past* 참조.

51) Allen, et al., "The Colonial Origins", pp. 863–894; Aroyo Abad, et al., "Between Conquest and Independence", pp. 149–166.

52) Dell, "The Persistent Effects", pp. 1863–1903.

53) De Zwart and van Zanden, *The Origins of Globalization*, p. 70.

54) 일반적으로 저발전이나 종속 문제와 관련하여 강조하는 카리브 해와 브라질의 플랜테이션 경제에 대해선, 이들은 사실상 전체 경제 흐름과 별도로 다루고 그것이 가진 경제적 비효율성을 부각시키면서, 그들의 중심적 주장인 근대 초기

하기 어렵다.

무엇보다 데 즈바르트와 판 잔덴이 라틴아메리카를 다루면서 제시하는 전제에 논리적 오류가 있다. 그들은 라틴아메리카를 다루는 장의 서두에 "글로벌 경제의 한층 더한 성장을 위해 라틴아메리카의 글로벌 경제로의 통합이 가져온 결과는 … 엄청난 것이었다"고 적고 있다.[55] 주지하듯이, 라틴아메리카에서 금과 은이 생산되고 그것이 세계로 이동되면서 글로벌 경제가 발달했다는 것이 라틴아메리카와 세계경제를 연결짓는 일반적인 논리적 서술방식이다. 여기서는 라틴아메리카가 글로벌 경제로 통합되면서 이것이 글로벌 경제를 한층 더 성장시켰다고 한다. 그러면 라틴아메리카에서 금과 은이 생산되기 전에 이미 글로벌 경제는 있었고, 금과 은을 생산하여 유통함으로써 라틴아메리카가 글로벌 경제에 통합되었다는 식으로 오해할 수 있다. 이런 서술은 기본적인 논리적 오류에 입각한 것으로 보인다.

이어서 데 즈바르트와 판 잔덴은 아프리카와 북아메리카를 다루는데, 이들 지역들은, 라틴아메리카와 마찬가지로, 당연히 유럽인들의 대양 진출로 형성된 대서양 해역경제와 긴밀하게 연계되어 작동했기 때문에 그들의 표현대로 "글로벌 경제"에 편입되었다고 말할 수도 있을 것이다. 하지만 여기서도 위와 같은 똑같은 논리적 오류를 경계해야 한다. 즉, 아프리카와 북아메리카(아울러 라틴아메리카)가 유럽인들의 주도하에 형성되던 대서양 세계 속에 편입됨으로써 대서양 해역경제가 형성

라틴아메리카의 경제 성장에서 큰 역할을 하지 못한 것으로 결론내리고 넘어간다. Ibid., pp. 82-89. 하지만 익히 알려져 있듯이, 플랜테이션 경제는 해당 지역에 '단일경작 체제'를 고착화시키면서, 이후 그 지역이 독립한 이후에도 경제적으로 구 식민지 본국에 계속 의존하게 만들고 장기적으로 해당 지역의 저개발을 초래했다고 보아야 한다. Curtin, *The Rise and Fall*, pp. 178-180; Gibson, *Empire's Crossroads*, 4장과 11장 참조.

55) De Zwart and van Zanden, *The Origins of Globalization*, p. 59.

된 것이지, 대서양 해역경제가 이미 존재했고 거기에 이들 지역들이 편입된 것은 아니라는 점이다. 필자가 보건데, 적어도 대서양은 16세기 이전에 하나의 해역경제를 형성하지 못하고 있다가, 유럽인의 대양 진출과 대서양 양안의 여러 지역들로의 확장 과정을 거쳐 하나의 해역경제로 형성된 것이 분명하다. 하지만 이것이 오늘날 말하는 전(全)지구적인 글로벌 경제와 동일시될 수 있는가는 별개의 문제이다. 그리고 이 세 거대 지역들과 유럽 지역은 하나의 메커니즘 하에 돌아가는 강력한 단일 경제를 형성했던 것이다. 이 문제는 2부에서 다시 상세히 논할 것이다.

여기서 또 하나 주목해야 할 부분은 이것이다. 이 세 지역과 유럽 지역이 모두 하나의 단일 해역경제를 형성하고 긴밀한 상호 영향 관계에 들어갔지만, 왜 두 지역은 성장하고 나머지 두 지역은 침체하였는가? 특히 유럽인들이 영향력을 확장하고 자신들의 이해관계에 따라 그 구조를 수정한 세 지역 중 유독 북아메리카만이 여기서 강조하듯 '수출 주도' 경제로 진입하여 향후 유럽을 능가하는 경제 세력으로 성장할 가능성을 확보한 이유는 무엇인가? 이 점에 대한 해명을 사실 데 즈바르트와 판 잔덴의 저술에서 기대한 바였지만, 그다지 설득력있는 설명이 충분히 제시되지는 않는다. 다만 여기서 필자는 이 세 지역 중 북아메리카만이 유일하게 유럽인의 정착 식민지가 발달한 곳이라는 점에 주목한다.[56] 이 역시 2부에서 시론적으로나마 다루어 볼 부분이다.

이어서 데 즈바르트와 판 잔덴은 6장과 7장에서 남아시아, 즉 인도 및 벵골과 동남아시아를 다룬다. 특히 인도 및 벵골에 대한 그들의 결론이 흥미로운데, 그들은 "거대한 인도 인구와 경제에 비해 대외무역의 규

---

56) 일단 여기서는, Horne, *The Apocalypse of Settler Colonialism*을 참조. 아울러 17-18세기 "정착민 경제들"의 발전을 세부적으로 분석한, McCusker and Menard, *The Economy of British America*도 참조.

모는 아주 작을 뿐이어서"[57] 인도에 대한 글로벌화의 영향은 그리 크지 않았다고 본다. 실론과 남인도의 경우 일찍부터 유럽 세력에 의한 식민주의 지배가 진행되었고 이것이 남아시아에서 글로벌화가 미친 가장 중요한 결과였다고 한다.[58] 사실 인도는 고대 이래 지중해 및 중동과 동남아시아 및 중국을 연결하는 주요 무역 허브였다.[59] 일찍이 6세기에 중국 남부에 남인도 상인들의 집단 거류지가 있었으며, 10세기에는 타밀 상인들이 동남아시아와의 교역에서 중요한 역할을 했다.[60] 13세기에 유라시아 대륙의 곳곳에 거대 해역경제들이 형성되었을 때 인도는 "모든 곳으로 통하는 길"이었다.[61] 유럽인이 인도양에 도착한 이후에는 인도양 해역세계의 교역과 경제에서 인도가 하는 역할은 더욱 커졌다. 특히 인도산 직물이 한 역할에 대해서는 이론의 여지가 없다.[62] "인도산 직물은 근대 초기 세계에서 상업의 바퀴에 윤활유를 공급하고, 유럽과 아프리카, 아시아 사이의 경제적·사회적·문화적 접촉을 벼려내는 동인(動因) 중 하나였다."[63] 포르투갈을 비롯한 유럽인들이 인도양에 들어오며 인도양의 해양 무역을 전보다 활성화시켰다는 것은 분명하지만, 18세기 중엽에도 당시 인도의 전체 GDP 대비 무역의 비중은, 여러 사정에 따라 고려할 때, 0.9 퍼센트와 3.8 퍼센트 사이에 걸쳐 있었다.[64] 아마 실제 수치는 아래 쪽에 더 가까웠을 것이다. 벵골처럼 수출 산업이 발달했던

---

57) De Zwart and van Zanden, *The Origins of Globalization*, p. 177.
58) Ibid., p. 178.
59) Hall, *Maritime Trade*, pp. 26–28.
60) Wade, "An Early Age", pp. 235–237.
61) 아부-루고드, 『유럽 패권 이전』, 291쪽.
62) Parthasarathi, "Cotton Textiles", p. 17.
63) Riello and Roy, "Introduction", p. 10. 나아가 Parthasarathi, *Why Europe Grew*, p. 263은 영국의 산업혁명을 추동한 요소 중 하나가 국제 직물 시장에서 인도가 가진 경쟁력에서 받은 압력이었다고 주장한다.
64) Roy, *An Economic History*, pp. 75–77.

지역에서는 이 수치가 4 퍼센트 정도였을 것으로 파악한다.[65] 한편 근대 초기 인도양 무역에서 활동한 유럽 동인도회사들의 비중이나 유럽인 사무역상의 비중과 관련한 추정치들은 얼마간 나와 있지만 인도인 상인들의 비중에 대한 추정치는 거의 전무하다. 그럼에도 대부분의 학자들은 인도양 무역에서 아무리 유럽 무역회사들이 적극적으로 활동했다고 해도 실질적으로 인도양 해양 무역을 주도한 것은 인도인을 비롯한 아시아 상인들이었다고 본다.[66] 이에 대한 실례는 18세기 중반 인도 남동부 퐁디셰리(Pondichery)의 프랑스 총독을 모시던 힌두인 싱인의 일기에서 찾아 볼 수 있다.[67] 이 내용을 보면, 이 힌두인 상인은 프랑스인 총독을 모시는 것을 이용하여 내지의 경제와 해외 무역을 연계하여 크게 이익을 보고 있었다. 18세기 중반에도 벵골의 경우 내부 무역이 해외 무역보다 훨씬 큰 규모였고, 직물 수출 총량의 3분의 2를 아시아인 무역상들이 운송했다고 한다.[68]

인도와 관련한 데 즈바르트와 판 잔덴의 논의에서 보다 주목되는 것은 인도의 소위 '탈산업화(De-industrialization)' 문제이다. 18세기까지 "세계의 옷을 입힌(clothed the world)" 인도가 1900년 무렵에는 확실히 산업의 쇠퇴를 보여주었다. 이미 19세기 초에 영국이 세계에서 가장 중요한 면직물 제조국이 되었고 인도는 직물의 수입국으로 전락했다.[69] 이 현상이 언제 시작되었는지, 그것을 어떻게 해석해야 하는지를 두고 많은 논란이 있었다.[70] 이 문제에 대해 데 즈바르트와 판 잔덴

---

65) Prakash, *Dutch East India Company*, p. 98.
66) Roy, *India in the World Economy*, p. 97.
67) 오드레르, 「퐁디셰리의 힌두 중개인」, 229-257쪽.
68) Chaudhury, "The Asian merchants", p. 310.
69) De Zwart and van Zanden, *The Origins of Globalization*, p. 161.
70) Habib, "Colonialization of Indian Economy", pp. 23-53; Bagchi, "De-industrialization in India", pp. 135-164; Habib, "Studying a Colonial

은 인도의 탈산업화가 유럽, 특히 영국 제국주의의 영향으로 일어났다는 견해에 비판적이다. 인도의 탈산업화를 제국주의의 영향만으로 설명할 수 없고, 인도 내부의 사회·정치 문제와 18세기 말에 닥친 기후 변동 문제와도 관련지어 다양한 원인을 통해 설명해야 한다는 것이다. 그러면서도 그들은 인도의 탈산업화에 외부의 힘이 영향을 주었다는 설명도 지역에 따라 설득력이 있다[71]고 함으로써 인도 경제 변화와 자신들의 근대 초기 글로벌화 간의 연관성을 부각시키고 있다.[72]

동남아시아와 관련해서는, 데 즈바르트와 판 잔덴은 기본적으로 동남아시아가 근대 초기 글로벌화에서 "중추적인 역할"[73]을 했음을 보여주고자 한다. 육역 동남아시아는 다른 대륙의 후배지들처럼 전(全)지구적인 교역의 활황에 그다지 큰 영향을 받지 않았을 수도 있지만, 해역 동남아시아는 "글로벌 시장과 완전히 결합"되었고 동남아시아 항시(港市)들과 후배지들 간의 네트워크가 육역 및 해역을 아울러 동남아시아 전역에 결정적으로 중요한 변화를 야기하는 데 중요했다는 것이다.[74] 무엇보다 이들이 주력하는 것은, 동남아시아, 특히 해역동남아시아 역사에 대해 기본적인 상을 제시한 앤서니 리드(Anthony Reid)의 결론을 수정하는 것이다. 리드는 그 동안 동남아시아 역사에 대한 수많은 연구

Economy", pp. 355–381; Richards, "Early Modern India", pp. 197–209; Ray, "The myth and reality", pp. 52–66.

71) 저명한 인도 경제사가인 옴 프라카슈(Om Prakash)는 남인도의 경우 무역이 처음부터 식민 지배와 관련되었기에 "유럽인들의 무역이 어떤 시점에서도 경제에 긍정적인 자극을 제공하지 않았다"고 주장한다. Prakash, "European Trade", pp. 204–205.

72) "… 이 시기 글로벌화가 남아시아에 미친 가장 중요한 결과는 … 남아시아에서 유럽인에 의한 정치적 지배의 성장과 그 속에서 인도 여러 지역들 사이에 편차의 등장이었던 것 같다." De Zwart and van Zanden, *The Origins of Globalization*, p. 161.

73) Ibid., p. 181.

74) Ibid.

성과들을 통해, 대략 1400년과 1650년 사이에는 동남아시아의 '상업의 시대(Age of Commerce)'가 그곳의 부와 생활수준의 향상과 함께 진행되었지만, 17세기에는 기후 조건이 바뀌고 아울러 유럽이 아시아 바다에 개입하면서 동남아시아의 무역과 생활수준이 하락하게 되었다고 주장해왔다.[75] 이에 반해 데 즈바르트와 판 잔덴은 글로벌 경제와의 접촉이 야기한 "많은 긍정적 흐름들"이 1500-1800년 시기 전체에 걸쳐 지속되었다고 주장한다.[76] 동남아시아가 그 역사 전체에 걸쳐 해양 교역에서 수행한 역할을 볼 때,[77] 그곳이 16세기 이후의 대양 무역의 활황과 세계 경제의 전개에 크게 영향 받은 것은 당연해 보인다.[78]

하지만 문제는 그들이 말하는 글로벌 경제와의 접촉이 야기한 영향과 그 이전부터 동남아시아가 수행하던 역할 속에서 해양 무역으로부터 받던 지속적인 영향이 다른 성격의 것인가이다. 데 즈바르트와 판 잔덴은 리드의 견해에 따라 일반적으로 내리는 결론인 근대 동남아시아의 경제적 쇠퇴가 유럽인과의 무역으로 발생했다는 주장을 반박하면서 1500-1800년 시기에 인구 성장, 도시화, 화폐경제화, 생활수준 등 모

---

75) 이것이 2권으로 된 리드의 주저『상업의 시대의 동남아시아』에서 제시하는 주장이다. Reid, *Southeast Asia in the Age of Commerce*, vol. 1 & 2 참조. 그렇지만 그도 동남아시아가 "근대성의 탄생과 세계 시장의 통일을 위한 도가니로서 세계사에서 가장 중심적인 역할을" 했다고 인정한다. Reid, *A History of Southeast Asia*, p. 74. 또 Reid, "Economic and Social Change", pp. 460-507도 참조.

76) De Zwart and van Zanden, *The Origins of Globalization*, p. 161. 아울러 p. 192도 참조.

77) Hall, *A History of Early*; Hans-Dieter, "Traditional Trading Networks", pp. 89-100. 3세기부터 동남아시아 해역에 "역내 네트워크"가 서서히 형성되어 갔고 15세기에 완성되었다. 유럽인들이 들어왔을 때 그들이 참여한 것은 바로 이 역내 네트워크였다. 櫻井由躬雄,,「東アジアと東南アジア」, 83-85쪽.

78) O'Rourke and Williamson, "After Columbus", pp. 419-421에 제시된 표 1은 5세기 간의 유럽대륙 간 무역 및 세계 무역의 성장을 보여주는데, 그 표의 동남아시아 해양 활동 관련 조항들을 살펴보아도 활발한 해양 활동과 무역 성장을 볼 수 있다.

든 면에서 "느리지만 꾸준한 성장"이 있었다고 주장하면서, 근대 초기 글로벌화의 영향이 오늘날까지 동남아시아의 기본적 틀을 형성했다고 제시한다.[79] 하지만 이와 관련해 보면 학자들은 조금씩 다른 주장을 하고 있다. "초기 동남아시아", 즉 소위 상업의 시대 이전의 동남아시아 연구자인 홀(Hall)은 1500년까지 전개되어 확립된 기본적 틀이 그 이후의 동남아시아 정치, 경제, 문화 등을 계속해서 규정해왔다고 본다.[80] 그 외에 대부분의 동남아시아 연구자들은 비록 강력한 유럽 세력, 즉 네덜란드 동인도회사가 동남아시아 해역에서 중요 역할을 수행했기는 하지만, 18세기까지만 해도 동남아시아는 독립적인 힘을 유지했고 19세기 네덜란드의 직접 지배가 수행되면서 그곳에 본격적인 변화가 일어났다는 데 동의한다.[81] 심지어 "… 18세기 동남아시아 해역…에서는 부기스인이 상인, 용병, 해적으로서 군사적·경제적으로 압도적인 세력을 갖고 있었다…. 자바 섬 이외의 동남아시아 해역에서 네덜란드 동인도회사의 영향력은 극히 제한적인 것에 불과했다"고 주장되기까지 한다.[82] 이렇게 본다면, 16-18세기에 동남아시아의 변화과정에 소위 근대 초기 '글로벌화'가 미친 영향은 데 즈바르트와 판 잔덴이 주장하는 것보다는 훨씬 제한적이었다고 보아야 할 것 같다.[83]

---

79) De Zwart and van Zanden, *The Origins of Globalization*, pp. 192-207.

80) Hall, *A History of Early*, 10장.

81) 핀들레이·오루크, 『권력과 부』, 417-429쪽; 오타 아츠시, 「18세기의 동남아시아」, 220-222쪽.

82) 하네다 마사시, 『동인도회사』, 307쪽.

83) 동남아시아 연구자인 사쿠라이 유미오(櫻井由躬雄)는 18세기의 해양 상황이 동남아시아에 큰 변화를 야기했다고 주장하기에 데 즈바르트와 판 잔덴과 같은 견해를 제시하는 것 같지만, 이때 동남아시아에 변화를 가져온 요소로 그가 드는 것은 일본의 쇄국, 중국 중심의 조공체제, 네덜란드 세력이다. 즉, 18세기의 변화를 인정하는 경우에도 이 변화를 야기하는 데서 데 즈바르트와 판 잔덴이 강조하는 '글로벌화'에 해당하는 것은 네덜란드 세력으로 일부에 불과하며, 오히려 동아시아 해역경제와 연동되어 이전부터 작동하던 동남아시아 해역경제 자체 메커니즘 상의 변화가 더 큰 부분을 차지한다. 櫻井由躬雄,, 「東アジアと東南ア

한편 동남아시아를 연구하는 유럽 학자 중에는 아무래도 네덜란드인들이 많다. 제국주의 시대 동남아시아에 넓은 영토 지배를 수행했고 그 이전에는 네덜란드 동인도회사라는 강력한 해양 세력이 동남아시아에서 큰 영향력을 행사했다는 측면에서, 네덜란드에 동남아시아 관련 자료들이 많이 축적되어 있기 때문인 것 같다. 특히 인도네시아, 즉 자바섬에 대해선 아주 세부적인 연구가 가능할 정도로 동인도회사 자료가 충분하다.[84] 그런데 최근 이 네덜란드 학자들의 동남아시아 연구는 네덜란드의 동남아시아 지배가 오늘날의 동남아시아가 가진 경제적 약점과 빈곤에 책임이 있는가라는 질문에 유보적인 결론을 내는 경향이 있다.[85] 네덜란드의 지배가 반드시 나쁘지는 않았고 "긍정적인" 결과를 낳기도 했다는 식이다. 이런 경향성이 데 즈바르트와 판 잔덴에게서도 그대로 나타나는 것 같다. 왜냐하면 그들이 "느리지만 꾸준한 성장"이 있었다고 하면서 근거하는 자료들이 대부분 그런 경향성을 보여주는 것들이기 때문이다.[86]

하지만 이런 네덜란드인 학자들의 연구는 아무래도 해역 동남아시아에 치우치는 경향이 있다. 데 즈바르트와 판 잔덴의 이 연구에서도 동남아시아 부분은 현저하게 자바에 집중된다. 이들이 기술한 동남아시아 부분을 보다보면, 마치 동남아시아에는 네덜란드 세력밖에 없었던 것 같이 느껴진다. 하지만 동남아시아는 지구상의 여러 지역들 중 가장 복잡하고 다양한 성격을 가진 곳이다. 이미 리드의 『상업의 시대의 동남아시아』가 나왔을 때, 이조차도 동남아시아의 다양성을 지나치게 일반화

ジア』, 90-94쪽.

84) De Zwart, *Globalization and the Colonial Origins*, pp. 21-24 참조.

85) Van Zanden and Marks, *An Economic History of Indonesia*, 2장 참조.

86) 대표적으로 Lieberman, *Strange Parallels*, 2 vols.; Boomgaard, "Labour, land, and capital", pp. 55-78을 들 수 있다.

한다는 비판이 제기된 바 있다.[87] 특히 동남아시아에 접근하면서 서구에서 만들어진 여러 개념적 장치들(국가, 도시 등과 같은)을 그대로 적용할 경우 큰 오류를 범할 수 있음이 여러 동남아시아 전공 연구자들에 의해 지적되었다.[88] 따라서 데 즈바르트와 판 잔덴이 동남아시아에 미친 근대 초기 글로벌화의 영향에 대해 내리는 결론은 네덜란드와 자바라는 특정 부분에 치우친 통계 결과들에 기댄 지나친 일반화일 수도 있다는 생각이다.

동아시아의 배제

데 즈바르트와 판 잔덴의 근대 초기 '글로벌화' 논의에서 가장 큰 문제를 안고 있는 부분은 동아시아에 대한 논의이다. 정확하게 말해 이들은 동아시아를 16-18세기의 세계사적 맥락 속에서 어떻게 논의해야 할지, 그 방향을 제대로 잡고 있지 못한 듯하다. 우선적으로 지적해야 할 사항은 자료의 문제이다.[89] 언어상의 한계가 가장 큰 문제이겠지만, 이들은 동아시아의 역사를 다루어 자신들의 글로벌화 논의로 편입시키고자 하면서, 제대로 된 자료를 확보하지 못하고 있다. 지금까지 논의된 다른 지역과는 달리, 동아시아와 관련해서는 이들은 직접적인 자료에 입각한 설명을 제시하지 못한다. 대서양 해역경제에 해당하는 지역들, 즉 남북아메

87) Andaya, "The Unity of Southeast", pp. 161-171.
88) Sutherland, "Contingent Devices", pp. 20-59; Day, *Fluid Iron*, 1장; 白石隆,『바다의 제국』, 48-55쪽.
89) 8장 말미에 데 즈바르트와 판 잔덴이 제시해 놓은 "읽은거리"는, 자료 제시로는 아무런 의미가 없고 단지 몇 개만 정해 놓아 구색을 갖추어 놓은 인상이다. 특히 조선과 관련해서는 논문 하나만 제시해 놓았는데, 그것도 자신의 본문 논의에서는 부차적으로 다루는 것이다. De Zwart and van Zanden, *The Origins of Globalization*, p. 236.

리카와 아프리카의 경우는 유럽인 학자들이나 현지 학자들도 대부분 자신들의 연구 성과를 영어로 발신하고 있어 이런 성과를 이용할 때 직접적인 자료를 간접적으로 활용하는 효과를 거둘 수 있었다. 아울러 남아시아의 경우도 마찬가지이다. 남아시아, 특히 인도는 영국 통치를 겪은 곳이라 현지 학자들도 기본적으로 유럽이나 미국에서의 활동이 활발하고 많은 성과들을 영어로 발신해왔다. 이 분야에서 세계적으로 '대가(大家)'로 인정받는, 초두리나 다스 굽타, 프라카슈 같은 학자들이 모두 유럽이나 미국에서 대학을 나오거나 그곳 학계에서 인정받으며 학술활동을 수행한 것을 봐도 알 수 있다. 동남아시아의 경우에는 앞서 여러 차례 지적했듯이, 사실상 네덜란드인들이 연구를 주도하고 있다고 해도 과언이 아니다. 동남아시아 자체의 문헌자료 및 그 외 일차자료 생산에 한계가 있는 만큼, 네덜란드 통치 시기에 확보된 자료들이 가장 많이 활용되고 있는 것이다. 하지만 동아시아의 경우에는 사정이 전혀 다르다.

데 즈바르트와 판 잔덴이 지금까지 다룬 다른 지역과 달리, 동아시아는 이미 오래전부터 그 자체의 역사 전통이 강하게 자리 잡고 있는 곳이다. 주지하듯이, 중국과 한국, 일본은 19세기 이래 자체의 역사학 전통을 세웠고 내부적으로 자기 역사를 다루는 다량의 성과들을 산출해왔다. 당연히 이런 성과들은 19세기 이래 동아시아가 겪은 여러 역사적 부침 과정에서 동아시아 밖으로 소개되는 기회가 그다지 없었다. 그나마 동아시아 3국 중 중국의 경우는 2차 세계대전 이후부터 외국으로 유학한 중국인이나 대만이나 홍콩에서 활동하는 학자들이 성과를 발신한 경우가 좀 있었을 뿐이다.[90] 일본의 경우는 1980년대 이후부터 일본인 학

90) 그런 의미에서 1957년에 나온 로중팡(Lo Jung-pang)의 박사 논문, 『씨파워로서의 중국』이 주목된다. 로중팡은 1912년 베이징에서 태어났지만 외교관인 아버지를 따라 주로 외국에서 생활하면서 교육을 받았고, 그의 어머니는 근대 중국의 개혁가이자 역사학자인 강유웨이(康有爲)의 딸이었다. 그래서 로중팡은 영어

자들이 영어로 발신하는 사례가 많이 늘었지만, 그런 활동의 강도는 아직도 많이 약한 편이고 따라서 사이토 오사무(齋藤修)나 스기하라 가오루(杉原薰), 하마시타 다케시(濱下武志) 같은 소수의 학자들에게로 지나치게 편중되어 있는 상태이다.[91] 조선 또는 한반도 역사와 관련해서는 연구 성과를 영어로 발신하는 사례가 이제야 시작되었다고 봐야 한다.[92] 하지만 영어로 발신되지 않았다고 해서 근대 역사학의 전통이 한 세기 이상 계속되어 온 동아시아 3국의 역사적 성과가 전혀 없었다고 여겨서는 안 된다. 데 즈바르트와 판 잔덴은 지나치게 동아시아 역사에 대해 '무지'한 상태에서 약간의 통계 수치에 입각한 비교연구들에 의존하면서 16-18세기 동아시아 해역경제의 역사를 단정 짓는 무리를 범하고 있다.

데 즈바르트와 판 잔덴이 주로 의지하는 통계 수치에 입각한 비교연구에 대해 살펴보면, 그 연구들은 '글로벌화'와 관련해서가 아니라 소위 '대분기' 논쟁과 관련해서 거론되는 것들이다. 익히 알려져 있다시

권 사회에서 널리 읽히는 강유웨이 전기를 쓴 것으로 잘 알려져 있지만, 실제로 그의 전공은 중국 해양사였다. 최근 중국 역사, 특히 대외무역사에 대한 관심이 증폭되면서, 그의 박사 논문이 새삼 재발굴되어 2012년에 홍콩대학출판사에서 정식으로 출판되었다. Lo Jung-pang, *China as a Sea Power*, pp. x-xi.

91) 근대초기(일본에서는 '근세'라고 한다) 일본사와 관련해, 데 즈바르트와 판 잔덴이 의지하는 일본인 학자의 문헌은 Saito, "The Labor Market"; Saito, "Land, Labor and Market"; Hayami, et al. (eds.), *The Economic History of Japan* 정도에 불과하다. 나머지는 거의 외국인이 쓴 문헌, 특히 일본 전공이라기보다는 통계 수치를 통한 비교 연구에 의존한다. 위의 문헌 중 Hayami, et al. (eds.), *The Economic History of Japan*는 1988년에 나온 速水融·宮本又郎編, 『日本經濟史1 經濟社會の成立』의 영어판이다. 필자는 여기서 관련 내용을 언급할 때 일본어판에 의거한다.

92) 이들은 조선에 대해서는, 차명수와 전성호 등이 논쟁을 벌이며 발표한 논문 3개와 마르티나 더슐러(Martina Deuchler)가 쓴 책 하나, 논문 1편에만 의지한다. Cha, "Productive Trends"; Jun and Lewis, "Labour costs, land prices"; Jun, et al, "Korean Expansion"; Jun, et al., "Stability or Decline?"; Deuchler, *The Confucian Transformation*; Deuchler, "Social and economic development".

피 2000년 포메란츠(Pomeranz)의 『대분기*(The Great Divergence)*』 간행[93]으로 시작된 이 논쟁은 유럽 산업화의 원인에 대한 부분과 유럽과 유럽 외 지역, 특히 당시 가장 큰 경제 규모를 가진 중국 간의 경제적 격차가 언제 시작되었는가라는 부분으로 나뉘며, 지금도 많은 학자들이 관계하며 활발한 논의가 진행 중이다.[94] 그런데 이 논쟁에서 큰 공헌을 한 것이 로버트 앨런의 실질 임금 분석이다. 물론 그 사이에 영국 산업혁명과 관련해서나, 그 이전의 경제 성장과 관련해서 실질 임금에 대한 많은 분석들이 있었다.[95] 하지만 이런 분석들은 대체로 서로 다른 방법을 적용하여 완전히 다른 결과를 도출함으로써, 직접적인 비교가 불가능하다는 한계가 있었다. 로버트 앨런은 기본 소비재만이 아니라 칼로리 및 단백질 섭취 표준량에 기초한 소비재 품목 묶음(a consumer basket)을 제시하고 그것을 임금과 비교하는 방법을 제시하였다.[96] 이 방법은 구입 가능한 최저생계 품목 묶음의 양으로 연간 임금을 표현하여[97] 임금을 절대적인 복지의 척도로 활용할 수 있게 했고, 이런 "절대적" 실질 임금을 이용해 국제 비교와 시간 간 비교를 가능하게 했다.[98]

비교적 측면에서 실질 임금을 계산하는 이런 접근은 이제 생활수준

---

93) Pomeranz, *The Great Divergence*. 이 책은 2016년에 한국어판이 번역되었지만, 필자는 그 이전에 영어판을 읽었기에 여기서 이 책을 언급할 때는 영어판에 근거한다.

94) '대분기' 논쟁에 대한 가장 최근의 정리는, 2020년에 나온 O'Brien, *The Economies of Imperial China* 참조. 한편 포머랜츠 자신이 '대분기' 논쟁을 정리한 가장 최근의 글은 2015년에 간행한 일본어판 서문에서 볼 수 있다. ポメランツ, 『大分岐』, 1-16쪽.

95) 이와 관련된 최근 문헌은, Lindert and Willamson, "English Workers' Living Standard"; Feinstein, "Pessimism perpetuated"; Clark, "The Condition of the Working Class"; Allen, "Pessimism preserved"를 들 수 있다.

96) Allen, "The Great Divergence", pp. 411-415. 보다 간단한 설명은, 앨런, 『세계경제사』, 17-18쪽 참조.

97) Allen, et al., "The Colonial Origins", pp. 863-894.

98) Allen et al., "Wages, Prices, and Living Standards", pp. 19-20.

을 비교하는 기본적인 방식으로서 널리 받아들여지고 있다.[99] 이렇게 했을 때 학자들은 지역간 비교를 위해 다음과 같은 실질 임금 비교표를 만들어 낼 수 있다.

표 6. 근대 초기 유럽과 케이프콜로니, 중국 및 아시아의 최저생계 품목 비교[100]

	단위	유럽과 케이프*	중국**	인도 (벵골)***	실론	자바
주 식품****	kg	155-179	171-179	164-209	165	168
콩/완두콩	kg	20	20	20	20	25
육류/어류	kg	3	3	3		6
버터/기름/기 버터	kg	3	3	3	5	
설탕	kg			2	2	2
비누	kg	1.3	1.3		1.3	1.3
소금	kg					2
리넨/면직	m	3	3	3	3	3
양초	kg	1.3	1.3		1.3	2.6
등유	lit.	1.3	1.3		1.3	
연료	mbtu	3	3			3

* 북서유럽의 경우 귀리 176kg 혹은 호밀 186kg, 케이프콜로니의 경우 밀 179kg.
** 쑤저우(蘇州)와 광저우(廣州) 쌀 171kg, 베이징 수수 179kg.
*** 쌀 164kg, 기장 209kg.
**** 유럽: 호밀, 밀, 귀리; 케이프콜로니: 밀; 중국: 쌀 혹은 수수; 인도, 실론, 자바: 쌀.

하지만 이런 실질 임금에 기초한 통계 자료를 단순히 지역간에 비교하는 것에 대해선, 최근 여러 비판들이 제기되고 있다. 위의 표만 해도 과연 저 표를 그대로 수용할 수 있는가 하는 문제가 제기된다. 중국의 경우 지역 별로 식사 문화 및 생활 문화가 다르며 주 식품의 내용조차 다르다. 위의 표에서 제시된 중국의 수치는 쑤저우와 광저우를 대상

99) De Zwart, *Globalization and the Colonial Origins*, pp. 91-92.
100) Ibid., p. 93에서 인용.

으로 한 것인데, 근대 이전 중국의 역사에서 본다면 이것은 아무리 크게 보아도 중국의 동남부 연안 지역만을 대표한다.[101] 인도의 경우에도 남부와 북부의 격차가 크고 종교적·문화적 차이도 엄청나다.[102] 과연 저 수치를 그대로 인도를 대표한다고 믿는 것이 옳을지 의문이다. 또 실질 임금에 기초한 비교 연구가 가진 중요한 문제점은 조사가 언제나 오늘날의 국가 기준으로 이루어진다는 점이다. 즉 국민국가적인 경계 틀을 가지고 조사가 수행되고 분석을 행한다는 점이다.[103] 주지하듯이, 중국과 인도는 과거로 조금만 거슬러 올라가면 오늘날의 국민국가적 틀로 표현될 수 없는 거대한 규모의 경제이며, 경제적 측면에서 내부적으로 아주 다양한 편차를 가진 거대 영역이다. 이들에 대해 오늘날의 국경 기준에 맞춰 접근하여 통계를 내는 것이 근대 초기 경제를 제대로 표현할 수 있을지 의문인 것이다.[104]

사실 실질 임금 통계 산출을 통한 유럽과 동아시아간 생활수준 비교는 방법적인 측면에서 그 자체로 문제가 많다. 근대 초기 동아시아 3국은 모두 '소농경제사회'의 확립이라는 공통점을 가진다. 각각의 개별적인 발현 방식은 상황에 따라 차이가 있지만, 사회 성격 면에서는 동일한 것이다.[105] '소농경제사회'가 가지고 있는 특징은 주 식품, 즉 쌀을 비

---

101) Deng and O'Brien, "How Well Did Facts", pp. 1-27.

102) Nadri, *Eighteenth-Century Gujarat*, 1장 참조.

103) 심지어 고대부터 근대까지 국가별 계산방식(national accounting)을 사용하여 대분기를 논하는 연구도 있다. Broadberry, et al., "China, Europe and the Great Divergence", pp. 1-64.

104) Deng and O'Brien, "Establishing Statistical", pp. 1057-1082; Deng and O'Brien, "The Tyranny of Numbers", pp. 71-94; Moll-Murata, "Chinese Price and Wage Data". 현재 유행하는 실질 임금 측정에 기초한 생활수준 분석 및 비교 방법에 대한 전면적인 비판이 2018년에 제기되었다. Hatcher and Stephenson (eds.), *Seven Centuries of Unreal Wages*. 이 비판의 핵심은 실질 임금이라고 제시되는 것이 사실은 "비(非)실질 임금"이라는 것이다.

105) 조선과 일본은 16-17세기에 이런 사회가 확립되었고, 중국의 경우는 18세기에 이런 사회가 등장했다고 한다. 岸本美緒, 「東アジア·東南アジア傳統社會の形

롯해 주요 먹거리를 시장에서 구입하지 않고 상당 부분 자체 공급한다는 점이다. 이런 사회에서 인구의 압도적인 다수는 '소농'이었기에 실제 시장에서 주 식품 및 먹거리를 구입하는 이들은, 직접 농사를 짓지 않는 지배층과 부유한 상인들뿐이었다. 이런 사회에서는 심지어 농사를 주업으로 하지 않는 사람들도 시간을 내어 간단한 먹거리를 장만하는 농사를 지어 가정경제를 보완했다.[106] 반면에 이런 실질 임금 비교 방식의 준거가 되었던 근대 초기 잉글랜드나 로우컨츄리(Low Countries) 지역은 주 식량 원료의 압도적인 부분을 외부에서 공급했고 많은 인구들이 시장에서 식량 원료(특히 밀)를 구입했다.[107] 이곳에서는 실질 임금 산정이 당연히 식량 가격 대비 임금이라는 계산을 통해 나올 수 있다. 하지만 이런 방식은 위에서 말한 '소농경제사회'에는 적합지 않다. 동아시아 3국이 이 시기에 시장경제가 엄청나게 발달한 사회였음은 두말할 여지가 없다. 하지만 이곳의 사회 성격은 '소농경제사회'였기에 그들이 시장에서 주로 구입하는 기준을, 즉 실질 임금 산정의 기준을 먹거리 위주로 잡는 것은 실제 이 당시 동아시아 3국 사람들의 생활수준을 제대로 평가할 수가 없다. 데 즈바르트와 판 잔덴은 동아시아에 대한 이런 실질 임금 산정 방식의 비판에 얼마간 동의하면서도 그래도 전반적인 추세는

成」, 57–58쪽.

106) 지금도 동아시아 지역의 사람들은 빈 땅만 있으면 자연스레 이런 저런 모종을 심어 먹거리를 보충하는 습성을 지니고 있다. 경제 사정이 어려우면 어려울수록 더 그렇지만, 이런 습성이 꼭 경제 사정에 좌우되는 것도 아니다.

107) 중세 한자동맹(Hanseatic League) 시기부터 북서유럽은 발트해 무역을 통해 동북 유럽에서 생산되는 곡물을 수입했다. 특히 네덜란드는 인구의 3분의 1을 발트해 지역에서 수입되는 곡물로 먹였고 유리한 입지를 활용해 16–17세기에는 발트해 무역을 통한 곡물 공급을 독점하기도 했다. Unger, "Integration of Baltic", pp. 1–10; North, *The Baltic*, pp. 58–60, 104–110. 19세기에도 잉글랜드는 덴마크의 가장 중요한 농산물 시장이었다. North, *The Baltic*, p. 204. 하지만 18세기부터는 아메리카에서도 대량의 곡물이 공급되었다. Sharp, "The Long American Grain", pp. 4–5.

똑같은 경향을 가리킨다고 얼버무리며 이런 방식을 기준으로 유럽과 동아시아를 비교하기까지 한다.

데 즈바르트와 판 잔덴이 동아시아 부분에서 하고 있는 서술에서 실제적으로 가장 문제가 되는 부분은 조선과 일본에 대한 서술이다. 중국의 경우에도 주로 비교 연구에 의존하고 정확한 중국사 전공자의 연구는 영어권에 그렇게 많은 중국사 연구자가 있음에도 폰 글란과 드빈 마(Debin Ma) 같은 몇몇 학자들의 연구에 의지하는 데 그치지만, 그래도 비교적 여러 연구들을 참조하여 나름의 서술을 전개하고 있기에 논외로 한다.[108] 무엇보다 조선과 일본에 대해 한정된 자료에 근거해 일방적인 서술을 진행하고 있고, 이에 따라 이 책이 갖는 성격(대학생 이상의 학술적인 참고용 도서)상 후대의 서구 연구자들에게 왜곡된 상을 부여할 위험성이 농후하기에 세심한 비판이 필요하다.

문제가 되는 구절들은 다음과 같다. "세계의 어떤 나라도 1600년대 초와 1854년 사이에 [일본만큼] 그렇게 성공적으로 세계 시장의 외부에 여전히 있을 수는 없었다. 그리고 비유럽 나라 중 어느 나라도 이 시기에 [일본처럼] 그렇게 역동적으로 발전하지 않았다." "[1600년 도쿠가와 막부 성립 이후] 일본은 어느 정도 화폐경제화 되어 있었지만 모든 토지 가치는 쌀 몇 석으로 표현…되었다. 이 때문에 … 그만큼 은에 의존하지 않고 있었다. 대외무역으로부터 얻는 수입은 아마 쇄국 정책으로 인해 제한적이었을 것이다." "… 조선의 재정적 기초는 아마도 그 이웃 두

---

108) 그렇다고 이들의 근대 초기 중국 경제에 대한 서술에 문제가 없다는 것은 아니다. 현재 진행 중인 '대분기' 논쟁에서 포머랜츠에 반대되는 연구 성과에 일방적으로 기대어 마치 결론이 난 듯이 서술하고 있는 대목은 특히 문제이다. "… 최근의 연구는 중국이 … 몹시 역동적인 경제가 아니었음을 시사한다." De Zwart and van Zanden, *The Origins of Globalization*, p. 209. 하지만 이런 부분까지 일일이 건드리다 보면 이 책의 한계를 벗어난 듯하여, 이런 문제에 대해선 다음 기회에 근대 초기 중국 경제 해석을 별도로 논하면서 다루고자 한다.

나라 모두보다 상당히 빈약했을 것이다. 비록 믿을 만한 전반적인 추정치가 없지만 말이다. 정부 수입은 원래 공물에 대한 의존도가 높았는데, 한편으로 두 번째로 가장 주요한 수입원은 지조(地租)였다. 지조의 비율은 일본보다 훨씬 더 낮았고 중국보다도 훨씬 낮았다. 이 모든 것은 조선 정부[의 규모]가 작고 농민 봉기에 취약했음을 시사한다. 국제 무역과 관련해 조선은 장기적인 상대적 고립 시기로 진입했고, 이런 고립은 유교 이데올로기에 의해 강화되었다." "17세기 일본에서도 … 상업 경제로의 이행이 발생했다. 비록 이 경우에는 국제 무역의 자극적인 영향이 없었지만 말이다." "일본은 1500년과 1600년에 상대적으로 후진적이었지만 17·18세기 동안에는 훨씬 더 나아졌고 주목할 만한 GDP 성장을 보여주었다. 조선의 경제 발전 수준은 일본과 중국 모두에게 뒤처지고 있었고, 아마도 18세기 동안 내내 거의 아무런 성장도 없었던 것 같다."[109] 이상의 기술들은 대체로 두 가지로 나눌 수 있다. 즉 첫째, 일본은 '쇄국' 정책을 취해 외부와 단절되었지만 내부적으로 (설명 불가능할 정도로) 경제 성장을 이루어 중국보다 잘 살았다. 둘째 조선은 대체로 근대 초기에 경제가 정체되거나 하락세였고, '국가 역량' 면에서도 취약했다.

이런 식의 기술은 현재 한국과 일본 경제사 연구의 실제를 전혀 반영하지 않는, 소수 학자들의 몇 가지 견해에만 의존한 단정이라고 확정적으로 말할 수 있다. 우선 일본에 대한 기술이 데 즈바르트와 판 잔덴이 전적으로 의존하는 자료에서 볼 수 있듯이, 근세 초기 일본의 성장을 근대까지 연속되는 것으로 파악하고 나아가 현대 일본의 경제 성장의 기초가 근대 초기의 인구 성장 및 그에 대한 경제적 대응에 있었음을 주장

109) Ibid., pp. 210, 213, 214, 215, 217.

하는, 주로 인구 통계학에 입각한 일단의 일본 학자들의 논의에 근거하고 있음을 지적할 수 있다.[110] 이런 견해가 실제 일본 학계에서 어떤 비중을 차지하는가와 무관하게, 일본에서 영어로 발신되는 학문 성과의 주류를 이루기에 이런 결과가 나왔음은 앞에서 잠시 지적했다. 이런 견해가 가지는 문제점은 지나치게 인구론적 근거에만 입각해 있다는 비판이 제기되어 있고,[111] 이와 별도로 이것이 동아시아 근대사 해석으로 이어져 일본의 '제국주의적 계기'를 왜소화하고 희화화하는 결과를 낳는 위험성이 있다.[112] 즉 데 즈바르트와 판 잔덴은 근대 초기 동아시아 해석의 문제가 동아시아 역사의 전개 과정 속에서 어떤 의미를 갖는가를 전혀 고려하지 않고서 오로지 '글로벌화'의 영향이라는 부분에만 매몰되어 과도한 해석을 부여하고 있는 것이다.

한편 쇄국 문제에 관련해서는, 일본 내에서 '쇄국'이 또 하나의 외교 정책이며 쇄국이라고 해서 일본이 완전히 외부에 문을 닫은 것이 아니라 그런 정책 하에서도 공식·비공식적인 무역이 계속되었음을 많은 역사학자들이 지적해오고 있다.[113] 단적으로 데 즈바르트와 판 잔덴은 일

110) 이 두 사람이 많이 의존하는, 速水融·宮本又郎編, 『日本經濟史1 經濟社會の成立』이 일본의 이런 학술 경향을 대표하는 것이며, 편자인 하야미 아키라(速水融)가 이런 견해의 출발점에 있다. 특히 하야미 아키라는 이런 논의에 입각해 근세 일본의 '근면혁명론'을 제기했다. 그의 『근세 일본의 경제발전과 근면혁명』을 보라.

111) 大島眞理夫, 「土地希少化」. 1-31쪽; 齋藤修, 「勤勉革命論の實證的再檢討」, 151-161쪽.

112) 이런 견해를 동아시아 근대 산업화로 연결시킨 것이, 스기하라 가오루의 '노동집약형 공업화'론이다. 杉原薫, 「近代アジア經濟史における連續と斷絕」, 80-102쪽; 杉原薫, 「東アジアにおける勤勉革命徑路の成立」, 336-361쪽; Sugihara, "Lbour-intensive industrialization", pp. 20-64. 동아시아 근대 역사 해석에 대해 이런 견해가 가진 위험성은, 현재열·이수열, 「글로벌경제사 속의 일본공업화론」, 205-236쪽 참조.

113) 이런 견해를 제시하는 대표적인 학자는 아라노 야스노리(荒野泰典)이다. 아라노 야스노리, 『근세일본과 동아시아』; 荒野泰典, 『「鎖国」を見直す』 참조. 또한 川勝平太編, 『「鎖國」を開く』도 참조.

본의 쇄국을 얘기하면서 주로 나가사키만을 언급하고, 나가사키에 대한 기술에서는 주로 네덜란드인들만 거론하는데,[114] 잘 알려져 있다시피, 이 시기 일본에는 “네 개의 입구”가 존재했고 이를 통해 소선, 에조치(蝦夷地), 류큐(琉球) 및 중국 남부와 교류했다.[115] 게다가 나가사키의 경우에도 데지마(出島)로 한정된 네덜란드인들만이 교류한 것이 아니라, 네덜란드인들보다 중국인들이 더 큰 비중을 차지했다고 보는 것이 옳다.[116] 1년에 나가사키에 들어갈 수 있는 네덜란드 선박은 2척으로 한정되었지만, 중국 선박은 30척이었다는 것만 보아도 알 수 있다.[117] 따지고 보면 일본과 류큐와의 무역도 모두 중국과의 간접 교류와 관련 있었기에, 사실상 이때 일본은 중국과 활발하게 교류하고 있었다고 보아도 무방하다.

조선에 대한 기술은 더욱 불확실하다. 조선은 17세기까지는 어느 정도 성장했는데 18세기 들어 완전히 정체 내지 하락했다는 것이 데 즈바르트와 판 잔덴의 설명의 핵심인 것 같은데, 그것이 조선이 “고립정책”을 취했기 때문인 것인지, 즉 그들이 말하는 근대 초기 글로벌화에 관련하지 않았기 때문인지 여부가 명확하지 않다. 그들은 “조선은 17-18세기에 걸쳐 임금이 하락 … 18세기 말 임금이 중국 및 유럽 주변부 임금과 비슷”[118]하다고 하는데, 그들이 참조하지 않은, 한국사 서술의 정본으로 인정되는 역사서에 제시된 조선 후기 특정 역(役)들의 임금에 대

114) De Zwart and van Zanden, *The Origins of Globalization*, pp. 233-234.

115) 村井章介, 『世界史のなかの戰國日本』, 209-213쪽.

116) 나가사키에는 네덜란드인들을 격리하던 데지마 외에 중국인들이 한정되어 거주하는 도진야시키(唐人屋敷)도 있었다. 도진야시키의 규모는 데지마보다 2배 이상 컸다. 하네다 마사시, 『동인도회사』, 171쪽.

117) 류쉬펑, 「도쿠가와 막부 ‘쇄국’ 체제 하의 중일무역」, 26쪽. 거래액도 중국은 은 6,000관(貫)이었지만, 네덜란드는 은 3,000관으로 정해져 있었다.

118) De Zwart and van Zanden, *The Origins of Globalization*, p. 218.

한 표들은 17세기에 비해 18세기에 약간의 하락이 있기는 하지만 대체로 정체되어 있음을 보여준다(약 쌀 15두 내외).[119] 2007년에 나온 박기주와 양동휴의 논문은 17-19세기 사이에 동아시아 3국의 실질 임금은 거의 비슷한 수준이었지만, 실질 임금만이 아니라 다른 면까지 고려하여 봤을 때 조선의 생활수준은 동아시아 3국 중 가장 낮았다고 한다. 그렇지만 그들은 조선의 생활수준이 가장 낮았던 것은 19세기였으며 18세기는 실질 임금과 토지 가격이 안정되어 상대적으로 "강했다"고 주장한다.[120] 또한 앞의 한국사 역사서에서는 18세기 조선의 상품화폐경제의 발달을 상세하게 서술하고 있으며[121] 이와 관련한 개별 연구들 역시 많이 나와 있다.[122] 이런 많은 연구들을 모두 비교하면서 조선 후기 경제에 대한 전체 상을 구성하지 않은 상태에서, 영어로 나온 몇몇 소수의 통계 수치에 근거해 조선 경제를 "뒤처졌다"고 단정하는 것은 무리인 것 같다.[123]

사실 관계에서의 이런 불확실한 설명은 결국 결론에서 동아시아와 글로벌화의 관계에 대한 정말 모호한 설명으로 이어진다. 그들이 내리는 결론은 한 마디로 이렇다. 중국은 근대 초기 글로벌화와 관계를 맺고 영향을 받았기 때문에 쇠퇴했고, 일본은 당시 글로벌화에 문을 닫았기 때문에 경제적으로 성장했다는 것이다.[124] 그러면 조선은? 조선을 그들은

119) 최완기, 「임노동의 발생」, 152-153쪽.

120) Park and Yang, "The Standard of Living in the Chosŏn", pp. 297-332.

121) 국사편찬위원회, 『한국사 33권』, II부. 조선의 화폐사에 대한 최근 연구에 따르면, 18세기의 화폐 발행량은 계속 증가했으며 실질거래량 역시 약간의 부침이 있지만 거의 일정 수준을 유지한 것으로 나타난다. 이정수·김희호, 『조선의 화폐와 화폐량』, 162-163쪽의 표 5.

122) 강만길, 『조선후기 상업자본의 발달』; 김대길, 『조선후기 장시연구』; 이정수·김희호, 『조선후기 노동양식』 등 참조.

123) 이들은 2014년에 나온 여러 한국인 역사가들이 조선의 사회와 경제를 범주별로 정리한, Shin (ed.), *Everyday Life in Joseon-era Korea*조차도 보지 않았다.

124) De Zwart and van Zanden, *The Origins of Globalization*, pp. 236-237.

계속 외부로부터 고립되었다고 강조했고 그 때문에 경제가 정체하거나 하락한 것으로 설명했다. 그러면 여기서 그들이 내리는 결론에서 조선의 위치는 어디인가? 게다가 결론에서 일본에 대해 서술된 내용은 도저히 읽기가 힘들 정도이다. 일본의 쇄국 정책은 "1867년 메이지 유신과 함께 시작하게 될 경제 및 사회의 근본적 변혁을 위한 '최상의' 준비기"였다. "무역의 제한은 국내 산업을 자극하려는 … 명백한 목적을 가지고 있었다." "중국은 일관되게 정반대 방향으로 길을" 걸었다. 세계 시장과 연결되고 점점 더 개방적인 태도를 취한 것은 "19세기의 도전에 대한 올바른 '준비'가 아니었다." 이 모든 책의 전체 논지와 관련해서 과연 이런 결론을 당시 세계에서 가장 큰 경제 지역인 동아시아에 대해 내리는 것이 가능하다고 생각하는 것이 놀랍다. 데 즈바르트와 판 잔덴 스스로가 "동아시아는 … 지금까지 살펴본 많은 지역들과는 여러모로 달랐다. 거기에는 중앙집중적인 강력한 국가들이 등장해 있었고, 이들은 (육지에서는) 유럽 국가들이 동원할 수 있는 힘들보다 훨씬 더 강력했다. 중국과 일본, 거기에 아울러 조선은 여전히 대체로 외부의 영향으로부터 독립적이었고 세계 시장에 어느 정도 거리를 두는 정책을 발전시켰다"고 쓰고 있다.[125] 또 비록 조선은 뺐지만, "중국과 일본은 성공적인 경제적 성취의 구성요소들을 모두 갖고 있었다. 안정된 제도, 고도로 발전된 시장 경제들, 높은 수준의 인간 자본, 쌀 재배에 기초한 아주 생산적인 농업, 크고 역동적인 도시 부문이 그런 요소들"이라고도 하였다.[126] 그렇다면, 이에 입각해서 동아시아 지역의 역사 현실에는 근대 초기 '글로벌화'를 적용하기가 힘들며 이것이 근대 초기 글로벌화를 제시하는 데 있어 한계가 있음을 인정하면 될 일이다. 논리적으로 앞뒤가 맞지 않는 결론을 제시하

125) Ibid., p. 210.
126) Ibid., p. 217.

며 갑자기 '일본 찬양'으로 끝낼 일이 아닌 것이다.

굳이 안드레 군더 프랑크의 과도한 중국 중심론에 의존하지 않더라도 16세기 세계경제의 형성이 중국을 비롯한 동아시아의 은 수요에 힘입어 촉발되었음은 이제 대부분의 학자들이 인정한다. 이것을 인정하면 당시 세계경제의 일차적 동인이 동아시아에 있음을 인정하는 것이 자연스럽다. 그래서 데 즈바르트와 판 잔덴도 책의 여러 곳에서 은 경제를 강조한다. 그러면서도 근대 초기 '글로벌화'는 중국을 비롯한 동아시아 경제가 아니라 오로지 유럽의 주도 하에 이루어진 것으로 본다. 하지만 중국 및 동아시아 경제의 주도성을 강조하는 일부 학자들은 심지어 이 시대를 "중국의 글로벌 헤게모니 시대"라고까지 한다.[127] 중국과 동아시아 경제를 자신들이 내세우는 근대 초기 '글로벌화' 맥락 속에서 제대로 설명하지 못하는 한, 데 즈바르트와 판 잔덴의 글로벌화론은, 적어도 동아시아 연구자들에게는 설득력을 얻지 못한다고 보인다.

---

127) Edwards, et al., "The Era of Chinese Global Hegemony". 이들은 은 경제에 입각한 중국 헤게모니에 이끌려 영국과 오스만 제국이 화폐 개혁에 나섰고, 이 화폐 개혁이 취한 방향성과 결과에 따라 영국은 그때까지의 추상적 화폐가 아닌 실물 화폐에 입각한 경제 정책을 펼 수 있어 산업혁명에까지 이르렀고, 오스만 제국은 반대의 방향으로 나가 쇠퇴의 길에 들어섰다고 주장한다. 그 만큼 은 경제에 입각한 중국 헤게모니가 세계 경제의 방향성에 미친 영향이 컸다는 이야기이다.

4. 결 론

지금까지 1부에서 16세기 은 교역을 통해 세계 경제가 등장하는 과정과 그 세계 경제의 성격을 살펴보고, 이와 관련해서 최근 제기되는 근대 초기 '글로벌화'론을 비판적으로 평가해 보았다. 전체적으로 간단히 정리하면 이러하다. 16세기 유럽인들은 대양 진출 과정에서 아메리카를 '발견'하고 그곳에서 생각지도 않은 '횡재'를 만났다. 바로 은인 것이다. 당시 은은 당연히 금보다는 가치가 덜 나갔지만 상대적으로 접근성이 좋았기 때문에 세계 곳곳에서, 특히 그 이전 오랫동안 경제적으로 발달했던 주요 지역에서 화폐로 사용되고 있었다. 특히 당시 세계에서 가장 규모가 큰 경제를 운영했던 중국과 그 주변 지역, 즉 동아시아 지역에서는 소매거래는 동전으로 진행되지만 그 이상의 대규모 거래와 조세 납부는 은으로 수행되는 은 중심 경제가 대두하고 있었다.[1] 경제의 중심이었던 중국이 그런 방향으로 이행하면서 경제적 측면에서 얼마간 독립적이면서도 상당 부분 중국 경제에 연동되어 있던 조선과 일본의 경제 역시 그에 영향받고 있었다. 마침 일본에서도 100년 이상 지속되던 전란상태인

1) 구로다 아키노부, 『화폐시스템의 세계사』, 105-114쪽.

'전국시대(戰國時代)'를 마무리 하는 과정에서 대규모 은광이 발견되었고, 이 은광은 일본 내의 혼란을 정리하는 데 큰 도움을 주었을 뿐 아니라 당시 은을 필요로 하던 중국으로 유입되면서 경제적으로도 일본에 발전의 계기를 제공했다.[2] 즉, 16세기 초의 이런 상황을 전체적으로 고려하면 아무리 유럽인들이 아메리카에서 많은 은을 발견했더라도, 당시 중국을 비롯한 동아시아 거대 경제가 은에 대한 흡입력을 가동하지 않았다면 은은 그들에게 역사를 바꿀 만한 그런 큰 '횡재'가 되지 않았을 것이다. 물론 그렇게 많은 은이 유럽으로 들어가게 되면 당시 '은 부족' 상태를 겪고 있던 유럽 경제에 활력을 주고 상당한 변화를 야기했을 것이라고는 생각할 수 있다. 하지만 그렇더라도 동아시아의 대규모 은 흡입력이 없었다면 유럽 사회에 전반적인 상업화와 자본주의로의 이행을 위한 자극을 제공했다고 하는 소위 '가격혁명'[3]이 발생하는 것이 가능했을까 의문스럽다. 이런 전(全)지구적인 은 경제의 가동으로 인해 17·18세기에 진행되던 잉글랜드와 오스만 제국의 화폐개혁 논의와 제도적 변화들이 이를 증명한다고 생각한다.[4]

어쨌든 필자가 본문에서 정리했듯이, 무엇보다도 상품으로 거래되는 과정을 통해 중국으로 대거 유입되던 전(全)세계적인 은 흐름에 힘입어 16세기와 17세기를 경과하면서 역사상 처음으로 지구 전체의 바다가 연결되는 '세계경제'가 등장했다. 물론 그 이전에도 세계경제는 존재했지만, 이 세계경제는 지구 바다 전체의 연결을 통해 지구상의 모든 대륙들이 서로 경제적으로, 그리고 아울러 정치적, 문화적으로 영향을 주고받

---

2) 本多博之, 『天下統一とシルバーラッシュ』, 190-198쪽.
3) Munro, "Precious Metals and the Origins of the Price Revolution".
4) Edwards, et al., "The Era of Chinese Global Hegemony", par, 15-33과 56-70.

는 과정의 출발점에 있었다는 점에서 그 이전 세계경제와 달랐고[5] 향후 진정한 '글로벌 경제'로 발전할 계기를 내포했다.

하지만 이 세계경제를 오늘날 우리가 사는 세상을 지배하는 '글로벌 경제'와 동일시할 수 있는가는 또 다른 문제이다. 그런 점에서 16-17세기에 발전한 세계경제의 성격을 논하고, 일부 학자들이 제기하는 16세기 글로벌화 기원론이나 근대 초기 글로벌화론을 비판적으로 살펴볼 이유가 생기는 것이다. 16-17세기 발생하여 18세기에 또 다른 도약, 즉 대규모 산업화를 향한 준비를 진행하던 세계경제는, 일부 학자들이 생각하는 것보다는 전(全)지구적인 통합의 정도와 연결의 정도 면에서 글로벌 경제라고 할 정도는 아니었다. 본문에서 구체적으로 보여주었듯이 지구상 곳곳의 거대 경제들과 유럽인의 도래 이전부터 오랫동안 활력을 유지하던 경제들은 이렇게 새롭게 나타난 세계경제에 편입되기 시작했지만 처음부터 바로 그 일부가 되었다기보다는, 어쩌면 이 경제들의 기존 메커니즘에 세계경제가 스며드는 형태로 그 과정이 진행되었다. 물론 이후 서서히 세계경제 자체의 메커니즘에 의해 기존 메커니즘들이 대체되는 과정이 진행되었지만 기존의 메커니즘이 존재하지 않던 유럽과 대서양 세계를 제외하면 인도양 해역경제나 동남아시아 해역경제는 18세기가 되어서야 새로운 메커니즘의 영향을 본격적으로 받았다고 생각된다.

그러면 이런 변화를 이끌었고 추동했던 중국을 비롯한 동아시아 해역경제는 어떠했는가. 사실상 중국은 은 경제에 깊숙이 지배되고 있던 사정이라 이런 세계경제의 흐름에 완전히 무관할 수는 없었다. 은 경제가 가지는 여러 부침에 직·간접적인 영향을 받으며 중국 경제가 동요했

---

5) 아부-루고드, 『유럽 패권 이전』, 395-396쪽.

음은 틀림없는 사실이다. 하지만 중국 경제는 그저 쉽게 한 단위로 정리하기에는 너무 방대하고 내부 지역별 경제 단위들 역시 각자 강력한 힘을 유지했다. 아무리 명대 이래 중국 경제가 강남지역, 특히 양쯔강 델타 지역의 경제적 추이에 민감하게 종속되어 있었다고 하더라도,[6] 방대한 중국 전체가 은 경제에 끌려갔다고 보기는 힘들다. 아울러 명·청 교체기를 지나면서 이때까지 중국에 상당 부분 의존해 진행되던 동아시아 여러 나라들의 정치적·경제적 상황이 크게 독자성을 띠기 시작했고,[7] 이 나라들 각각이 나름의 논리 속에서 사신들에 대한 세계경제의 영향력 대두에 대응하기 시작했다. 전체적으로 파악할 때 이 세계경제의 발생을 야기했던 은 흐름을 촉발하고 그에 따라 이 세계경제의 중심축이라고 간주될 수 있는 동아시아 해역경제가 오히려 이 세계경제로부터 가장 자유로운 상태였고, 18세기에도 여전히 세계경제의 메커니즘이 아니라 자신들 나름의 정치적·경제적 메커니즘에 따라 −발전이든 정체든− 역사 과정을 전개하고 있었다.

이런 상황을 가장 잘 보여주는 것이, 다른 곳에서 이미 제시했던[8] 당시 유럽인들의 세계 지도라고 생각한다. 흔히 16세기 이래 유럽인들이 제작한 세계지도는 그 이후 유럽인들이 세계를 어떻게 연결했는가를 보여주는 것으로 이용되어왔다. 하지만 필자는 이를 반대로 해석했다. 즉 이 지도들은 당시 발생하여 전개되던 세계경제의 통합과 연결의 정도가 얼마나 불완전한가를 입증하는 것으로 보았다. 1599년에 영국의 해양진출을 주창한 저명한 영국인 작가 리처드 헤크루이트(Richard Hakluyt)가 제시한 세계 지도[9]는 당시 유행하던 포르톨라노 해도로서 제대로 그

---

6) So, “Economic values and social space”, pp. 2−3.
7) 岸本美緒, 「東アジア·東南アジア傳統社會の形成」, 13−15쪽.
8) 현재열, 「현재의 글로벌화」, 286−289쪽.
9) Hydrographical Chart of Richard Hakluyt (URL://gallicalabs.bnf.fr).

려놓은 곳은 지중해와 대서양 연안 지역, 그리고 인도양 서부 아프리카 연안 지역밖에 없다. 대서양의 경우에도 북대서양, 오늘날의 캐나다 북쪽 지역과 라틴아메리카 최남단 지역은 거의 파악되지 않았다. 이는 16세기 말 아메리카산 은이 본격적으로 중국으로 유입되던 바로 그 시기에 유럽인들의 세계에 대한 인식, 즉 은 경제에 힘입어 발생한 세계경제의 범위를 보여주는 것이다. 이 지도로부터 1세기 뒤에 제작된, 즉 1700년, 바로 18세기가 시작되는 시점에 유럽인들이 제작한 세계지도의 사정은 어떠한가. 그것 역시 포르톨라노 해도로 제작되었고 이 시기 일본에서 독점 교역을 수행하던 네덜란드인들이 이용한 지도이다.

그림 5. 1700년 제작된 네덜란드인들의 해도[10]

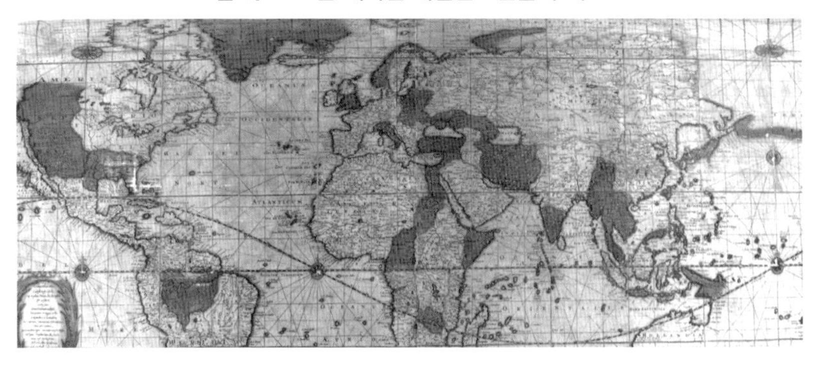

이 지도는 1588년에 제작된 지도와 비교하면 100년 만에 유럽인들이 이룬 지리적 성취를 잘 보여준다. 이 지도에는 지구상의 거의 모든 대륙과 바다가 담겨 있으며, 17세기에 이룬 태평양에 대한 탐험 결과도 반영하여 태평양에 대한 정보도 얼마간 담고 있다. 아프리카는 물론이고 북아메리카 동안을 제외한 아메리카와 인도, 동남아시아 대부분의

10) オランダ製ファルク地球圖, 平戸松浦史料博物館所藏(사본 필자소장).

바다와 육지에 대한 정보를 얼마간 정확하게 제공하고 있다. 그렇지만 이 지도를 세계경제와 관련해 생각해 본다면, 이야기는 달라진다. 이 지도는 당시 유럽인들이 이룬 해양적 성취를 보여준다고 해석할 수는 있겠지만, 당시 세계경제가 글로벌 경제라는 주장과 관련해서는 그렇지 못했음을 보여주는 증거라고 생각된다. 100년의 시간이 지났음에도 여전히 동아시아에 대한 정보는 여전히 불확실하다. 1599년의 지도에 비해 동남아시아에서 류큐 제도를 거쳐 일본에 이르는 경로(즉, 네덜란드인들이 바타비아에서 일본으로 가며 주로 이용하는 경로)는 상대적으로 정확하고 뚜렷하게 제시되었지만, 나머지는 여전히 불확실하게 표현되어 있는 것이다. 즉 위에서 주장했듯이, 인도양과 동남아시아의 오랫동안 유지되던 해역경제들이 18세기까지 세계경제에 거의 완전히 편입되었지만, 동아시아 해역경제는 18세기가 되어서도 여전히 상당 부분 독자성을 유지하고 세계경제에 직접적인 영향을 받지 않는 상태로 머물렀음을 이 지도가 바로 입증하고 있다. 따라서 16-17세기에 은 경제가 발생시킨 세계경제는 중국 및 동아시아 해역경제의 추동력에 힘입어 발생했지만, 18세기까지는 여전히 자체 메커니즘으로 전 세계를 편입하는 상태에 있지 않았고, 그런 일이 일어나는 것은 18세기 이후의 세계에서라고 보는 것이 옳을 것이다. 그러므로 일부 학자들이 주장하는 '16세기 글로벌화 기원론'이나 근대 초기 '글로벌화'론 역시 이런 16-18세기의 역사적 현실과 맞지 않다고 생각한다.

이상의 결론을 정리하면서 이제 마지막에 제시했던 근대 초기 '글로벌화'론에 대한 비판을 좀 더 추상적인 수준에서 제기하면서 마무리를 짓겠다. 데 즈바르트와 판 잔덴은 결론적으로 (일본의 성장 주장 문제는 차치하고) 중국 경제가 글로벌화의 영향을 받아 18세기 이래 쇠퇴했다고 주장한다. 하지만 앞서 근대 초기 세계경제의 성격에 대한 부분에서도 여러 논거를 제시했지만, 이와 관련해 많은 다른 학자들은, 특히 그들처럼 비교경제사가 아니라 중국 및 동아시아 경제사를 전공으로하는 학자들은, 중국 및 동아시아 경제가 당시의 세계경제에게서 받는 영향이 제한적이었다고 강조한다.

근대 초기 중국역사 전공자인 기시모토 미오(岸本美緖)는 "동아시아 역사를 연구하는 학자들로서는 동아시아·동남아시아에서도 공통적으로 보이는 경제활동의 활발화를 서구의 '대항해시대'가 초래한 파급적 효과로서 수동적으로만 파악할 수는 없다. 이 지역에서의 '교역의 시대'는 이미 15세기에 시작되었다고 하는 견해도 있고, 또한 동아시아에서 화폐경제의 확대에 수반해 팽창한 은 수요가 없었다면 신대륙 은이 그 만큼 대량으로 흘러들어 올 일도 없었기 때문이다. … 16세기의 동아시아·동남아시아에서 유럽인의 입지는 결코 크지 않았고, 전통적인 교역체제의 한 구석으로 잠식해 들어가 거기에서 이익을 올리는 것에 지나지 않았다"고 한다.[11]

역시 중국사 연구자인 홍성화는 중국 경제 전체 구조가 명말·청초에는 강남 중심형이었는데 청 중기 이후에는 지역경제가 자립하는 구조로 바뀌었다고 하면서, 은 유입과 아메리카산 작물 유입으로 인한 경제 활력의 내지로의 확대가 이런 변화의 주요 요인 중 하나였고, 한편으로 광동(廣東)을 중심으로 하는 무역 구조의 성립으로 인한 강남 지역의 독점 상실도 주요 역할을 했다고 한다.[12] 이것은 18세기 중국 경제의 변화를 오로지 대외무역의 영향으로만 볼 것이 아니라 그와 연동된 광대한 중국 내부 경제의 변화 및 상호 관계를 따져봐야 한다는 것을 보여준다. 따라서 명대와 청초에 걸치는 16-17세기에 은 교역에 기초해 등장하던

11) 岸本美緖, 「東アジア·東南アジア傳統社會の形成」, 6쪽.
12) 홍성화, 「청중기 전국시장과 지역경제」, 305-350쪽.

세계경제는 당시 중국의 "충분히 상업화되어 있던 경제를 증진시키고 자극한 요소 중 하나"라고 보는 것이 옳을 것이다.[13] 데 즈바르트와 판 잔덴 자신들이 "세계경제에 가장 강력하게 통합되어 있던 … 거대 지역들"로 유럽, 중국, 인도, 동남아시아를 꼽고 있는데, 이 4개 거대 지역 중 3개가 아시아에 있다는 것, 그리고 동아시아사 연구자들에게는 중국 및 동아시아와 동남아시아는 쉽게 분리되지 않는, 서로 긴밀히 결합된 경제들이었다는 것을 이들은 주목해야 할 것이다.

데 브리스는 18세기 말 1년 동안 유럽의 배들이 아시아에서 유럽으로 보낸 화물 총량(약 5만 톤)이 오늘날 대형 컨테이너 선박 1척의 적재량에 해당했다고 한다.[14] 그렇게 바다를 호령했다는 네덜란드 선박이 바타비아에서 암스테르담까지 운항하는 데는 약 8개월이 걸렸다.[15] 1500년경 유럽 선박의 총 용적톤수는 오늘날 초대형 유조선 2척분에 해당하며, 1800년경에도 그것은 그런 초대형 유조선 5척 분에 불과했었다.[16] 담배, 아편, 면직물, 차 같은 상품을 대량으로 운송해도 될 만큼 운송비가 낮아진 것은 1800년 이후의 일이었다.[17] 근대 초기 300년 동안에 아무리 많은 인구 이동이 있다고 하더라도(1500년과 1780년대 사이에 대서양을 횡단한 유럽인의 수는 "150만 명을 넘었다"고 한다[18]), 19세기 중반에서 20세기 중반까지 단 1세기만에 이루어진 인구 이동에는 비할 바가 못 된다. 이 시기 동안에 전(全)지구적으로 1억 5,000만 명에서 1억 8,000만 명에 이르는 인구가 이동했다.[19] 19세기에 세계 바

13) 티모시 브룩, 『쾌락의 혼돈』, 30쪽.
14) De Vries, "The limits of globalization", p. 718.
15) Bruijn, "Between Batavia and the Cape", p. 512.
16) Emmer, "The Myth of Early Globalization", par. 4.
17) J.R. 맥닐·윌리엄 맥닐, 『휴먼 웹』, 308쪽.
18) Elliot, *Empires*, p. xiii.
19) McKeown, "Global Migration", p. 516. 19세기 중반 이후 이주와 글로벌 노동

다에 깔린 해저 케이블이 이 세계의 정보·통신과 아울러 우리의 일상적 문화에 가져온 변화는 아무리 강조해도 지나치지 않다.[20] 이 모든 것들이 가리키는 것은 아무리 봐도 오늘날 글로벌화의 출발은 19세기 이후로 잡아야 한다는 것을 가리키는 것 같다. 16세기로 그것을 끌어올리는 것 자체가 19세기 이후 서구 중심 세계가 가져온 변화를 저 멀리 연원이 있는 것처럼 끌어올리고자 하는 욕망을 보여주는 듯하여 거북하기까지 하다.

무엇보다 '16세기글로벌화기원론'이든, 근대 초기 '글로벌화'론이든, 이렇게 16-18세기의 글로벌화를 논하는 이들은 '자본주의'라는 말을 잘 사용하지 않는 특징이 있다. 데 즈바르트와 판 잔덴도 대서양 해역경제에 해당하는 지역들을 논할 때를 제외하고는 자본주의라는 말을 전혀 사용하지 않는다. 오늘날 우리가 문제시하는 글로벌화는 다름 아닌 자본주의 글로벌화이다. 자본주의적 상품 연쇄의 전(全)지구적 확장 및 일체화, 그와 연동된 전(全)지구적 정보·통신의 동시성 및 일체화, 그 결과로 나타나는 모든 비(非)물질적·문화적 자원 및 자산의 상품화, 이에 따른 사회적 불평등의 전(全)지구화, 이 모든 것 위에 군림하는 금융자본의 전일적 지배, 등.[21] 이것들이 어디서 출발했는가를 따지는 것이 글로벌화의 기원을 논하는 내용이다. 그것은 오늘날의 글로벌화에 대한 평가와 비판, 대안 모색의 연장에 다름 아닌 것이다. 그래

시장의 형성 문제에 대해선, Hatton and Williamson (eds.), *Migration and the International Labor Market* 참조.

20) Frost, "Asia's Maritime Networks", pp. 63-94; 대니얼 헤드릭, 『과학기술과 제국주의』, 11장. 필자는 현재 우리가 당면한 글로벌화를 "새로운 글로벌화"라고 부르며 그것이 기본적으로 정보통신기술(ICT)의 혁신에 입각해 있다는 리처드 볼드윈(Richard Baldwin)의 견해에 동의한다. Baldwin, *The Great Convergence* 참조.

21) 앤드류 존스, 『세계는 어떻게 움직이는가』 참조.

서 데 브리스는 "소프트 글로벌화"와 "하드 글로벌화"를 구분했던 것이고, 오루크와 윌리엄슨은 "시장 통합"만이 아니라 "금융자본"의 영향 면에서 보아서도 1820년을 기점으로 보았던 것이다. 또 글로벌화와 관련해 근대 초기를 주목할 것을 요청한 오스터함멜도 정작 "세계의 변혁(Transformation of the World)"을 논하는 자신의 저서에서는 19세기를 다루었던 것이다.[22] 그렇게 보면 데 즈바르트와 판 잔덴이 자본주의를 거의 거론하지 않고서 근대 초기 '글로벌화'를 다루는 의도는 책의 맨 마지막 결론에서 드러나는 것 같다. 그들은 책의 마지막 결론에서 자신들이 다루는 근대 초기 '글로벌화'가 영국 산업혁명의 등장에 기여했고 그 이후 19세기의 근대 경제 성장에 기여했으며, 아울러 지난 200년 간에 걸쳐 지구 전역에 걸쳐 "인간 복지"의 엄청난 개선을 이루었다고 강조하면서 이렇게 말한다. "만약 근대 초기 글로벌화가 범한 죄를 −그리고 그것은 수많은 죄를 범했다− 용서한다면, 그렇다면 그것은 아마 이런 장기적인 영향 때문일 것이다. 그것은 1820년 이후 존재하게 된 산업 사회로 가는 길을 닦는 데 도움을 준 세계 경제 발전상의 한 단계였다."[23] 결국 그들이 길게 펼친 이 모든 논의는 20세기 자본주의 발전 과정에서 나타난 엄청난 과오와 범죄들에 면죄부를 주기 위한 것이었다는 생각이 든다. 근대 초기 글로벌화가 있었다고 한다면, 그것이 범한 죄가 무엇이든, 20세기 자본주의가 범한 것보다 크지 않을 터인데, 이들은 거꾸로 1820년 이후의 세계가 엄청난 공헌을 했기에 그 이전의 글로벌화를 용서할 가능성을 논하고 있는 것이다. 적어도 동아시아를 논하면서부터 이들의 논리는 거의 항상 거꾸로 전개되고 있다.

---

22) Osterhammel, *The Transformation of the World* 참조. 그는 영국의 빅토리아 시대를 "최초의 자본주의적 글로벌화의 시대"라고 부른다(p. 58).

23) De Zwart and van Zanden, *The Origins of Globalization*, p. 283.

이런 식으로 자본주의를 염두에 두지 않고 글로벌화를 논할 경우, 나타나는 현상은 글로벌화가 끝도 없이 과거로 되돌아간다는 것이다. 기원전 1000년에서 서기 2050년을 대상으로 글로벌화를 세 단계(steps)로 구분한 렌스티치(Rennstich)는 기원전 1000년경 "페니키아 상업 해양 네트워크"의 등장과 "근대 글로벌 체제의 시작"을 뜻하는 서기 900년경 중국 송(宋)대, 그리고 20세기 미국 중심 "디지털 상업 체제"를 그 단계들로 제시한다.[24] 칼 무어(Karl Moore)와 데이비드 루이스(David Lewis)는 "글로벌화는 새로운 것인가?"라고 묻고 기원전 3500년부터 기원전 100년 사이의 시기에서 "글로벌화의 기원"을 찾는다.[25] 이렇게 면 과거로 되돌아가 글로벌화를 논하는 것이 도대체 무슨 의미가 있는 것인지 묻지 않을 수가 없다. 우리가 글로벌화를 논하는 것은 그에 대한 "불만"의 해결을 모색하는 것이고, 새로운 미래 가능성과 전망을 찾아보고자 하는 데 있다. 단순히 어떤 현상에 대한 훈고학적 관심 때문에 글로벌화를 논하는 것이 아니라는 것이다. '16세기 글로벌화기원론'이든 근대 초기 '글로벌화'론이든 그것들이 오늘날의 자본주의에 대한 문제의식을 담지 못하는 한, 다시 말해 그것이 남북아메리카와 아프리카와 남아시아와 동아시아의 현재에 대한 문제의식을 충분히 담고 그 과거에 일어난 폭력과 억압과 고통에 대한 해명에 기여한다는 의식적 노력을 갖추지 못하는 한, 제3세계 출신의 학자로서 필자는 그것들에게서 글로벌화 논의로서의 의미를 인정하기는 힘들 것으로 생각된다.

보통 통계 수치의 산출에 근거해서 자기 주장을 펴는 (신제도주의적 성장 중심의) 계량경제학자들은 논리나 이론에 치우친 듯이 보이는 마

---

24) Rennstich, "Three steps in globalization", p. 201.
25) Moore and Lewis, *The Origins of Globalization*. 아이러니하게도 이들의 책 제목도 "글로벌화의 기원"이다.

르크스주의적 경제학자들의 주장에 그다지 관심을 주지 않는다. 하지만 자신들이 경제학자인 한 근대 초기 세계경제의 전개를 자본주의 세계체제의 등장으로 보는 것이 당연하고, 그렇다면 그들 역시 "유럽의 자본주의로의 이행이 주로 특히 1492년 이후 세계의 나머지와 맺은 관계에 의해 가능하게 되었기 때문에 이에 수반되었던 국제 정치·경제의 복잡하고 불평등한 연결성을 지적하는 것은 중요하다"[26]는 마르크주의 경제사학자들의 지적을 유념해야 할 것이다.

한편 이상의 글로벌화 논의와는 약간 거리가 있지만, 앞서 거론한 실질 임금 산정을 통한 생활수준 비교 연구에 대한 비판과 관련해 한 가지 생각이 들어 결론의 자리에 그 내용을 밝힌다. 앞서 얘기했듯이, 현재의 실질 임금 통계 수치를 통한 생활수준 비교는 최저생계 수준을 상정하고 그에 해당하는 기본 필수품 목록을 정한 후 그 가격을 따져서 소득수준을 대비해 실질 임금을 산정하는 방식을 취한다. 필자는 이런 방법이 대부분의 곡물을 수입에 의존하고 기본 식자재를 주로 시장에서 구입한 북서유럽의 기준에 입각한 방법이기에, '소농'을 기본으로 구성된 사회에는 적합지 않다는 비판을 제기했다. 이에 더 나아가 통계 수량에 입각해서만 경제사 해석을 고집하는 학자들에게 저명한 미국의 농부 철학자 웬델 베리(Weldell Berry)의 "식량은 문화적 산물"이라는 말을 새겨듣기를 권한다.[27] 베리에 따르면, 안데스 산악지대에는 2,000종의 감자가 있다고 한다. 그 지역의 농민들은 이런 다양한 종자를 각각 적합한 곳에다가 세심하게 나누어 심고 한 곳에서 흉년이 들어도 다른 곳에서 그를 보완할 수 있는 체계를 갖추었다고 한다. 이것은 현지 농민들의

---

26) Schmidt and Hersh, "Economic History and 'East Wind'", p. 4/16.
27) 웬델 베리, 『소농, 문명의 뿌리』, 99쪽.

오래된 지혜이다.[28] 사실 이것만큼 '합리적'인 것이 어디 있겠는가. 그러나 통계 수치를 좋아하는 경제학자들은 이것을 후진적이라고 여길 것이다. 그들에게는 분화와 전문화가 '합리'를 대변하며 그것이 경제 성장과 발전의 증거이기 때문이다. "안데스 산맥의 농민들의 지배적인 개념은 충분하다는 것, 즉 장기적인 충족성이다. 그에 비해 우리는 장기적인 필요에 대한 고려 없이 이윤이나 풍족을 절대적으로 생각한다."[29] 이 말은 자본주의적 경제 논리와 수량적 처리 방식에 기계적으로 익숙하게 된 우리에게 들려주는 정확한 지적이다. 하지만 지금으로부터 100년 더 전에 미국의 한 농업 전문관료는 우연히 동아시아 3국을 여행하며 그 농법의 뛰어남에 경탄해 마지 않았다.

> 앞으로 나는 5억 명쯤 되는 이들이 4천 년이란 긴 세월을 거치면서 고스란히 간직해온 그들의 농업 기술에 대해 이야기하려 한다. … 우리는 … 2, 3천 년, 심지어 4천 년이 지난 후에도 어떻게 땅이 수많은 사람들을 변함없이 먹여 살릴 수 있는지를 알고 싶었다. 우리는 이들 나라를 살펴보는 동안 거의 매일 어디를 가든 이들의 농업 환경과 관련 기술을 보고 배웠는데, 그럴 때마다 놀라움을 금치 못했으며 나중엔 경이로워지기까지 했다. 수십 세기 동안 자연자원을 사용하고 보존하는 방법을 배우면서 땅에서 난 것을 다시 땅으로 돌려보내는 그 위대함에 놀랐으며, 급여가 하루에 식사를 제공해서 5센트 … 에 불과한데도 질 좋은 노동력이 풍부하다는 것 또한 경이로웠다.[30]

당시 세계 최첨단의 자본주의 국가에서 고위직 농업 전문가인 사람

---

28) 위의 책, 354쪽.
29) 위의 책, 352쪽.
30) F.H. 킹, 『4천 년의 농부』, 8쪽. 당시 미국 농림부 토양관리국장인 이 책의 저자가 동아시아 3국을 둘러보고 글을 쓴 것은 1909년의 일이다. 그리고 그의 유고는 1927년에 책으로 간행되었다.

이 왜 오늘날 많은 경제학자들이 후진적이었다고 단정하는 중국 화북지역과 조선, 일본의 농법(특히 "인분 활용법")을 가장 합리적이고 과학적이며 "문명화된 인류의 가장 주목할 만한 농업 기술 가운데 하나"라고 했을까.[31] 현대 경제학자들이 보지 못하는 것을 그는 본 것이 아닐까. 현대 경제학자들은 통계 산출을 하느라 농업에서 정말 무엇이 중요한가는 살피지 않는다. 근대 초기 세계 대부분의 사회는 기본적으로 농업사회였는데도 말이다. 그리고 '소농' 중심으로 이루어진 그 사회가 오히려 더 합리적이고 더 지속 가능성이 있었는데도 말이다.

31) 위의 책, 179쪽.

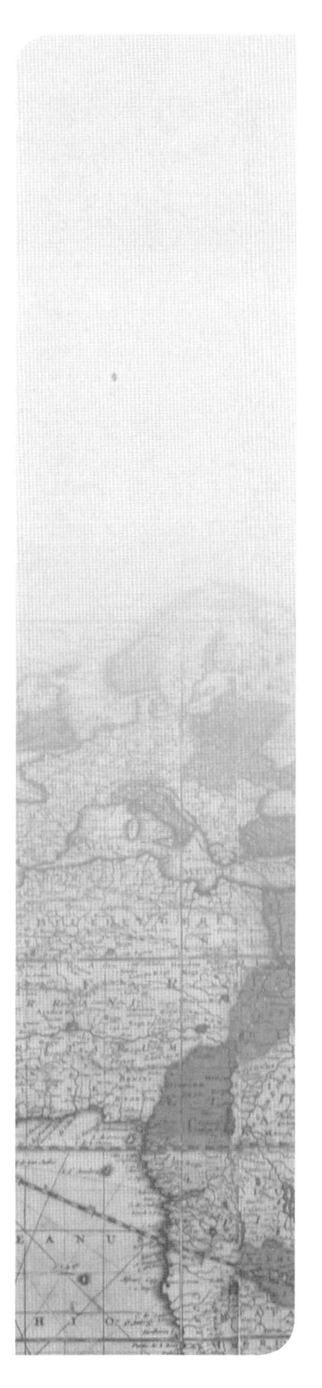

제II부

해역경제: 비교

5. 16-18세기 대서양 경제의 형성과 발전

6. 16-18세기 동아시아 해역경제의 역사적 전개

7. 결론: 비교

5. 16–18세기 대서양 해역경제의 형성과 발전

이제 2부에서는 서론에서 제시했듯이, 근대 초기 해역경제들을 비교한다. 독일의 역사가 지그프리트 크라카우어는 "역사의 범위 내지 규모를 좌우하는 것은 역사가 다루는 시공간 단위의 크기"라고 하였다.[1] 필자는 이에 따라 "구체적인 바다 또는 대양을 그 중심에 두고 그 주변의 육지를 포함한 지리적 공간"[2]을 대상으로 "해양 지역들(maritime regions)"과 "세계의 주요 바다를 중심에 두는 공동체들"[3]을 연구하고자 했다. 이를 위해 페르낭 브로델에게서 연원하는 "해역세계"[4]라는 말

---

1) 크라카우어, 『역사』, 120쪽.
2) Haneda "Features of Port Cities", p. 4.
3) Bentley, "Sea and Ocean Basins", p. 216.
4) 필자는 이전에 '해양권역'이란 용어를 제기한 적이 있는데, 이 책에서 사용하는 '해역세계'는 '해양권역'과 동일한 의미로 사용하는 것이다. 이전에 네트워크성을 강조하기 위해 '해양권역'을 사용했지만 사실상 '해역세계' 역시 네트워크성을 충분히 담고 있는 의미이고 오히려 인간 활동의 중심성을 포함하고 있는 것 같아 '해역세계'를 다시 채택한다. 예컨대, 오래전부터 동아시아 해역세계를 연구해온 독일 역사학자 앙겔라 쇼텐함머(Angela Schottenhammer)는 해역세계 개념을 "해로로 서로 연결되고 관련을 맺는 이웃한 나라들을 가진 지리적·지정학적 영역 내에서 교류의 역학을 특징짓는 것으로" 이해해야 한다고 제안했다. Schottenhammer, "The East Asian Maritime World", p. 5. 필자는 해역세계를 지리적·지정학적 경계로 나누는 것에 반대하여 바다로 연결된 전체를 상정하는 하네다 마사시의 해역세계 개념보다 네트워크성만큼이나 이렇게 지리적·지정학적 경계도 같이 고려하는 것이 역사적 현실에 더 부합한다고 생각한다.

을 채택했으며, 이 말을 통해 "그 중심에 바다를 가진 권역"[5]을 상정하고 "인간 공동체들 사이의 사회적·경제적 통합이 바다를 둘러싸고 어느 정도로 이루어졌는지"를 보려고 했다. 언젠가 프랑스의 정치철학자 자크 랑시에르(Jacques Rancière)가 브로델의 역사론을 정리한 다음의 글은 필자가 해역세계를 통해 보고자 하는 것을 잘 드러내고 있다.

> 역사가들은 지중해에 의해 만들어지는 만큼이나 지중해를 만들어간 인간 활동이 구성되고 확산된 모든 길들을 따라간다. 이 시간성의 복수성은 부동의 바다를 전통적 활동들이 펼쳐지는 상선들의 항해 공간이나 대규모 해전들의 장과 분리하거나 혼합한다. 여기서 질문은 이러한 다수성을 향하지 않는다. 질문은 이 다수성에 의미를 부여하는 통일성의 유형을 향한다. 실제로 확대되는 것은 이러한 통일성 자체이며, 바다 개념을 체험적 경험에 통합하거나 바다의 경험성을 바다의 은유적인 기능에 통합하는 여러 방식을 출현시키는 것도 바로 이러한 통일성 자체이다. 구조와 공간 사이의 관계를, … 공간 개념 자체에 차별적인 의미와 힘을 부여하는 여러 상징적 공간을 출현시키는 것 역시 이러한 통일성 자체이다.[6]

하지만 이 책에서 필자가 보고자 하는 것은 해역세계의 전체상이라기보다는 그 해역세계에서 일어난 물자와 가치의 이동과 이전인 경제적 교류로서의 해역경제이다. 필자는 세계경제와 글로벌화에 대한 최근의 여러 논의들이 가진 일방적 일반화에 얼마간 동의하지 않으며, 그런 논의를 주도하는 학자들이 무엇인가 단일한 메커니즘에 입각해 있다고 상정하는 근대 초기 세계에는 다양한 해역경제들이 나름의 메커니즘과 논리 하에서 여전히 존재하고 있었다고 생각한다. 그리고 일단 그것을 인

---

5) 하네다 마사시, 「17·18세기 아시아 해항도시」, 15쪽.
6) 자크 랑시에르, 『역사의 이름들』, 142쪽.

정한 위에 그 해역경제들을 관통하고 연결하는 무엇인가를 찾아야 한다고 생각한다. 여기에 이 책을 쓴 주요 동기가 있고, 이것이 1부에서 위의 학자들을 비판적으로 살펴본 이유이다.

따라서 이 2부에서는 이 근대 초기, 즉 16-18세기에 존재한 해역경제들을 두 곳 선정하여 비교하고 그 메커니즘 및 논리 상의 차이와 한편으로 그 공통성까지 파악해 보고자 한다. 이런 필자의 목적에 부합하기 위해 사용하는 방법은 광역 비교의 방법이다.[7] 광역 비교의 방법을 사용하여 하나의 해역경제가 가진 세부적인 현상 형태와 메커니즘에 대한 분석을 선행하고 거기서 도출된 결론들의 비교를 통해 16-18세기 해역경제들에 대한 얼마간의 일반적 설명을 제시하고자 하는 것이다. 이런 과정을 통해 필자는 근대 초기 세계경제 하에서 작동하던 해역경제 각각의 성격과 특성을 제시하고, 해역경제라는 것이 어떤 단일한 획일적 원리에 따르는 것이 아니라 나름의 조건과 상황에 맞추어 진행됨을 확인할 것이다. 나아가 이러한 확인을 통해 세계경제의 작동이 그 구성요소들인 해역경제들과의 연동 속에서 이루어졌음도 보여줄 것이다. 그렇다면 이렇게 각각의 원리에 따라 작동하는 해역경제들이 모여 세계경제를 이루었지만, 18세기 이후 세계경제의 논리와 작동 원리가 이런 해역경제 각각의 원리들을 상쇄하고 대체하는 장기적인 과정을 거쳐 오늘날의 '글로벌 경제'로 완성되어 간 것이 아닌가 하고 유추해 볼 수도 있을 것이다.

유럽인들의 대양 진출이 시작되기 오래전부터 이미 세계의 주요 해역에는 일정한 해역세계가 형성되었고 이런 해역세계들을 중심으로 해역경제가 발전하고 있었음은 주지의 사실이다.[8] 지금까지의 역사서술

---

7) 광역 비교의 방법에 대해선, 마르크 블로흐, 「유럽 사회의 비교사」, 121-156쪽 참조.
8) 현재열, 「'바다에서 보는 역사'와 8-13세기 '해양권역'의 형성」; Bentley, "Sea

이 대체로 육지 중심으로 기술되었고, 아울러 근대 역사학의 기본 인식이 '유럽 중심적'이었기에,[9] 우리의 일반적인 세계사 서술에서는 유럽인들의 대양 진출 이전까지는 바다와 인간의 관계를 다루는 부분을 찾기 힘들고 그 이후에는 유럽인들의 영향력 확대를 중심으로 바다와 대양에 대한 이야기를 풀어놓았다. 그러다보니 마치 유럽인들의 대양 진출 이전에는 바다 혹은 대양을 통한 사람의 이동이나 물자의 교환이 없었다는 착각을 일으키곤 했다. 하지만 서론에서 밝혔듯이, 인간은 발생 초기부터 바다를 이용하고 바다를 통해 이동하고 있었다.[10] 그리고 13세기 무렵에는 지구상 곳곳에 해역세계가 형성되고 그들 사이에 활발한 교역 활동을 통해 해역경제들이 이루어져 있었다. 이렇게 본다면, 유럽인들의 주도로 이루어진 대서양 해역세계는 오히려 가장 늦게 형성된 것이라고 할 수 있다.[11]

이 2부에서 다루어볼 해역경제는 16세기에 처음으로 나타난 대서양 해역경제와 16세기 이전 오래전부터 하나의 해역경제를 이루어왔고 16세기에는 세계에서 가장 크고 흡인력 있는 해역경제를 이루고 있던 동아시아 해역경제이다.[12] 역사상 가장 먼저 해역경제를 이룬 것은 아마도 동남아시아 해역경제인 듯하다. 그리고 그 뒤를 이어 인도양 해역경

---

and Ocean Basins".

9) 한국서양사학회편, 『유럽중심주의 세계사를 넘어 세계사들로』에 실린 논의들을 참조.

10) 가장 놀라운 것은 태평양 상의 여러 섬들로의 폴리네시아인들의 이동이다. 그것은 5만 년 내지 4만 년 전과 5,000년 전 두 차례에 걸쳐 이루어졌고, 기원전 500년과 100년 사이에 태평양 섬들로의 정주 이동이 완성되었다고 한다. Buschmann, *Oceans in World History*, pp. 71-73. 또한 Soares, et al., "Ancient Voyaging", pp. 239-247도 참조.

11) 태평양을 대서양에 이어 이루어진 하나의 해역세계로 보는 학자들도 있지만, 이에 대해선 아직은 좀 더 생각해볼 부분이 있는 것 같다. Flynn, et al., "Introduction: Pacific centuries", pp. 1-22 참조.

12) 이 해역경제들의 공간·지리적 범위에 대해선 각각 해당 장의 서두에서 따로 논할 예정이다.

제와 지중해 해역경제가 등장한 것으로 보인다.[13] 동아시아 해역경제는 그 이후 8세기에서 13세기 사이에 형성되었고, 형성된 이후에는 중국을 포함하는 강력한 '규모의 경제'의 작동으로 다른 해역경제 전체를 끌어모았고 나아가 그 해역경제들 각각의 작동 과정에 영향을 미쳤다. 이런 상황이 15세기까지 지속되었다고 보는 것이 옳으며 16-18세기 세계경제의 전개과정에서도 기본적으로 이런 틀은 유지되었다고 보는 것이 타당하다.[14] 따라서 동아시아 해역경제를 근대 초기 해역경제의 대표적

---

13) 우리가 쉽게 접할 수 있는 세계 해양사 저술은 지중해로부터 시작한다. 이는, 앞서 얘기했던 세계사 서술의 일반적 경향이 서구로부터 시작되는 것과 연동되어 나타나는 경향이라고 보이는데, 이는 역사 서술 상의 큰 오류라고 생각한다. 현재 한국어로 볼 수 있는 유일한 세계해양사라고 할 수 있는, 미야자키 마사카쓰, 『바다의 세계사』의 편제를 보라. 물론 근대 이후 세계해양사 서술은 서쪽으로부터 시작하는 것이 충분히 개연성이 있다고 생각한다. 김성준, 『유럽의 대항해시대』 참조. 하지만 김성준의 이 책은 단순히 유럽의 대양 팽창을 공간적으로만 서술하는 것이 아니라, 선박 기술 및 항해 기술, 지도 제작 기술의 발달이라는 매우 전문적인 내용을 담아 서술한다는 점에서 다른 근대 서양사 저술과는 차별성을 가진다. 한편 한국어로 접하는 근대 서양의 해양 팽창사를 대표하는 책이라 할 수 있는 주경철의 『대항해시대』는 놀랍게도, 첫 장 1절을 동아시아 해역세계에 대한 이야기로 시작한다. 이런 점에서 이 책의 뛰어남이 있다고 생각한다. 책의 서론에서 밝혔듯이, 인류 역사에서 해양 및 대양 활동을 가장 먼저 전개한 이들은 동남아시아인들이라는 것이 이미 확증되었고 상당 부분 그 실상까지 밝혀져 있다. 서론과 1장에서 거론한 문헌들 외에, Hoogervorst, "An interdisciplinary approach", pp. 532-568도 참조. 그럼에도 여전히 지중해를 중심으로 세계 해양사 서술을 시작하는 것은 심각한 유럽 중심적 편견인 것 같다. 중국 역사가인 이경신이 쓴 『해양실크로드의 역사』의 경우, 동아시아 바다를 중심으로 해양 활동의 역사를 서술하고 있음에도 그 첫 장 1절을 지중해로부터 시작한다. 반면에 과거 인간의 역사적 해양 활동을 대중적으로 소개하는 것을 목적으로 둔 양승윤 외, 『바다의 실크로드』는 다양한 해역세계의 해양활동을 나누어 서술하면서 아시아를 먼저 배치하고 유럽을 가장 뒤에 배치하는데, 이는 참고할 만한 편제 방식이라고 생각된다. 지중해가 "세계의 살아있는 중심"이었고 "세계의 역사가 집약되는 곳"이며 "지중해에서 최초의 문명세계가 탄생"했다고 하는 브로델의 인식은 지금 시점에서는 수정되어야 한다. 브로델, 『지중해의 기억』, 73쪽. 이런 면에서 본다면 아부-루고드의 13세기 세계체제 서술 방식도 문제가 될 수 있다. 아부-루고드, 『유럽 패권 이전』의 편제 참조. 그의 책은 서쪽에서 시작하여 동쪽으로 옮겨가는 방식으로 서술되어 있고, 각 '순회로'간의 역관계와 연계 방식에 대한 분석이 빠져있다. 13세기 몽고제국 중심의 유라시아 전역의 세계체제가 형성되어 있음을 이야기하면서, 그 세계체제의 변방에 해당하는 유럽으로부터 책의 서술을 출발하는 것은 납득하기 어렵다.

14) 은과 관련된 서술이지만, 16세기 이후 세계경제의 흐름에서 "수요 측면의 인과

실례로 살펴보는 것은 합당한 근거를 가진다. 또 동아시아 해역경제를 하나의 실례로 설정했을 때, 그것의 비교 대상으로서 근대 초기 해역경제에 대한 이해와 나아가 세계경제에 대한 설명에까지 도움을 줄 수 있는 가장 적절한 해역경제는 대서양 해역경제라고 할 수 있을 것이다. 앞서 얘기했듯이, 가장 늦게 등장한 해역경제이면서 근대 초기 세계경제의 가동을 개시한 해역경제로서 대서양 해역경제는 충분히 비교 대상의 자격을 가지며, 아울러 이렇게 대서양 해역경제에서 시작한 세계경제가 동아시아 해역경제와 가지는 관계가 근대 초기 세계경제 이해에 핵심적인 만큼, 대서양 해역경제는 동아시아 해역경제와 비교하여 볼 충분한 가치를 지닌다.

이렇게 대서양 해역경제와 동아시아 해역경제를 비교하는 방법을 통해 근대 초기의 세계를 바다를 중심으로 살펴보고자 하는 필자의 구상을 밝혔지만, 사실 이 해역경제들 각각이 엄청난 연구 주제이고 방대한 연구 성과를 산출한 연구 영역들이다. 필자의 관심 여하와 무관하게 이미 오랫동안 무수한 연구 성과와 다양한 분석 결과들이 산출되어 있는 이 영역들에 대해 전공자가 아닌 필자가 단지 비교의 목적을 위해 다루다 보면, 당연히 수많은 오류와 과장과 무리한 일반화가 있을 수밖에 없을 것이다. 특히 동아시아 해역세계에 대해서는, 세계로 충분히 발신되지 않았을 뿐 동아시아 3국의 방대한 연구가 수없이 축적되어 있다. 필자의 역량의 한계로 이런 업적들을 충분히 소화하기는 힘들고 주로 한국어로 접할 수 있는 자료에 그것도 제한적으로 접근하여 내용을 정리할 수밖에 없었음을 미리 밝힌다.[15]

관계는 아시아에서 기원한 것이었고, 그것에 세계의 나머지가 반응했다"는 설명이 이를 보여준다. Flynn and Giráldez, "Born with a 'Silver Spoon'", p. 201.

15) 무엇보다 중요한 중국어 연구 성과에 대한 접근이 필자의 언어적 한계로 제한적으로밖에 이루어지지 못했다. 이는 본서가 가지는 큰 한계라고 할 수 있을 것이

그림 6. 대서양 해역세계[16]

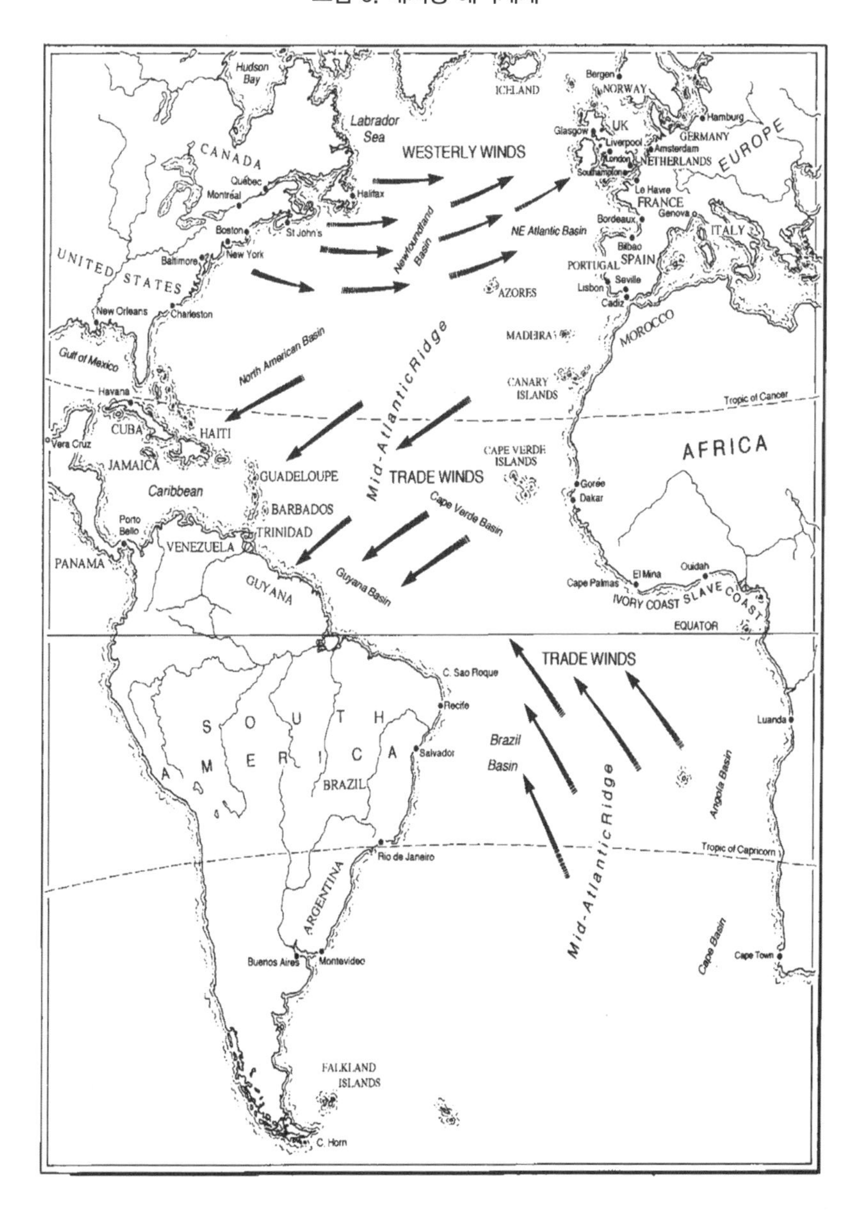

다. 중국 경제사 전공자들의 많은 지적과 보완을 바란다.

16) 뷔텔, 『대서양』, 13쪽의 지도.

대서양 해역경제의 형성

16세기 대서양 해역경제의 시작은 대체로 1492년 콜럼버스의 대서양 횡단항해로부터 잡는 것 같다. 하지만 대부분의 대서양 세계의 역사 서술은 콜럼버스의 항해를 설명하기 전에 그 이전 15세기부터 시작된 이베리아인들, 특히 포르투갈의 대양 진출 과정을 먼저 다루고 있다. 예컨대, 대서양을 둘러싼 세계를 하나의 경제 권역으로 처음으로 본격적으로 다룬 랠프 데이비스(Ralph Davis)의 『대서양 경제의 성장*(The Rise of the Atlantic Economies)*』도 첫 장을 15세기 포르투갈인들의 대양 활동에 할애한다.[17] 심지어 생물학적 교환 과정으로 세계 역사를 읽는 앨프리드 크로스비(Alfred Crosby)는 유럽인의 카나리아 제도 정복과정이 시작된 1402년을 "유럽 근대 제국주의가 탄생한 해"로 보기까지 한다.[18] 비록 이 과정이 포르투갈과 카스티야(Castille)가 그 소유권을 두고 경쟁하는 과정[19]이기도 했지만 말이다. 어쨌든 이베리아인들은 이미 15세기에 마데이라(Madeira)나 아조레스(Azores) 제도 같은 곳으로 진출하여 최초의 설탕 플랜테이션을 설치하기도 하고, 1480년대 무렵에는 카나리아 제도에도 스페인인들에 의해 사탕수수가 도입되었다.[20] 포르투갈인들은 1430년대부터 대양 항해를 위한 획기적 범선인 캐러벨(caravel) 선을 활용하여 본격적인 서아프리카 연안 항해와 탐험에 나섰고,[21] 1444년에는 처음으로 대규모 노예시장이 열렸

---

17) Davis, *The Rise of the Atlantic*, 1장.
18) Crosby, *Ecological Imperialism*, p. 7.
19) Diffie and Winius, *Foundations of the Portuguese*, pp. 29–30.
20) 뷔텔, 『대서양』, 79–84쪽.
21) Davis, *The Rise of the Atlantic*, p. 6.

다.[22] 그리고 무엇보다 포르투갈의 해양 활동을 주도한 항해왕자 엔히크(Henrique)[23]는 1443년부터 서아프리카 연안 항로에 대한 독점권을 지니게 되었다.[24] 이 모든 것은 이미 처음부터 유럽인들의 대서양 진출이 경제적 목적과 의미를 지니고 있었음을 보여주며, 이때부터 이미 대서양 경제를 말할 수 있다는 것을 뜻한다.

하지만 우리가 말하고자 하는 '대서양 해역경제'는 특정한 한 나라나 지역의 경제를 뜻하는 것이 아니다. 그것은 대서양에 접하고 있는 여러 대륙이나 지역들이 대서양을 매개로 해서 지속적이고 두터운 상호 접촉과 교류를 지속하고 그를 통해 가치의 이전이 발생하면서 경제적으로 깊은 상호 영향을 주고받는 상태를 뜻한다.[25] 이런 상태가 어떻게 형성되었는가를 중심으로 보고자 한다면, 아무래도 대서양에 접하는 3개 대륙간의 경제 관계가 이루어지는 시기를 대서양 해역경제 형성의 출발로서 보아야 하기에, 콜럼버스의 대서양 횡단항해와 아메리카 대륙의 '발견'이 그 출발점에 위치하는 것이 옳은 것 같다.

그렇지만 콜럼버스의 항해 직후에 바로 유럽과 아메리카, 그리고 아프리카 간에 긴밀하고 지속적인 경제적 관계가 형성되지는 않았다. 물론

---

22) Diffie and Winius, *Foundations of the Portuguese*, pp. 81–82.
23) 항해왕자 엔히크에 대한 짧은 설명은, Disney, *A History of Portugal*, vol. 2, pp. 27–30 참조.
24) Newitt, *A History of Portuguese*, p. 24.
25) 그런 점에서 데이비스의 책 제목에서 "경제"가 복수형 "Economies"으로 쓰인 것은 주목할 만하다. 데이비스는 정확히 하면 "대서양 경제들의 성장"이라고 제목을 단 것이다. 이는 데이비스의 책 내용이 유럽과 아메리카의 관계에 집중되어 있고, 유럽에 대해서는 스페인, 포르투갈, 영국, 프랑스, 네덜란드 등 하나의 국가별로 접근해서 서술되어 있는 것을 반영한다. 데이비스는 사실 대서양에 진출한 각 나라마다 하나의 '대서양 경제'를 형성한 것으로 보고 그 힘 관계의 변화를 서술하고자 한 것 같다. 특히 최종적으로 영국, 즉 잉글랜드가 승리하여 산업혁명에 이르는 과정을, 즉 영국의 산업혁명이 대서양에서의 승리와 긴밀히 연관되어 있음을 보여주고자 한 것으로 보인다. 그렇다면 데이비스가 보는 "대서양 경제"는 필자의 '대서양 해역경제'와는 상당히 다른 것이다. 필자에게는 국민경제적 관점이 근본적으로 부차적이다.

스페인인들은 아메리카 대륙을 정복한 직후부터 이미 그곳에 축적되어 있던 막대한 귀금속들을 유럽으로 이전시켰다.[26] 그러나 진정으로 대양을 가로지르는 유럽과 아메리카간의 지속적인 경제적 교류관계가 명확해지는 것은 아무래도 1540년대 은광 발견 이후였던 것 같다. 단적으로 1506년에서 1550년 사이에 대서양을 가로질러 스페인령 아메리카와 이베리아 사이에 운항한 선박 수가 35척에서 215척으로 증가했고, 용적톤수가 3,300톤에서 3만 2,000톤으로 급증했다[27]는 사실이 이를 확인해 준다. 적어도 은광의 발견 덕분에 스페인 주도 하의 아메리카와 유럽 간의 연결은 확실해진 것이다. 또한 중세 말 유럽 경제의 중심이었던 안트베르펜(Antewepen)이 15세기 위기를 겪다가 16세기에 들어 이베리아의 왕들에게 각종 자본과 서비스를 제공하면서 크게 번성했다는 사실[28]은 이 아메리카와 유럽 간의 연결이 유럽 대륙의 경제에도 큰 영향을 미쳤음을 확인해 준다. 그러면 앞의 1부에서 살펴봤던 은 무역을 통한 세계경제의 형성과도 결부하여 1540년대 스페인령 아메리카에서의 은광 발견을 일단 대서양 해역경제의 출발점으로 놓아도 좋을 것이다.

하지만 그래도 근대 초기 대서양 해역경제에서 핵심적인 부분은 아프리카의 역할이다. 16-18세기의 대서양 해역경제는 대서양을 둘러싼 3개 대륙의 경제들이 서로 직접 연계되어 마치 하나의 경제권역처럼 작동했음을 뜻한다. 나중에 다시 논하겠지만, 그것은 무엇보다 향후 유럽 대륙의 경제적 성취와 전(全)지구적 지배를 향한 팽창의 시발점에 위치한다.

---

26) 빌라르, 『금과 화폐의 역사』, 141-143쪽; Bakewell, "Mining in Colonial", p. 105.
27) 뷔텔, 『대서양』, 130쪽.
28) Van der Wee, *The Growth of Antwerp*, 6장; De Vries and van der Woude, *The First Modern Economy*, pp. 356-357 참조.

> 그리하여 [서구는] 가까이에서 얻을 수 없었던 온갖 종류의 열대 산물(향신료, 차, 상아, 인디고 등)을 확보하고자 몰아붙이게 되었고, 그리하여 또 동방의 기예가 낳은 값비싼 상품(고급 직물, 장신구, 도자기, 등등)을 수입하고자 애쓰게 되었으며, 마지막으로 그리하여 [유럽] 내부에 공급이 부족했던 귀금속과 보석들을 갖고 돌아오기 위해 격렬한 쟁탈전을 벌이게 되었다. 그 결과로 발생한 아주 먼 곳과의 장거리 무역이, 해적 행위, 노골적인 약탈, 노예 교역, 금의 발견과 결합하여, 서유럽 상인들의 수중에 엄청난 부가 빠르게 형성되는 것으로 이어졌다.[29]

서구는 대서양 해역경제 속에서 아메리카 및 아프리카로부터 발생한 경제적 잉여를 이용하여 대(對)아시아 상업 적자를 메울 수 있게 되면서, 자신의 사회·경제적 후진성을 지리경제적 이점으로 변모시킴으로써 성장의 탄력을 얻었던 것이다.[30]

이런 과정에서 남·북 아메리카와 카리브 해에서 급증한 노동력 수요와 이에 대응한 아프리카로부터의 노동력 공급, 특히 노예 노동력 공급은 핵심적이다. 즉 아프리카의 노동력 공급이 스페인령 아메리카 및 카리브 해 지역의 경제와 연결되어 하나의 연쇄를 이루고 이것이 동시에 유럽 경제와의 연결성을 획득했을 때 대서양 해역경제는 하나의 완성된 형태를 이룬다고 할 수 있는 것이다.[31] 그런 점에서 대서양 노예무역과 노예제가 대서양 해역경제의 완성된 일부를 이루는 것이 중요한 대목이다.

그렇다면 서아프리카에서 대서양의 소위 '중간항로(Middle Passage)'[32]를 통해 대규모 노예무역이 행해지던 시기가 언제였는지를

---

29) Baran, *The Political Economy*, pp. 138–139.
30) Schmidt and Hersh, "Economic History and the 'East Wind'", p. 5/16.
31) Canny, "Atlantic History and Global History", pp. 317–326.
32) '중간항로'란 일반적으로 17·18세기 대서양 노예무역에서 서아프리카 연안, 특히 오늘날의 골드코스트(Gold Coast; 그림 6의 지도에서 'Slave Coast'로 표기

살펴보자. 아프리카인 노예들이 카리브 해로 처음 보내진 것이 언제인지에 대해선, 학자들마다 조금 차이가 있다. 뷔텔(Butel)은 오늘날 아이티(Haiti)와 도미니카(Dominica) 공화국이 위치한 스페인령 식민지 히스파니올라(Hispaniola) 섬에 아프리카인 "화물"이 처음으로 하역된 것은 1503년의 일이었다고 한다.[33] 하지만 "스페인령 대서양 세계"의 노예제를 다루는 다른 논문은, 1501년부터 아프리카인 노예무역이 시작되었고 1503년에는 스페인 왕실에서 노예무역을 금지하는 법령을 반포했지만 그 이후에도 더욱 증가했다고 한다.[34] 또 다른 논문은 대서양횡단 노예무역 데이터베이스에 기초하여 1505년 왕실의 허가를 얻어 17명의 아프리카인 노예들을 히스파니올라 섬으로 보낸 것이 처음이라고 한다.[35] 조금씩 차이가 있지만 이런 연구들은 16세기에 바로 들어 아프리카에서 카리브 해로의 노예무역이 시작되었음을 보여준다. 그리고 16세기 중반 카리브 해의 사탕수수 플랜테이션들에서는 노예 노동력 수요가 급증했고, 1562년에는 히스파니올라 섬의 30개 플랜테이션에서 일하는 아프리카인 노예의 수가 약 2만 명에 이르렀다.[36]

이 무렵까지는 아프리카에서의 노예 공급이 주로 포르투갈인들에 의

된 부분)에서 카리브 해 연안으로 이어지던 항로를 지칭하며, 가장 많은 아프리카인들이 희생당했던 항로로서 상징성을 가진다. 대양 횡단 중 사망률에 대한 비교 연구에 따르면, 18세기 노예무역의 절정기에 중간항로의 월 평균 노예 사망자 수는 30명 이상이었고, 1676-1850년 시기 전체의 월 평균 노예 사망자 수는 약 60명이나 되었다. Klein, et al., "Transoceanic Mortality", p. 113, 표 IV와 p. 116, 표 IX 참조. 또한 중간항로 상의 사망률을 여러 측면에서 측정하는, Klein, *The Atlantic Slave Trade*, 6장도 참조. 오늘날에는 의미를 확대해 역사적으로 노예무역이 이루어지던 항로를 모두 '중간항로'라는 표현으로 부르기도 한다. 레디커, 『노예선』, 175-179쪽; Christopher, et al. (eds.), *Many Middle Passages* 참조.

33) 뷔텔, 『대서양』, 158쪽.
34) Phillips, "Slavery in the Atlantic", p. 333.
35) Mendes, "The Foundation of the System", p. 63.
36) 뷔텔, 『대서양』, 158쪽.

해 이루어졌지만, 이때 이미 영국과 프랑스인, 네덜란드인들이 (주로 불법적인 방법을 통해[37]) 노예무역에 참여했다. 그리고 17세기는, 뷔텔의 표현에 따르면, "귀금속의 대서양"에서 "플랜테이션의 대서양"으로 이행한 시대였다.[38] 당연히 노예무역을 통해 서아프리카에서 강제적으로 대서양을 건넌 아프리카인의 수는 급증하기 시작했고 이 수는 18세기 대서양 해역경제의 절정기를 거치며 정점에 이르렀다. 다음의 그림은 이런 과정을 잘 보여준다.

그림 7. 16-18세기 서아프리카 각 지역에서 송출된 노예의 수[39]

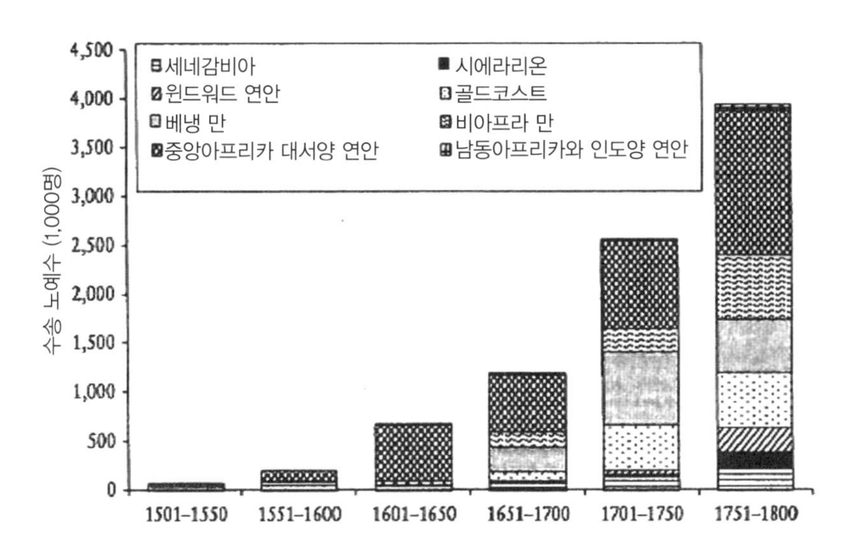

이 그림은 에모리(Emory) 대학의 데이비드 엘티스(David Eltis) 등이

37) 대표적으로, 영국의 유명한 해적 존 호킨스(John Hawkins)는 동시에 노예무역상이었다. 그가 처음으로 노예무역에 나선 것은 1582년의 일이었다. Grasso, "The Providence of Pirates", p. 24; Rediker, *Villains*, pp. 143-144; 김성준, 『유럽의 대항해시대』, 197-199쪽.

38) 뷔텔, 『대서양』, 181쪽.

39) De Zwart and Van Zanden, *The Origins of Globalization*, p. 95, 그림 4.1.

주도하는 대서양횡단 노예무역 데이터베이스(Trans-Atlantic Slave Trade Database)[40]에서 제공하는 수치에 기초하여 서아프리카 각 지역에서 송출된 노예 수의 추이를 보여주는 것이다. 이 그림에 따르면, 17세기 들어 노예무역의 규모가 본격적으로 확대되기 시작하여 18세기에는 대규모로 진행되었음을 알 수가 있다. 특히 시에라리온과 골드코스트, 베냉 만, 비아프라 만 같은 서아프리카 대륙의 대서양으로 돌출되어 완만하게 곡선을 그리는 해안 지역에서 많은 아프리카인 포로들이 송출되었고, 중앙아프리카 대서양 연안(West Central Africa) 지역도 점점 큰 비중을 차지했음을 보여준다.[41]

그러면 이런 식으로 16세기에서 19세기까지 대서양 노예무역을 통해 거래된 아프리카인은 얼마나 되었을까? 이 노예무역의 양에 대해서는 얼마간 논란이 있었지만,[42] 위의 대서양횡단 노예무역 데이터베이스가 확실한 자료를 제공하면서, 현재 수준에서는 그 수가 약 1,250만 명 정도에 이른다고 본다.[43] 이 수치를 7세기에서 1500년까지 사하라 사막의 노예무역을 통해 600만 명 정도가 거래되었고,[44] 중세부터 19세기까

40) www.slavevoyages.org. 이것은 대서양 노예무역과 관련한 모든 정보를 제공해주는 세계 최대의 노예무역 관련 데이터베이스 사이트이다. Eltis and Richardson (eds.), *Extending the Frontiers* 참조.

41) 서아프리카에서 대서양횡단 노예무역이 성장하는 것에 대해선, Green, *The Rise of the Trans-Atlantic* 참조. 최근 중앙아프리카 대서양 연안에 대한 세밀한 연구가 발표되었다. Da Silva, *The Atlantic Slave* 참조.

42) 이런 논란은 필립 커틴(Philip Curtin)이 자신의 노예무역 통계에 대한 고전적인 연구에서 1451-1870년의 총 수를 950만 명 정도로 제시하면서 촉발되었다. Curtin, *The Atlantic Slave Trade*, p. 268, 표 77. 이 논란에 대해서는, 주경철, 『대항해시대』, 308-311쪽의 정리를 참조.

43) https://www.slavevoyages.org/assessment/estimates 참조. 대서양 노예무역을 정리한 클라인의 책도 이와 비슷하게 약 1,250만 명의 수치를 제시한다. Klein, *The Atlantic Slave Trade*, pp. 214-215의 표 A.1 참조. 반면 핀들레이와 오루크는 2001년 엘티스의 연구에 기초해서 1,100만 명 정도라는 조금 낮은 수치를 제시한다. 핀들레이·오루크, 『권력과 부』, 350쪽 표 5.1.

44) Wright, *The Trans-Saharan Slave*, p. 39.

지 인도양에서 거래된 노예가 약 500만 명이었다는 사실[45]과 비교하면 그 상대적 규모를 짐작할 수 있다.

하지만 대서양 해역경제의 형성에 초점을 두는 우리의 시각에서는 노예무역의 양보다 그것이 대서양을 둘러싼 3개 대륙과 맺는 관계가 더 중요할 것이다. 이를 단적으로 보여주는 것은 아래 표이다.

표 7. 1501–1875년 대서양 노예무역에 참여한 국가별 수송량[46] (단위 : 명)

스페인	포르투갈	영국	네덜란드	미국	프랑스	덴마크
1,061,524	5,848,266	3,259,441	554,336	305,326	1,381,404	111,040

대서양횡단 노예무역 데이터베이스의 추계를 참조하여 작성한 이 표는 이 거대한 무역에 유럽의 주요 국가들, 즉 대서양 해역경제의 주요 주체들이었던 국가들이 모두 깊숙이 관여했음을 보여준다. 특히 위 데이터베이스의 추계를 자세히 살펴보면, 1807년 영국의 노예무역 폐지 때까지 영국의 노예무역량은 압도적이다. 위의 표를 보면 포르투갈이 가장 많은 수를 차지하는데, 이는 주로 19세기에 들어 브라질로의 노예수입량이 급격히 늘어났기(1801–1850년 사이에 약 240만 명을 수입했다) 때문이며,[47] 이를 제외하고 1800년까지의 양만 비교하면 포르투갈과 영국의 무역량은 비슷한 수준이다. 특히 1701–1800년 사이에는 영국의 노예수입량이 250만 명을 넘었고, 이는 포르투갈의 약 200만 명에 비해 월등히 많은 수치였으며, 이때가 영국이 수출 주도 고임금 경제

45) 뷔텔, 『대서양』, 337쪽.

46) https://www.slavevoyages.org/assessment/estimates에 제시된 수치에 기초하여 작성.

47) 브라질은 18세기 내내 아프리카인 노예에 대한 가장 높은 수요를 보였으며, 19세기에 정점에 이르렀다. 이는 무엇보다 브라질의 미나스제라이스(Minas Gerais) 광산이 개발되어 노동력 수요가 급증했기 때문이었다. 뷔텔, 『대서양』, 338쪽.

에 기초해 산업혁명 국면으로 접어드는 시기였음을 고려하면 특히 주목된다.[48)]

물론 노예 노동력만이 이 시기 아메리카의 노동력 수요를 채운 것은 아니었다. '연한계약노동자(Indentured servants)'라는 또 다른 강제노동 형태가 그 수요의 상당 부분을 채웠음은 잘 알려져 있다.[49)] 특히 1807년 노예무역 폐지 이후 영국령 식민지들에는 수십 만 명의 연한계약노동자들이 수입되었다는 증거가 있다.[50)] 노예를 활용할 수 없으니까 그만큼이나 가혹한 노동형태인 연한계약노동을 활용해 영국의 산업혁명을 뒷받침했다는 것이다. 근대 초기 대서양 해역경제의 발전에는 노예제 외에도 연한계약노동을 비롯한 다양한 형태의 강제 노동이 활용되었던 것이 확실하다.[51)]

이상의 내용을 요약하면, 대서양 해역경제는 1492년 콜럼버스의 항해 이후 1540년대 아메리카에서 은광이 발견되면서 본격적으로 등장하기 시작했다. 그런데 이 시기는 동시에 아프리카인 노예무역이, 즉 서아프리카에서 스페인령 아메리카나 포르투갈령 아메리카로의 아프리카인의 강제 이동이 본격화한 시기이기도 하다. 또한 이 직후부터 영국이나

48) 이 시기 영국의 리버풀(Liverpool)은 세계에서 가장 큰 노예무역항이었다. 1699년에서 1807년까지 이 항구의 무역상들은 5,249회의 노예무역 항해를 하였고 136만 4,930명의 아프리카 흑인들을 운송하였다. Morgan, "Liverpool's Dominance", pp. 14-42.

49) 영국령 아메리카 식민지에 대한 대표적인 연구는, 근대 초기 영국령 아메리카로 이주한 유럽인의 3분의 2가 연한계약노동자이거나 그 외 다양한 형태의 단기 강제노동계약 노동자였다고 추정한다. 17세기 서인도제도와 체서피크 식민지의 경우 그 비율이 80 내지 90 퍼센트에 이르렀다고 한다. McCusker and Menard, *The Economy of British America*, p. 242. 17세기에 이루어진 수천 명의 연한계약 노동이주에 대해선, Wareing, *Indentured Migration*, 2장 참조.

50) 19세기 동안 내내 모리셔스(Mauritius)에는 42만 명 이상, 영국령 기아나(Guiana)에는 약 24만 명, 트리니다드(Trinidad)에는 약 14만 명이 들어왔다. 이들은 대부분 인도인이었다. Harvey, "Slavery, Indenture", p. 75.

51) Coates, "European Forced Labor", pp. 631-649.

프랑스 등, 유럽 여러 나라의 노예무역 참여도 본격적으로 시작되었다. 즉 1540년대 은광 발견과 세계 은 교역의 본격적 전개 시기는 대서양을 횡단하는 아프리카인 노예무역이 본격화하는 시기와 겹친다. 이렇게 본다면 우리는 적어도 1540년대에 대서양 해역경제가 시작되었을 뿐 아니라 처음부터 그것이 어느 정도 완성된 모습으로 등장한 것으로 보아야 할 것이다. 즉 필자가 상정하는 대서양 해역경제는 16세기 전반에 모습을 드러내어 바로 대서양에 접한 3개 대륙간의 직접적인 교역과 가치 이전을 통해 작동하기 시작한 것으로 보인다. 그리고 이미 이때부터 이 해역경제는 3개 대륙의 경제들에 영향을 미치기 시작했다고 볼 수 있다.

이상에서 살펴본 대서양 해역세계와 해역경제의 형성에 대해서 강력한 이의제기 또한 존재한다. 권위 있는 대서양 경제사 연구자인 라이덴(Leiden) 대학의 피에터 엠머(Pieter Emmer)는 1800년 이전 대서양 세계의 연결은 경제적 현상이 아니라 "문화적 현상"이라고 주장하고, 대서양 세계에 포함되는 유럽 경제, 아프리카, 아프리카는 노예무역과 결부된 '플랜테이션 체제'를 제외하면 경제적 측면에서 "대체로 여전히 서로로부터 독립적"이었다고 주장한다.[52] 하지만 아래에서도 살펴보겠지만, 16-18세기 대서양을 둘러싼 3개 대륙은 경제적 측면에서 상당히 긴밀하게 연결되었고, 이런 연결로 인해 그가 말하는 "문화적 현상" 또는 "문화적 충돌"[53]도 가능했다.[54] 따라서 16세기부터 유럽인들의 대양 팽

52) Emmer, "The Myth of Early Globalization", par. 2.

53) Ibid., par. 32. 그는 근대 초기 대서양에서 벌어진 일은 가치와 문화의 "뒤섞임과 이전"이라고 강조한다.

54) 엠머가 말하는, 대서양에서 벌어진 "문화적 뒤섞임과 이전" 중 가장 두드러지는 것은 아프리카인의 (강제)이주일 것이다. 이것이 대서양 세계를 문화적 측면에서 바라볼 때 가지는 의미는 너무나도 크다. 하지만, 누구나 인정하듯이, 이 또한 노예무역과 노예제라는 경제적 측면과 떼려야 뗄 수 없는 관계를 가졌다. Gilory, *The Black Atlantic*, 1장; Mintz and Price, *The Birth*, 2장 참조. 한편 엠머는 자신이 강조하는 가치의 이전 중 가장 주목되는 것으로 "재산권" 개

창을 통해 대서양의 3개 대륙이 서로 연결되었고, 경제적 측면에서 지속적이고 활발한 상품 교류 및 가치의 이전이 진행되었으며, 그 결과로 그 3개 대륙의 경제 전개에 지속적인 영향을 미치면서 대서양 해역경제가 형성되었다고 충분히 결론지을 수 있다.

이 대서양 해역경제가, 1부나 앞의 서술에서 제시한 것처럼, 세계 은 흐름에 의해 강하게 추동되었음은 분명한 사실이지만, 그렇다고 그것이 없었다면 형성되지 않았을 것이라고 생각할 필요는 없을 것 같다. 어쨌든 이 시기 유럽인들이 대서양으로 진출하고 다른 대륙으로 나아간 것은 틀림없는 사실이고 그럴 수 있는 역량이나 배경이 존재했기에 가능한 것이었다.[55] 그렇다면 꼭 동아시아의 '은 흡입력'이 없었다하더라도 대서양 세계는 충분히 형성되었을 것이고, 나름의 해역경제를 이루어갔을 것이다. 다만 이럴 경우 이 대서양 해역경제가 주도하여 근대 초기 세계경제를 바다를 통해 전(全)지구적으로 확대해 갈 수 있었을지는 의문이다. 즉, 앞서 여러 차례 거론한 당시 바다에 존재한 위험성을 무릅쓰고 '보이지 않는(invisible)' 세계로 나아갈 동기가 과연 마련되었을까 의문인 것이다. 일부 역사가들은 유럽인들에게 "고유한" 사업가적 기질과 진취적 성격을 강조하지만,[56] 그것은 아무리 봐도 결과론에 불과하다. 당시 대서양 해역경제에서 세계경제로 나아갈 추동력은 근본적으로

념을 들고 있는데, 이것을 단지 문화적 차원에서만 설명할 수 있을지는 회의적이다. 존 위버(John Weaver)는 북아메리카의 경험적 사례를 중심으로 이것이 얼마나 경제적이고 아울러 폭력적이었는지를 밝히고 있다. Weaver, *The Great Land Rush* 참조. 양동휴, 『유럽의 발흥』, 89-90쪽도 참조.

55) Davis, *The Rise of the Atlantic*, pp. 15-36; 주경철, 『대항해시대』, 21-26쪽; 미야자키 마사카쓰, 『바다의 세계사』, 129-135쪽. 물론 이것조차 "동인도"로, 즉 아시아로 가고자 하는 욕구에서 비롯되었음은 주지의 사실이다. 김성준, 『유럽의 대항해시대』, 13-19쪽.

56) 이런 시각의 대표적인 성과는 데어드러 맥클로스키(Deirdre McCloskey)의 '부르주아 시대' 3부작이다. McCloskey, *The Bourgeois Virtues; The Bourgeois Dignity; The Bourgeois Equality* 참조.

유럽이 아니라 아시아에 있었기 때문이다. 그렇다면 이렇게 형성된 대서양 해역경제의 구조는 어떠했는지를 잠시 살펴보자.

대서양 해역경제의 구조: 삼각무역

이상에서 정리한 내용에 입각하면, “16세기 후반부부터 19세기 초까지, 대서양횡단 삼각무역 패턴(a transatlantic triangular trading pattern)이 노예무역에 기초를 두고 3개의 지리 지역들을 유기적으로 한데 연결하면서 확립되었다”고 하는 슈미트(Schmidt)와 헤르쉬(Hersh)의 설명[57]은 충분히 타당하다고 여겨진다. 사실 이 설명 자체가 대서양 해역경제의 구조를 드러내고 있다. 대서양을 둘러싼 3개 대륙이 서로 연결되어 하나의 해역경제를 형성하였기에, 그 구조의 외형은 삼각형의 모습을 가지는 것이 얼마간 당연해 보인다.

하지만 이 해역경제를 그저 삼각형의 모습으로 단순히 그리는 것은 이 구조가 가진 깊은 의미를 충분히 이해하기 어렵게 만든다. 기본적으로 삼각형의 모습을 갖고 있지만 그 안에는 3개 대륙 간의 복잡한 연결과 상호 작용, 즉 이 삼각 형태의 대서양 해역경제가 자신에게 연결된 대륙부에 미치는 경제적 영향들이 복잡하게 얽혀있다고 생각해야 한다. 아래의 그림은 대서양 해역경제에 연결된 3개 대륙 간의 연결 관계를 교류한 물품을 중심으로, 얼마간 단순화의 위험을 무릅쓰고, 그려본 것이다.

57) Schmidt and Hersh, “Economic History and the ‘East Wind’”, p. 4/16.

그림 8. 대서양 해역경제의 구조: 삼각무역[58)]

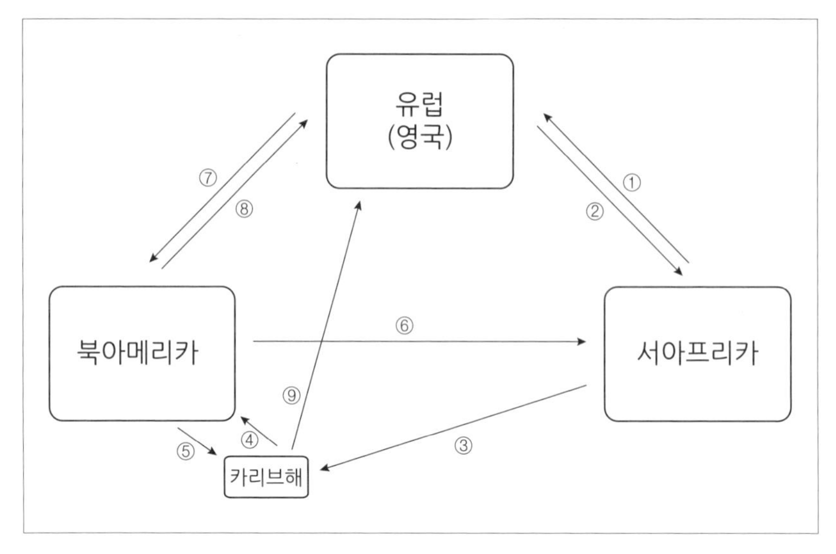

① 총, 직물, 철물류, 맥주; ② 금, 상아, 향신료, 목재; ③ 노예; ④ 노예, 설탕, 당밀; ⑤ 어류, 가축, 밀가루, 목재; ⑥ 럼주, 철물류, 화약, 직물, 도구; ⑦ 제조업 상품, 사치품; ⑧ 고래기름, 목재, 모피, 쌀, 인디고, 담배, 원면; ⑨ 설탕, 당밀, 목재

이 그림은 기본적으로 대서양 해역경제가 완전한 형태를 갖추었을 때인 18세기를 기준으로 작성된 것이다.[59)] 18세기에 대서양 해역경제가 완전한 형태를 갖추었다는 것은 영국을 중심으로 한 유럽 대륙과 서아프리카 및 아메리카 간의 교류 관계가 완전한 틀을 갖추고 그 가치 이전 상의 특징도 완전하게 드러나게 되었다는 의미이다. 흔히 알려져 있듯이, 영국과 프랑스의 소위 '제2차 백년전쟁'[60)]에서 영국의 승리가 확실해지

58) 조너선 데일리, 『역사대논쟁』, 134쪽의 그림 3.1에 기초하여 작성.

59) 이 그림에는 라틴아메리카 부분이 빠져있다는 한계가 있다. 라틴아메리카에서는 특히 18세기에 브라질을 중심으로 대규모 아프리카인 노예 수입이 이루어졌고, 설탕, 커피, 곡물류, 축산물의 대(對)유럽 수출이 수행되었다. Márquez, "Commercial Monopolies", pp. 395-422 참조.

60) 핀들레이·오루크, 『권력과 부』, 377쪽; 월러스틴, 『근대세계체제 II』, 370쪽. Crouzet, "The Second Hundred", pp. 432-450도 참조.

고 그와 동시에 잉글랜드에서 산업혁명의 엔진이 가동되기 시작할 때 대서양 해역경제의 삼각무역 구조는 가장 확실한 형태로 나타났다. 위의 그림은 이런 상태를 전제로 대서양 해역경제의 구조를 표현한 것이다.

위 그림을 보면, 흔히 유럽에서 아프리카로는 직물과 총기, 주류가 가고 아프리카에서 아메리카로는 노예가 가고 아메리카에서 유럽으로는 1차산물, 특히 원료가 가는 아주 단순화된 삼각무역의 그림들과 달리, 실제 삼각무역의 내용과 거래 상품은 꽤 복잡했음을 알 수 있다. 먼저 유럽에서 아프리카로 간 물품(①)이 있다면,[61] 아프리카에서 유럽으로 간 물품(②)도 있었다. 여기서 금, 상아, 향신료는 이미 오래전부터 유럽인들이 (지중해를 통해서든) 아프리카에서 찾아온 것이지만 목재가 눈에 띄는데, 이것은 주로 조선이나 건축용으로 사용된 튼튼한 목재(堅木)를 말한다. 특히 영국이나 프랑스는 18세기에 해군 육성에 치중하며 막대한 조선용 목재가 필요했는데, 전통적으로 의지하던 발트해 지역 외에 아프리카에서 일부 목재를 수입해온 것을 알 수 있다.[62] 이어서 아프리카에서 아메리카로 간 것(③)은 위에서 얘기해온 노예였다. 하지만 중간항로를 통해 아프리카인 노예들이 도착한 곳은 주로 대규모 노예시

61) 그 품목들은 보통 삼각무역에서 표현되는 그대로이다. 다만 여기서 총기류와 직물류의 비중을 둘러싸고는 약간의 논란이 있다. 총기류를 강조하는 이들은 서아프리카 연안의 지역 통치자들이 권력 투쟁과 영토 확장을 위해 총기류의 수입을 더 중요하게 여겼다고 보며, 이를 통해 아프리카인 노예무역의 주된 계기가 아프리카 쪽에 있다는 식의 서술을 한다. Thornton, *Africa and Africans*, pp. 123-125. 반면에 직물 수출을 강조하는 이들은 아프리카인 노예무역이 산업혁명 시기를 맞은 잉글랜드에 대량 생산을 추동할 수 있는 상당 규모의 직물 시장을 제공했다고 본다. Inikori, *Africans and Industrial Revolution*, p. 381. 서아프리카로의 총기 수입 문제는, Inikori, "The Import of Firearms", pp. 339-368; Richards, "The Import of Firearms", pp. 43-49; Pilossof, "'Guns Don't Colonise'", pp. 266-277 참조. 노예무역만이 아니라 유럽으로부터의 수입품도 아프리카 경제에 큰 영향을 주었고, 이후 아프리카의 역사적 전개에 "큰 흔적'을 남겼다고 본다.

62) Inikori, *Africans and the Industrial*, pp. 373-374.

장인 열렸던 카리브 해의 섬들이었고,[63] 여기서 다시 아프리카인 노예들은 북아메리카로 팔려갔다.[64] 카리브 해의 설탕 플랜테이션들에서는 그 산물인 설탕과 당밀도 북아메리카로 보냈다(④).

한편 카리브 해에서는 유럽으로도 설탕, 당밀, 목재를 보냈는데(⑨), 카리브 해를 비롯한 아메리카에서 유럽으로 들여온 설탕이 유럽에 미친 영향에 대해선 많은 연구들이 되어 있다. 특히 이 설탕이 북서유럽인들의 기호에 자극을 줘서 소비를 자극하고 소위 '근면혁명'을 야기했을 가능성은, 산업혁명과 관련해 중요한 대목이다.[65] 또한 카리브 해에서 유럽으로 보낸 목재는 주로 마호가니와 같은 최고급 가구 제작을 위한 고급 목재로서 19세기까지 잔존하던 유럽 내 수공업적 전통과의 연관성도 유추해 볼 수 있다.[66] 북아메리카에서 카리브 해로 가는 물품들(⑤)은 주로 카리브 해 주민, 특히 플랜테이션 주인들의 생필품들이었다.[67]

북아메리카에서 서아프리카로 간 물품(⑥)도 주목되는데, 유럽에서 간 물품과 비슷하다. 이 물품들의 출발지는 남부 지역이 아니라 일정하게 제조업이 발달하던 북부지역으로 따라서 북아메리카의 제조업 발달에서도 서아프리카가 얼마간 역할을 한 것으로 볼 수 있을 것이다.[68] 특히 주목되는 것은 럼주인데, 이것은 사탕수수를 설탕으로 제조하는 과정에서 나오는 당밀로 뉴잉글랜드에서 만들었다.[69] 그리고 이 당밀은

63) Klein, *The Atlantic Slave Trade*, pp. 159-160.
64) O'Malley, *Final Passages*, 7장.
65) De Vries, *The Industrious Revolution*, pp. 151-159; .
66) Berg, *Luxury and Pleasure*, pp. 113-114; Fontaine, "The Circulation of Luxury Goods", pp. 80-81.
67) McCusker and Menard, *The Economy of British America*, p. 199; De Zwart and Van Zanden, *The Origins of Globalization*, pp. 85, 126. 오늘날의 펜실베이니아, 뉴저지, 델라웨어가 속하는 중부 식민지(Middle Colonies)에서는 카리브 해로 가는 수출품의 70 퍼센트 이상이 곡물이었다.
68) McCusker and Menard, *The Economy of British America*, pp. 82, 107-108.
69) Ibid., p. 108; 민츠, 『설탕과 권력』, 110쪽.

위에서 보았듯이 카리브 해에서 수입되는 것이었다. 즉 아프리카에서 들여온 아프리카인 노예들이 카리브 해에서 생산한 당밀을 북아메리카로 수입하여 다시 럼주를 만들어 아프리카로 수출해서 아프리카인 포로들과 교환하는 구조인 것이다.[70] 이는 유럽에서 아프리카로 수출하는 주류 제작 과정에서도 얼마간 나타나는 구조이기도 하다.

마지막으로 ⑦과 ⑧은 북아메리카와 유럽 사이에 교환된 물품이다. 유럽에서 북아메리카로 간 것은, 예상할 수 있듯이, 제조업 상품이 주이고 플랜테이션 농장주나 북부의 신흥 기업가들의 기호를 충족시켜 줄 사치품이었다. 반면 ⑧에 해당하는 물품은 좀 복잡한데, 고래기름, 목재, 모피는 아메리카의 북대서양 연안지역에서 송출되었고, 쌀, 인디고, 담배, 원면 등은 남부 지방에서 주로 찰스타운(Charlestown)을 거쳐 유럽으로 갔다. 흔히 북아메리카 남부 지역은 담배나 면화 농사를 지어 그 상품을 영국으로 보낸 것으로 알고 있지만, 사실 앞에서도 지적했듯이, 영국을 비롯한 북서유럽은 식량을 거의 전적으로 외부에 의존했기에 남부에서 쌀[71]을 비롯한 곡물을 대량으로 보냈고, 아울러 그림에는 표시되지 않았지만 북부에서도 18세기부터 곡물을 유럽으로 보냈다.[72]

이렇게 대서양 해역경제의 구조를 간단히 살펴 본 결과, 다음과 같은 결론을 도출할 수 있다. 우선 대서양 해역경제의 삼각무역 구조는 기존에 설명되던 것보다 꽤 복잡한 실상을 갖고 있었다. 각 대륙 간에 교환의 흐름들이 상호 교차하면서 전개되었고, 일방적인 흐름만이 존재한 적은 없었다. 물론 노예무역에 종사하는 '노예선(Slave ships)'은 유럽

---

70) Foss, *Rum*, 2장.
71) 남부의 이 쌀은 서아프리카에서 종자를 들여와 생산한 것이었다. Carney, *Black Rice*, pp. 78–82 참조.
72) McCusker and Menard, *The Economy of British America*, p. 85; Sharp, "The Long American Grain", pp. 1–24.

(주로 리버풀이나 브리스틀)에서 제조업 상품이나 주류, 무기류를 갖고 아프리카 서부 연안지역으로 가서 아프리카인 포로와 교환하고 이들을 싣고 중간항로를 거쳐 카리브 해에 이르러 다시 노예와 카리브 해 플랜테이션 산물들과 교환하여 유럽으로 돌아가는 비교적 단순한 거래방식을 갖고 있었다.[73] 하지만 아메리카에서 아프리카로 직접 거래하는 경우도 많았고, 또 아메리카와 유럽 간에 상호 교차하는 무역도 수행되었다. 아메리카 내에서도 여러 형태의 무역이 이루어졌다. 이 모든 무역을 다 아우르지는 못하지만, 위 그림은 아프리카, 아메리카, 유럽이라는 3개 대륙이 대서양을 중심으로 결합되어 서로간에 지속적이고 의미 있는 상호 영향을 미친 대서양 해역경제를 보여주기에는 충분한 것 같다.

둘째, 이렇게 파악된 대서양 해역경제의 구조는 기본적으로 유럽(혹은 영국)의 중심성을 보여주고 있다. 교환된 상품의 내역은 유럽(혹은 영국)에서 아프리카와 아메리카 양쪽 어느 곳으로든 수출되는 품목이 압도적으로 제조업 상품이었음을 명확히 보여주며, 아울러 유럽으로 들어오는 것은 기본적으로 원료와 식량, 사치품 자재 등이었음도 보여준다. 이것은 18세기 동안 내내 영국의 수출품에서 1차산물의 비중이 지속적으로 하락하고 동시에 직물을 비롯한 제조업 상품의 비중이 꾸준히 상승했다는 데이비드 리차드슨(David Richardson)의 연구 결과와 서로 조응한다.[74] 즉 위의 삼각무역 구조에 입각한 대서양 해역경제는 유럽이라는 꼭지점이 중심성을 지니고 다른 두 꼭지점들(아메리카와 아프리카)은 그 중심 꼭지점과의 연계 속에서만 이 구조 속에서 의미를 지니는 형태를 취하고 있었음을 알 수 있다.

셋째, 그러면서도 아메리카, 특히 북아메리카는 유럽과 아프리카와

---

73) 레디커, 『노예선』, 68쪽.
74) Richardson, "The Slave Trade, Sugar", pp. 757–758.

의 관계에서 단순한 "종속성"을 보여주지는 않는다. 데 즈바르트와 판 잔덴이 강조했듯이,[75] 북아메리카는 이미 이 시기에 수출 주도형 경제 성장의 가능성을 지니고 독자적으로 카리브 해와 아울러 아프리카에까지 제조업 상품 및 곡물 수출을 수행하고 있었다. 이것은 분명 북아메리카가 식민지 사회임에도 불구하고 '정착 식민지'로서의 특성을 띠고서 독자적인 성장의 가능성을 이미 보여주고 있었음을 뜻한다.

이상에서 살펴본 삼각무역 구조를 가진 대서양 해역경제는 유럽이라는 꼭지점을 중심으로 나머지 대륙들이 긴밀하게 연결되어 상호 영향을 미치면서, 아울러 그 해역경제로부터도 지속적인 영향을 받으면서, 발전하여 갔다. 실제 이 세 꼭지점들 사이에는 중심과 주변이라는 기본적인 위계 구조가 형성되었음에도, 전체 구조상에는 완전한 평형상태가 이루어졌고 이런 평형상태가 대서양 해역경제의 안정성을 뒷받침했다.[76] 필자는 이런 대서양 해역경제의 안정성이야말로 유럽이 자본주의적 세계체제를 대서양에서부터 세계 전역으로 확대해 나갈 수 있었던 출발점이라고 생각한다.

각 대륙 경제와의 관계

이제 이렇게 구조화된 대서양 해역경제가 각 대륙의 경제적 전개에 어떤 영향을 미쳤고 어떤 관계를 맺었는지를 살펴보자. 각 대륙의 경제 사정에 대한 세부적인 설명들을 여기서 일일이 전개하기는 필자의 역량 면에서나 주어진 시간적·공간적 여유 면에서나 불가능한 일이다. 여기

75) De Zwart and van Zanden, *The Origins of Globalization*, 5장 참조.
76) Findlay, "The 'Triangular Trade'", pp. 27–29.

서는 아메리카와 아프리카의 사정들을 핵심 논점을 중심으로 아주 간략히 살펴보고, 무엇보다 대서양 해역경제와의 관계가 경제사의 중요 논란을 야기했고 현재도 글로벌 경제사의 핵심 논쟁전 중 하나인 유럽, 정확히는 영국의 산업화 문제를 조금 길게 다루어 보겠다.

먼저 아메리카 중에서도 북아메리카, 즉 주로 근대 초기에 영국령 식민지였던 지역을 살펴보자. 대서양 해역경제의 구조로서 삼각무역을 설명하는 과정에서도 잠시 언급했지만, 이 지역은 대서양 해역경제의 형성과 전개에서 유럽만큼이나 혜택을 보았던 지역이라 할 것이다. 기존에 아무런 경제 구조가 존재하지 않던 상황에서 대서양 해역경제의 형성이 바로 수출 주도 경제의 성장으로 연결되었고 이것이 차후 미국이라는 거대 강대국의 세계 패권 형성으로 이어졌음은 주지의 사실이다. 하지만 이와 관련해 이곳에서도 몇 가지 논점들이 존재한다. 북아메리카의 독립 이전 경제사에 대한 접근은 원래 그곳의 장기적인 경제 성장을 추동한 것으로 상품 수출을 강조했다. 그래서 캐나다와 뉴잉글랜드에서는 모피, 어류, 고래가 중심이었고, 중부식민지에서는 곡물 생산이 중요했으며, 남부 지역에서는 담배 및 쌀이 중요했다는 점을 밝혔다. 이로 인해서 북부 식민지들에는 도시와 대규모 중간계급이 존재하게 된 반면, 남부에는 계속 농촌적 성격이 압도하고 부와 소득 상의 큰 불평등이 존재하게 되었다는 것이다.[77]

하지만 최근 이에 대한 비판이 제기되어 북아메리카 식민지 경제에서 수출 경제가 차지하는 비중이 작았고, 북아메리카 식민지의 경제 성장을 추동한 것은 "자원의 풍부함과 노동 및 자본의 부족"이라고 주장하는 견해가 제출되었다.[78] 하지만 이 두 견해는 사실 얼마든지 결합될

77) Egnal, *New World Economies*, p. 5.
78) Mancall, "Commodity Exports", p. 19. Mancall, et al., "Exports and Slow

수 있는 것이다. 위의 삼각무역 구조에 입각해서 보면, 쌀과 담배의 경작이 자동적으로 노예를 이용하는 대규모 플랜테이션 생산으로 이어진다고 가정하거나 곡물 생산이 언제나 소농 가족 농장에서 이루어진다고 가정할 이유가 없다. 그보다는 유럽의 상황과 남부의 해로운 환경 때문에 남부에서 유럽 출신 이민 노동을 구할 여지가 줄어든 것이 쌀과 담배의 수익 가능성이 더 높다는 사실과 결합하여 노예 노동을 활용하는 남부의 발전을 결정했다고 볼 수 있다. 또 대서양을 통한 무역 및 이주 패턴에 존재하는 차이가 19세기 들어 북부와 남부의 운명에 영향을 주었다고 볼 수 있다. 남부는 북부보다 대(對)영국 무역에 훨씬 더 의존했는데, 이는 영국 산업혁명에 대한 원료 공급 면에서만이 아니라 산업화하는 영국에 대한 식량 공급 면에서도 그렇다. 남부는 1770년대 초에 영국에 대한 쌀 수출량이 1820년대의 수출량보다 훨씬 많았다.[79] 반면 북부는 수출 작물에 대한 투자 기회가 남부보다 제한적이었기에, 자본이 새로운 산업들 쪽으로 눈을 돌렸고 이후 풍부한 결실을 맺게 되었던 것이다.[80]

라틴아메리카의 경우는 위의 삼각무역에 넣지는 않았지만, 앞서 잠깐 언급한 것처럼 대서양 해역경제의 형성과 발전에 중요한 역할을 수행한 지역이었다. 1부에서 본 것처럼, 이곳에서 시작된 은 무역이야말로 대서양 해역경제의 형성을 가능케 했으며 나아가 유럽인들이 세계로 나아갈 수 있는 토대가 되었기 때문이다. 그런데 이렇게 형성된 대서양 해역경제가 라틴아메리카 경제 발전에 제공한 영향은 어떠했을까? 대체로 이전에 안드레 군더 프랑크와 같은 종속이론 계열에서 주장하

Economic Growth"도 참조.

79) McCusker and Menard, *The Economy of British America*, p. 85; De Zwart and van Zanden, *The Origins of Globalization*, p. 126.

80) Ibid., pp. 145–146.

던 것은 유럽인을 통해 라틴아메리카로 일방적으로 이식된 자본주의 체제가 각종 수탈제도에 입각한 '종속'적 상황을 야기하여 그 지역의 '저발전' 상태로 결과했다는 것이다.[81] 이와 비슷한 결론을 최근 애쓰모글루(Accemoglu)와 로빈슨(Robinson)도 '경로 의존성'이라는 개념을 사용하여 내린 바 있다. 유럽인들이 들여온 여러 "수탈제도들"이 "라틴아메리카를 세계에서 가장 불평등한 대륙으로 바꾸고 그 대륙이 가진 경제적 잠재력을 크게 약화시켰다"는 것이다.[82] 하지만 최근 제시된 통계학적 데이터에 입각한 연구들은 라틴아메리카가 16-18세기에 노동 시장, 실질 임금, 상업화, 도시화의 측면에서 상당한 경제 성장을 이루었고 대서양 경제의 발전에 크게 혜택을 입었다고 주장한다.[83]

그런데 앞의 설명들은 라틴아메리카 전체의 구조에 대한 것들이며, 이에 대한 반박인 뒤의 설명들은 주로 칠레나 브라질, 아르헨티나 같은 특정 나라나 지역에 대한 통계학적 수치에 기초한 것이다. 분명 통계학적 경험 사실이 중요한 것이긴 하나, 그런 사실로 바로 구조에 대한 설명이 가능한지는 의문이다. 구조에 대한 설명을 반박하려면 특정 나라나 지역에 대한 통계적 사실만이 아니라 그런 경험적 사실에 기초해 라틴아메리카 전체에 대한 구조적 설명을 제기해야 하는 것이 아닌가 싶다. 어쨌든 우리의 논점과 관련해서는, 이런 논쟁의 결론이 어떻게 나든 대서양 해역경제가 라틴아메리카 경제의 전개에 중요한 영향을 끼쳤다는 점에서는 논점이 일치한다. 대서양 해역경제의 영향이 "수탈적"이었나, 아니면 성장에 자극이 되었는가가 문제일 뿐인 것이다.

---

81) Frank *World Accumulation*; Frank, *Dependent Accumulation*; Amin, *Unequal Development* 참조.

82) 애쓰모글루·로빈슨, 『국가는 왜 실패하는가?』, 42-43쪽.

83) Allen, et al., "The Colonial Origins", pp. 863-894; Arroyo Abad and van Zanden, "Growth under Extractive Institutions?", pp. 1182-1215; De Zwart and van Zanden, *The Origins of Globalization*, pp. 67-81.

대서양 해역경제가 아프리카, 서아프리카 지역의 경제에 미친 영향을 둘러싸고도 상당한 논란이 있다. 물론 이 논란은 당연히 노예무역 및 노예제와 관련된 것이다. 월러스틴은 적어도 18세기 중반부터 서아프리카가 '유럽 자본주의 세계경제'에 완전히 통합되었음을 밝히는데, 이는 대서양 노예무역이 "자본주의 세계경제 내에서 당시 진행 중이던 노동 분업 속의 생산적 사업으로 변화"함으로써였다.[84] 문제는 이것이 서아프리카에 어떤 영향을 주었나이다. 일차적으로 학자들은 17-18세기 아프리카 경제에서 대외무역이 차지하는 비중이 그리 크지 않았음을 지적한다.[85] 또 유럽 산업화와 관련해 다시 논하겠지만, 노예무역의 수익성과 관련한 논쟁도 오랫동안 진행되어 왔다. 이 논쟁에 대해선 18세기 "자본주의 세계경제의 전(全)지구적 팽창기"에 특정 지역의 생산이나 수익은 비율 면에서는 작을 수밖에 없고, 그 정확한 수치를 따지는 것은 무의미하다는 월러스틴의 지적을 전하는 것으로 넘어가자.[86]

대서양 노예무역을 유럽인들이 처음으로 아프리카에 가져온 것이 아니라는 것은 명확하다. 유럽인들이 오기 전에 아프리카에는 노예제와 노예무역이 존재했다. 그렇지만 이것이 당시 아프리카 사회에서 가지는 중요성은 크지 않았고 "이들 사회는 노예제 사회가 아니었다."[87] 그리고 15세기와 16세기까지는 대서양 노예무역이 그저 "아프리카의 전통적인 내부 노예 시장에 공급선을 대는" 정도에 불과했지만,[88] 18세기 무렵에는 아메리카로부터의 수요 증대로 노예무역이 대서양 해역경제의 핵심

---

84) 월러스틴, 『근대세계체제 III』, 218쪽.
85) Klein, *The Atlantic Slave Trade*, p. 74; Eltis and Jennings, "Trade between Western Africa", p. 956.
86) 월러스틴, 『근대세계체제 III』, 221쪽.
87) Klein, *The Atlantic Slave Trade*, p. 9; Lovejoy, *Transformation in Slavery*, p. 13.
88) Klein, *The Atlantic Slave Trade*, p. 72.

적인 일부가 되면서 이 자체가 아프리카 내의 발전에 영향을 미치게 되었다. 특히 원래 아프리카의 전형적인 수출품(금과 상아, 향신료)이 노예라는 상품을 중심으로 변화된 것은[89] 서아프리카와 중앙아프리카 대서양 연안부의 경제발전에 틀림없이 부정적인 결과를 낳았을 것이다.

실제 노예무역의 전체 과정에서 아프리카 쪽의 기능과 조직이 유럽인이 아니라 서아프리카 현지 정치 세력들에 의해 주도되었음은 이미 충분히 밝혀져 있다.[90] 중요한 것은 서아프리카의 경제가 이 무역의 추세와 움직임에 완전히 의존하게 되었다는 점이었다.[91] 인구 면에서 노예무역은 특히 부정적이었는데, 아프리카는 대서양 노예무역이 성장하기 전에 이미 토지에 비해 노동력이 부족한 지역이었다.[92] 그런데 인구에 대한 연구들은 18세기 동안 서아프리카나 중앙아프리카 대서양 연안부의 인구가 절대적으로나 상대적으로나 크게 감소했음을 보여준다.[93] 게다가 노예로 포획되어 거래된 아프리카인이 주로 한창 경제 활동기에 해당하는 남성이었고,[94] 이런 점은 서아프리카의 연령 및 성별 분포에 큰 영향을 주었다고 한다.[95] 이것은 오늘날까지도 서아프리카 지역의 경제와 사회에 지속적인 영향을 주고 있는 핵심 요소로 여겨진다.[96]

---

89) 엘티스에 따르면, 17세기 말까지도 아프리카의 수출품 가치에서 전통적인 상품이 50 퍼센트 이상을 차지했지만, 18세기가 되면 노예가 90 퍼센트 이상을 차지하는 것으로 변하였다. Eltis, "Trade between Western Africa", pp. 197–239.

90) Klein, *The Atlantic Slave Trade*, p. 49; Thornton, *Africa and Africans*, p. 125; Iliffe, *Africans*, pp. 133–134.

91) Inikori, "Transatlantic Slavery", pp. 662–665.

92) Austin, "Resources, Techniques", pp. 587–624; De Zwart and van Zanden, *The Origins of Globalization*, p. 104.

93) Ibid.

94) 러브조이에 따르면, 노예로 매매된 사람 중 성인 남성의 비중이 약 64 퍼센트였다. Lovejoy, "The Impact of the Atlantic", p. 381.

95) Lovejoy, *Transformation in Slavery*, p. 64.

96) 대표적인 것이 오늘날 서아프리카 지역에 만연한 일부다처 풍습이다. 흔히 미디

시장경제의 발달과 상업화와 관련해서 보면, 먼저 유럽인들이 오기 전에 이미 아프리카 사회에는 시장경제가 발달하고 있었음이 지적되어야 한다.[97] 노예무역의 발전은 이미 존재하던 시장경제를 한층 더 발전시켰지만, 그 중심은 바뀌었다고 본다. 즉 그 이전에는 내지를 중심으로 발전하던 경제가 대서양 노예무역으로 인해 (특히 총기의 수입과 관련하여) 연안 지역과 그 직접적인 후배지로 중심을 옮겼다는 것이다.[98] 그리고 노예선에 대한 식량 공급을 중심으로 역시 연안에 직접적인 후배지의 경제가 발달했다고 한다.[99] 한편 농업 생산과 관련해 대서양 해역경제는 아프리카에 긍정적인 결과도 낳았다. 그것은 아메리카의 새로운 작물이 도입된 것이다. 특히 카사바(Cassava)와 옥수수가 노예무역 초기에 도입되어 아프리카의 중요한 식량 자원이 되었다.[100]

노예무역이 서아프리카의 정치 발전에 미친 영향에 대해서도 여전히 논쟁 중이다. 특히 총기 수입과 관련해 대서양 해역경제가 서아프리카의 국가 형성을 강화시켰는지 아니면 결과적으로 약화시켰는지는 학자들마다 견해가 너무 극명하게 갈리는 상태이다.[101] 하지만 어떤 결론이든 역시 대서양 해역경제, 즉 대서양 노예무역의 영향임은 확실하다. 노예무역이 서아프리카에 남긴 유산은 분명 부정적이다. 대서양 노예무

어를 통해 아프리카인의 '후진성'을 보여주는 것으로 노출되는 이런 풍습은, 사실은 대서양 노예무역의 결과로 발생한 것이다. Dalton and Leung, "Why Is Plygyny", pp. 599-632. 뿐만 아니라 서아프리카 지역의 노동 분업에서 보이는 여성의 지배적인 역할도 노예무역의 영향이 아직도 지속되고 있음을 보여준다. Thornton, "The Slave Trade", pp. 417-427.

97) Thornton, *Africa and Africans*, p. 66; Austin, "Factor Markets", pp. 23-53; 커틴, 『경제인류학으로 본 세계무역』, 2장과 3장.

98) Inikori, "African and the Globalization", p. 84.

99) Iliffe, *Africans*, p. 150.

100) Klein, *The Atlantic Slave Trade*, p. 145.

101) 이와 관련한 논의의 개요는, De Zwart and van Zanden, *The Origins of Globalization*, pp. 111-114 참조.

역이 19세기 초에 공식적으로 폐지되었지만, 1860년대까지 노예무역이 지속되었음은 충분히 알려져 있다.[102] 그렇지만 어쨌든 공식적인 폐지는 대서양횡단 노예무역을 크게 감소시켰고, 이에 대응해 아프리카 내부의 노예제와 노예 거래 행위는 오히려 크게 증가했다.[103] 20세기 초에야 노예제가 공식적으로 폐지된 곳이 많았고, 오늘날에도 아프리카 곳곳에 여러 형태의 노예제가 존속하고 있다. 그런데 이런 아프리카 내 노예무역을 없애려는 개입이 사실은 유럽 세력의 제국주의적인 아프리카 분할로 이어졌다.[104] 이상에서 검토한 내용들은 현재 아프리카의 저발전 상태와 대서양 해역경제, 즉 노예무역이 가진 관계가 긴밀함을 보여준다. 구체적인 논쟁의 세부 내용에선 편차가 있고 논란이 있지만,[105] 대서양 노예무역과 그 시기 서아프리카 사회와 경제를 연구하는 거의 모든 학자들은 노예무역이 서아프리카의 경제와 사회에 큰 영향을 주었고 그 유산이 아직까지도 지속되고 있음을 지적한다.[106]

이제 마지막으로 유럽 경제에 미친 대서양 해역경제의 영향을 살펴보자. 이 부분은 사실, 특히 '서구의 흥기'와 관련된 논쟁이나 '대분기' 논쟁으로 인해, 좀 더 광범위한 검토와 세부적인 조사가 필요한 부분이다. 따라서 여기서는 18세기 대서양 해역경제 국면에서 가장 중요한 영향을 논할 수 있는 영국, 특히 잉글랜드에 초점을 맞추어 설명하겠다.

---

102) Sherwood, *After Abolition* 참조.

103) Klein, *The Atlantic Slave Trade*, pp. 130-131.

104) Austin, "The 'Reversal of Fourtune' Thesis", pp. 996-1027; 애써모글루·로빈슨, 『국가는 왜 실패하는가』, 368-372쪽.

105) 예컨대, 월터 로드니(Walter Rodney)처럼 아프리카의 저개발의 직접적 원인이 유럽에 있다고 주장할 수도 있지만, 이 부분에 대해선 반박이 만만치 않다. 특히 손턴(Thornton)과 같이 역사 발전에 있어 아프리카인의 "주체성"을 강조하는 이들에게는, 로드니 같은 견해 자체가 또 다른 '식민주의'로 보일 수도 있다. Rodney, *How Europe*; Thornton, *Africa and Africans* 참조.

106) Nun, "The Long-Term Effects", pp. 139-176 참조.

하지만 이 또한 영국 산업혁명이라는 만만치 않은 주제와 관련된 것이라, 그 내용들을 세세하게 검토하기에는 한계가 있다. 아래에서는 주로 영국 산업혁명과 대서양 해역경제와의 관계라는 측면에서 몇 가지 논의의 전개를 정리하면서, 다른 대륙의 경우와 마찬가지로 논쟁의 결론이 어떠하든 그런 논쟁들이 대서양 해역경제가 영국의 경제 발전에 크게 영향을 미쳤다는 것을 입증한다는 것을 보여주고자 한다.

잘 알다시피, 1884년 아놀드 토인비(Arnold Toynbee)의 강의를 통해 산업혁명이 역사연구의 주제로 들어온 이래,[107] 오랫동안 이에 대한 연구는 역사학 및 경제사를 비롯한 다방면에서 이루어져 왔다. 이런 연구에서 중심적 위치를 차지한 것은, 산업혁명이 일어난 18세기 후반과 19세기 초의 영국 및 유럽 사회를 세계사적 의미에서 농업 중심의 전통 사회에서 공업 중심의 근대 산업 자본주의 사회로 "사회경제적 변혁"을 이룬 것으로 파악하는 시각이었다.[108] 하지만 1970년대 이후 영국 및 유럽의 산업화 과정에서 산업혁명 개념이 유효한지에 대한 의문이 제기되기 시작했고,[109] 한동안은 이런 비판적 문제제기가 크게 수용되어 심지어 산업혁명은 "신화"라는 주장까지 제시되었다.[110] 1990년대에는 산업혁명이 "반드시 필요했는지" 의문을 제기하며,[111] "산업혁명"이란 말 대신 "산업화(Industrialization)"란 말이 주로 사용되기도 했다.[112] 이런

---

107) Hudson, *The Industrial Revolution*, p. 11.

108) Hobsbawm, *The Age of Revolution*의 1부. 영국에서 일어난 산업혁명이 유럽 전역으로 확산되어 간다는 전통적인 시각을 가장 잘 보여주는 것은 다음일 것이다. Landes, *The Unbound Prometheus*.

109) 20세기 초에 이미 클래팜(J.H. Clapham) 같은 이는 '산업혁명'이란 용어가 부적절하다고 주장했다. Clapham, *An Economic History* 참고.

110) Fores, "The Myth of A British", pp. 181-198.

111) Snooks (ed.), *Was the Industrial Revolution Necessary?*.

112) Kemp, *Industrialization in Nineteenth-Century*; Sylla and Toniolo (eds.), *Patterns of European*.

산업혁명에 대한 비판적 접근은 영국 산업혁명과 산업혁명 전반을 유럽사적 견지에서 접근하는 태도의 후퇴를 가져왔고 이후에는 산업혁명을 주로 영국사의 한 현상으로 보고 영국 경제사의 일환으로 다루는 흐름들이 나타났다.[113)]

한편 1970년대 말부터는 산업혁명과 산업혁명 이전과의 연관 관계를 검토하여 강조하는 주장들도 제시되어 소위 '프로토 공업화론'이 제기되었고,[114)] 이 견해는 여러 비판[115)]을 받았지만 산업혁명에 대한 접근에서 산업혁명 이전의 경제적·사회적 주요 측면이 가진 중요성을 부각시켜 산업혁명 이전 영국 및 잉글랜드 경제사 연구를 자극했다.[116)] 아울러 또 다른 한편으로 크래프츠(N.F.R. Crafts) 같은 경제사학자는 산업혁명을 양적 측면에서의 경제성장으로만 볼 경우 실제 영국 산업혁명 기간에 "혁명"이라 불릴 만한 성장이 있었는가라고 의문을 제기하면서, 오히려 산업혁명을 "산업구조 조정"의 시각으로 바라볼 것을 제안하였다.[117)] 그의 이런 견해는 영국 산업혁명을 영국 국민경제의 성장이라는 틀 내에서 보면서도, 산업구조의 변화를 파악하기 위해서는 국제 무역과의 연관성도 같이 보아야 한다는 측면에서 현재도 중요한 논점의 제시로 인정받고 있다.

이렇게 전개되던 영국 산업혁명에 대한 연구는, 2000년대 이후 글

---

113) 실제로는 이미 이전부터 영국 산업혁명을 영국 국민경제의 성장 및 발전과정으로 제시하는 연구들이 나왔다. 대표적인 것은, 필리스 딘, 『영국의 산업혁명』 참조. Hartwell (ed.), *The Causes of the Industrial Revolution*에 수록된 논문들도 기본적으로 이런 입장을 취하고 있다. 이런 입장에서 나온 최근의 산업혁명 연구서는, Wrigley, *The Path to Sustained Growth* 참조.

114) Mendels, "Proto-industrialization", pp. 241-261; Kriedte, et al., *Industrialization before Industrialization*.

115) Coleman, "Proto-Industrialization", pp. 435-448.

116) Overton, *Agricultural Revolution*; Overton, et al., *Production and Consumption*.

117) Crafts, *British Economic Growth*, 서론 참조.

로벌화의 물결 속에서 새로운 경제사의 흐름, 즉 글로벌 비교경제사의 흐름이 대두하면서 그 성격이 크게 변하였다. 특히 케네스 포메란츠는 근대 초기 잉글랜드와 중국의 양쯔강 하류지역의 경제들을 비교하면서 대략 산업혁명 이전 시기까지 유럽과 중국 사이에 경제 구조나 여타 경제적 요소들 간에 큰 차이가 없었으며, 그런 차이가 발생하는 것은 산업혁명 시기 무렵부터라는 견해를 제시했다. 그리고 그런 차이가 발생하는 원인으로 그는 식민지와 석탄이라는 "뜻밖의 횡재"가 영국 산업혁명을 가능케 했다는 것을 들었다.[118] 이 연구 이후 서구 경제사학자들은 글로벌 비교경제사라는 새로운 방법론에 중심을 두고 유럽과 그 외 세계 각지의 경제적 요소들을 계량적 수치들에 입각해 직접 비교하는 연구들을 수행해 왔고, 이 과정에서 영국 산업혁명의 주요 연구 방향성도 글로벌 경제사와의 관련성 속에서 진행하는 쪽으로 바뀌었다.[119]

하지만 영국 산업혁명과 대서양 해역경제의 관계와 관련해서는 이상의 논의와는 얼마간 별개의 논의가 전개되어 왔다. 이미 산업혁명 연구의 초기 시기에 산업혁명의 원인에서 내적 요소와 외적 요소가 어떤 의미를 가지는지에 대한 논쟁이 시작되었다. 그 논쟁을 촉발한 것은, 영국령 카리브 해 출신의 학자 에릭 윌리엄스(Eric Williams)가 1944년에 쓴 『자본주의와 노예제(*Capitalism and Slavery*)』였다.[120] 그는 여기서 영국 및 유럽 자본주의가 발전하고 산업혁명을 거치며 산업 선진국으로

118) Pomeranz, *The Great Divergence*.

119) 이 과정에서 가장 두각을 나타낸 경제사학자가 로버트 앨런이다. 그는 원래 영국 및 유럽 경제사를 대상으로 연구를 수행했으며, 포머랜츠의 책이 나온 다음 해에 임금과 가격 상에서 유럽 내에 일어난 '분기' 현상을 계량적으로 분석한 논문을 발표하여 소위 '생활수준 논쟁'을 촉발시키면서 글로벌 경제사 연구의 새로운 방법과 방향성을 제시했다. Allen, "Economic Structure", pp. 1–25; Allen, "The Great Divergence", pp. 411–447.

120) 에릭 윌리엄스, 『자본주의와 노예제도』.

발돋움한 것에는 아프리카 대륙에서 포획되어 힘든 과정을 거쳐 아메리카로 강제 이송된 수많은 아프리카인들의 고통과 노동이 깔려있다고 주장했다. 비록 오늘날의 견지에서는 통계학적 증거 제시가 불완전하고 문제가 많지만, 당시 수준에서는 나름의 논지 전개와 통계 제시를 갖추고 있던 윌리엄스의 이런 주장은 당시 연구자들에게 큰 자극을 주었다.

그리하여 산업혁명이 과연 윌리엄스의 주장대로 노예제라는 비인간적 잔혹 행위를 통해서만 가능했는지, 아니면 그것이 없었더라도 자체의 작인(作因)과 논리에 따라 발생 가능했을지를 둘러싼 논쟁이 이어졌다. 무엇보다 이에 대한 반박의 논리는 18세기 유럽 경제에서 무역을 비롯한 외적 요소가 차지하는 비중이 적었다는 것이었으며,[121] 반면에 윌리엄스의 논의를 더욱 발전시켜 통계학적 증거를 대폭 확충하면서 산업혁명으로 인한 영국 제조업 상품의 수출입 상황을 근거로 비유럽이 산업혁명의 발생과 전개에서 한 역할을 부각시키기는 주장도 제기되었다.[122] 이렇게 산업혁명의 내인·외인 논쟁은 글로벌 경제사의 대두와는 별개로 이미 그 나름의 논리 하에서 전개되고 있었는데, 2000년대 이후 글로벌 경제사가 대두하면서 그 연결성이 부각되었고(특히 포메란츠가 영국 산업혁명을 가능케 한 한 축으로서 식민지 획득을 들면서), 노예무역 및 노예제를 축으로 한 대서양 경제와 영국 산업혁명 간의 연관 관계가 중요하게 논의되어 왔다.[123]

---

121) 이런 논지를 대표하는 것으로는 흔히, O'Brien, "European Economic Development", pp. 1-18을 든다. 그런데 오브라이언의 이 논문은 사실 월러스틴의 세계체제론을 반박하기 위해 쓴 것이었다.

122) Inikori, *Africans and the Industrial Revolution*. 이니코리의 이 책은 기본 논지와 관련해서 계속 논쟁의 중심에 있지만, 그가 제시하는 통계학적 증거들은 여전히 유효성을 인정받으며 많은 연구에서 인용되고 있다.

123) 이런 측면에서 대표적인 성과는 Allen, *The British Industrial Revolution*일 것이다. 이 책은 서론 격에 해당하는 1장의 제목을 "산업혁명과 산업화 이전 경제(The Industrial Revolution and pre-industrial economy)"라고 하여 산

이상에서 소개한 여러 논의들에 입각해 보면, 1492년 이후 유럽이 대서양이라는 새로운 공간을 만난 이후, 그리고 그 속에서 '대서양 세계'라는 새로운 세계를 형성해나가면서 (물론 더 나아가 지구 전역으로 그 영향력을 확대하는 과정에서), 유럽의 특정 나라나 지역에서 일어난 현상은 기본적으로 위의 전체적 맥락과 일체화되어 이해되어야 한다는 것을 알 수 있다. 그래야지 영국 산업혁명이라는 특정한 현상이 이미 300년 전부터 전개된 일련의 글로벌적인 전개과정 속에 정확히 자리 잡을 수 있으며 그를 통해 영국 산업혁명에 대한 과잉해석과 국가사로의 의미 축소를 동시에 넘어서는 제대로 된 이해에 도달할 수 있고, 나아가 이를 이후 전(全)지구적으로 전개된 일련의 정치·경제·사회·문화적 전개 과정에 대한 이해와 연결지을 수 있을 것이다.[124] 사실 대서양 경제사는 방대한 양의 연구성과가 축적되어 있으며, 아울러 '노예무역 및 노예제' 연구 분야는 이미 오래전부터 별개의 연구 분야로 인정받고 방대한 데이터와 성과를 축적해왔다. 이런 분야들의 연구는 연구가 진척되면 될수록 유럽 경제 및 당시 대서양 세계를 분할하던 유럽 제국들의 경제와의 깊은 관련성을 강하게 제시하였다.

이런 대서양 해역경제와 영국 및 유럽 산업화와의 관계를 단적으로 보여줄 수 있는 예를 역시 역설적인 방법을 통해 하나만 들어보자. 앞서도 잠시 언급했듯이, 영국 및 유럽 산업화에 미친 해외무역, 좁게는 대서양 해역경제의 영향을 반박할 때 가장 많이 드는 근거는, 월러스틴의 세계체제론이 나온 뒤 그에 대한 반박으로 제시되었던 영국 경제학자

업혁명 연구가 그 이전 경제·사회적 전개에 대한 이해 없이는 불가능함을 명확히 하고 있으며, 책의 전체 편제도 1부, "산업화 이전 경제"와 2부 "산업혁명"으로 나누어 구성하고 있다.

124) 이런 시각에서 나온 최근의 성과들은, Harley, "Slavery, the British Atlantic Economy"; Harvey, "Slavery, Indenture", pp. 66-88 참조.

패트릭 오브라이언(Patrick O'Brien)의 논문이다. 오브라이언은 1800년 시기 영국의 국민소득 대비 대외무역과 면직업 같은 무역의존 산업 생산량의 비중이 작았다는 점에 기본적으로 근거하고 있다. 그는 1800년 시기 유럽이나 영국의 경제 활동은 대부분 농업에서 이루어졌고 농업에서 나온 생산은 대부분 국내에서 소비되었다고 주장한다. 유럽의 국민총생산의 4 퍼센트 정도가 수출 부문이었던 18세기 말 상황에서 아프리카, 아시아, 등 대양을 통해 나간 양은 그 중 1 퍼센트가 안 되었을 것이기에, "핵심부의 경제성장에 주변부는 주변적"이었다는 것이다.[125] 이런 주장을 입증하기 위해 그는 다음과 같은 표를 제시한다.

표 8. 주변부와의 무역 및 상업에 종사한 영국 자본가들의 이윤 흐름 추정치[126]

	1784–1786 £m	1824–1826 £m
1. 주변부로부터의 수입(c.i.f.)	10.50	26.80
2. 주변부로의 수출(f.o.b.)	6.00	15.90
3. 주변부산 상품의 재수출(f.o.b)	3.60	9.60
4. 수입에서 얻은 이윤 중		
(a) 해운회사 몫	0.84	2.14
(b) 중개 및 위탁판매회사 몫	0.54	1.39
(c) 보험회사 몫	0.16	0.35
5. 수출에서 얻은 이윤 중 해운회사, 중개 및 위탁판매회사, 보험회사의 몫	0.90	2.41
6. 재수출에서 얻은 이윤 중 위 그룹의 몫	0.54	1.44
7. 주변부에 투자하여 영국으로 송금된 이윤	0.48	3.00
8. 주변부로의 서비스 판매에서 얻은 이윤	1.00	2.04
9. 주변부로 수출하기 위해 제작하거나 재배한 상품에서 얻은 이윤	1.20	3.18
10. 총 이윤 흐름(4+5+6+7+8+9)	5.66	15.95
11. 영국 투자자들에 의한 국내 및 해외 총투자지출 (1781–90, 1821–30의 연평균)	10.30	34.30

125) O'Brien, "European Economic Development", pp. 5,18.
126) Ibid., p. 6의 표 1. 오브라이언이 표를 설명하기 위해 붙인 꽤 긴 주석은 생략했음.

그런데 이 표는 다른 경제학자들에 의해 오히려 당시 영국의 자본 형성이나 경제 발전에서 대외무역이 기여한 정도를 입증한다고 해석되고 있다. 이 추정치는 18세기 말 영국 자본가들의 총 이윤흐름으로 566만 파운드를 제시하는데, 이를 같은 시기 총 투자액 1,030만 파운드와 비교하면 주변부에서 얻은 이윤이 50 퍼센트 이상을 차지한다는 얘기가 된다. 일반적으로 산업 및 상업에의 투자액을 전체 투자액의 20 퍼센트 정도로 본다면, 이 표의 수치는 주변부와 무역을 통해 얻는 이윤이 산업 투자보다 2배 반 정도 높았음을 보여준다. 19세기에 해당하는 계산들도 주변부에서 얻는 이윤이 1,595만 파운드이고 총투자 지출은 3,430만 파운드이다. 역시 거의 50 퍼센트에 근접하는 비중을 주변부에서 얻는 이윤이 차지하고 있는 것이다. 오브라이언은 자신의 표를 통해 본의 아니게도 18세기 말과 19세기 초, 즉 산업혁명 기간에 총 자본투자 부분에서 대외무역을 통해 얻는 수익의 비중이 절반 가량 되었음을 입증하고 있는 것이다. 게다가 대양을 통한 수출량이 유럽 전체 GNP의 1 퍼센트밖에 안 된다는 지적 역시 산업혁명 시기 그 대표적인 산업이었던 영국 면직업이 영국의 국민소득에서 차지하던 비중도 겨우 약 7 퍼센트에 불과했다는 점을 고려하면, 이 1 퍼센트가 사실이라 하더라도 결코 무시할 수 없는 비중이 된다.[127)]

이와 관련해 대서양 노예무역과 플랜테이션 노예제가 영국의 산업혁명을 가능케 한 추동력이었다는 주장을 이런 부문에서 얻은 수익률을 통해 반박하려는 연구들도 진행되었다. 이런 연구에서 가장 대표적이고 영향력 있는 것은 엘티스와 잉거맨(Engerman)의 통계학적 성과일 것이다. 그들은 노예무역과 플랜테이션에서 얻은 이윤이 경제의 다른 부

127) Findlay, "The 'Triangular Trade'", p. 27.

문에서 얻은 이윤보다 작았고, 실제로 이런 이윤 중 산업혁명에 주요한 역할을 했던 철강, 석탄, 직물 같은 부문들에 투자된 부분은 극히 적었다고 주장했다.[128] 하지만 같은 시기에 아메리카만이 아니라 서아프리카까지도 영국 제조업 상품의 수출 시장으로서 중요한 역할을 한 것은 사실이다. 면직물의 총생산에서 국내 소비 대비 수출량은 18세기 말에 약 30 퍼센트에서 1800년경 약 60 퍼센트로 증가했고, 19세기 초에 영국 면직물의 수출량의 80-90 퍼센트는 카리브 해를 비롯한 아메리카와 서아프리카로 보내졌다.[129] 또 18세기 말에 영국 경제에서 가장 빨리 성장한 부문은 수출 산업이었다.[130] 무엇보다 "규모로부터 중요성을 추론" 하려는 시도는 오류를 가져올 가능성이 높다.[131]

물론 이런 논쟁의 최종적인 결론은, 케네스 모건(Kenneth Morgan)의 지적처럼, 학자들의 근본적인 "시각차"로 인해서 불가능할지도 모른다.[132] 그렇지만 최근의 학자들은 대외무역 부문과 국내 경제 부문을 수요 측면에서 연결하여 상호 연관성을 입증하고 있다. 산업혁명을 이루는 시기 영국은 이미 대서양 해역경제에서 가장 강력한 세력으로 등장했고 나아가 글로벌적 측면에서도 다음 장에서 살펴볼 아시아 바다에서까지 영향력을 확대해 가는 과정에 있었다. 심지어 18세기 말 영국은 대서양과 아시아의 바다에서 네덜란드까지 제치고 있다. 필자는 이 과정이 영국 산업혁명과 같이 진행된 과정이고 별개가 아닌 '동전의 양면' 같

128) Eltis and Engerman, "The Importance of Slavery", pp. 123-144.
129) Inikori, *Africans and the Industrial Revolution*, p. 447.
130) 수출 산업 부문을 대표하는 면직업은 1770년과 1800년 사이에 연 9 퍼센트씩 성장했다. Solow, "Caribbean Slavery", p. 112; Riello, *Cotton*, p. 212.
131) Solow, "Caribbean Slavery", p. 103. 월러스틴도 "… 전 지구적 자본 축적에 서아프리카가 공헌할 수 있었다고 결론짓기 위해서 노예무역으로부터 얻는 이익이 매우 컸다고 주장할 필요는 없다"고 지적한다. 월러스틴, 『근대세계체제 III』, 221쪽.
132) Morgan, "Atlantic Trade and British Economy".

은 과정이었다고 생각한다. 따라서 지금까지 흔히 별개로 이해되던 이 두 과정을 하나로 결합해서 하나의 과정으로 이해해야만 영국 산업혁명이 가진 진정한 의미를 파악할 수 있을 것이다. 그래서 산업혁명 이전 영국의 고임금 경제와 사치품 기호를 연구한 후 막신 베르그가 내린 다음과 같은 결론으로 이 장에 대한 결론을 대신할까 한다.

> 유럽은 새로운 유럽 상품을, 특히 영국 상품을 발명하고 생산하고 소비하면서 보다 넓은 세계와의 상품 무역에 대응했다. 이러한 것들이 기술상의 변화와 새로운 에너지 원료 및 형태의 이용, 노동의 재편을 촉발했고, 그것이 산업혁명으로 되었다. 세계 시장이 일차적으로 이런 과정을 자극했고, 그 후 거기서 거둔 성공이 전(全)지구적인 패권 장악으로 이어졌다.[133]

---

133) Berg, *Luxury and Pleasure*, p. 327.

6. 16-18세기 동아시아 해역경제의 역사적 전개

동아시아 해역경제의 형성과 발전

이 장에서는 앞의 대서양 해역경제와의 비교를 위해 동아시아 해역세계에 형성된 경제권역을 다루어본다. 16세기에 유럽인의 대양 진출과 함께 비로소 형성되기 시작하여 18세기에 구조를 갖춘 대서양 해역경제와 달리, 동아시아 해역경제는 이미 오래전에 형성되어 16세기에는 완성된 구조를 갖추고 있었다. 그렇다면 세계경제의 형성과 관련지어 근대 초기, 즉 16-18세기에 주목하여 세계 해양 교역의 역사를 구성하고자 하는 시도는 동아시아 해역경제에 이르러서는 대서양과는 다른 방식의 접근이 필요할 수도 있다.

사실 동아시아만 그렇겠는가. 서론에서도 얘기했지만, 대서양에 해역경제가 형성되기 오래전부터 이미 세계 곳곳의 해역세계에는 나름의 해역경제가 형성되어 있었고 나름의 체계와 구조를 갖추고 있었다고 보

그림 9. 근대 초기 동아시아 해역세계[1)]

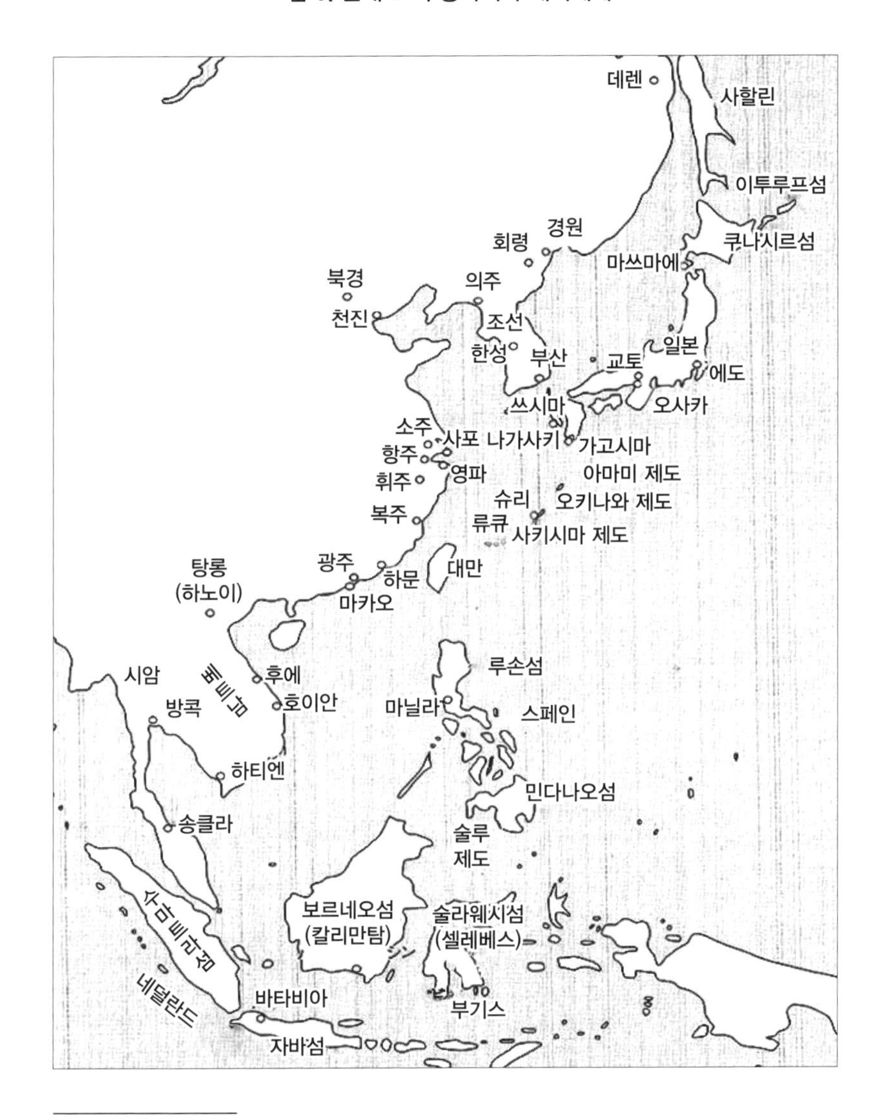

1) 羽田正編, 『海から見た歴史』, 186쪽의 지도. 하네다 마사시가 편찬한 이 책은, 비록 일본 학자들이 썼지만, 근대 초기 동아시아 해역세계의 변모 과정을 전체적으로 살필 수 있는 책이다. 한국어판(하네다 마사시 편, 『바다에서 본 역사』)이 2018년 발간되었지만, 필자는 한국어판이 나오기 전에 일본어판으로 책을 읽었다. 이에 이 글에서의 인용은 일본어판에 근거하며 필요에 따라 한국어판을 참조하고 명기하겠다.

아야 할 것이다.[2] 이미 완결된 해역경제들 속에 대서양 해역경제를 통해 힘을 얻은 유럽 해양 세력들이 뒤늦게 들어와 주로 무기의 힘을 빌려 영역을 확대했던 것이다. 그 무기의 힘도 사실상 이미 완결된 해역경제들 속에서 나름의 세력관계를 형성하고 있던 정치권력들 앞에서 제한적으로만 행사되었다고 보아야 할 것이지만 말이다.[3] 그렇다면 마치 16세기에 이르러 유럽인들에 의해 갑자기 세계 바다의 문이 열려 지구 전체의 연결이 진행되었다는 인상을 주는 그런 서술 방식은 분명히 지양되어야 할 것이다.[4]

다시 말해, 유럽인들이 16세기에 처음으로 아시아, 특히 동아시아의 바다에 진입했을 때 이미 동아시아에는 해역경제가 자리하고 있었다. 그래서 1510년 인도 서해안의 고아(Goa)를 점령하고 그 다음해에 동·서 교역의 요충지 말라카(Malacca)를 정복한[5] 포르투갈인들이 기세등등하게 남중국해로 진입했지만, 곧 그들은 모든 일이 자기들 뜻대로 되지 않는다는 것을 깨달았다. 아무리 자신들의 강력한 '불랑기(佛郎機)' 포를 앞세워도 그곳에는 그들이 함부로 할 수 없는 강력한 현지 정치세력들이

---

2) 최근 나온 인도양 세계에 대한 한 연구서는 "인도양 세계경제"가 13세기 중반에 형성되었고 15세기 중반에 성숙기에 이르렀다고 한다. Palat, *The Making of An Indian* 참조.

3) 이런 점에서 서아시아의 주요 해항도시 반다르 압바스(Bandar Abbas)와 동아시아의 광저우 및 나가사키를 비교하는 하네다 마사시의 논문이 주목을 끈다. 하네다 마사시는 이 두 지역(서아시아와 동아시아) 간의 정치권력이 가진 성격 상의 차이에 따라 유럽인들의 접근 통로와 방식이 다르게 결정되었음을 보여준다. 하네다 마사시, 「광조우와 나가사키, 그리고 인도양의 해항도시 비교」, 46-47쪽.

4) 그런 점에서 '바다에서 보는 역사'라는 관점 하에 동아시아 해역세계와 인도양 해역세계를 중심으로 그 독자적인 역사와 장기적 흐름, 구조적 전개와 변화를 다루는 많은 연구들이 산출되어 온 것은 분명히 의미가 있다. 모모키 시로 편, 『해역아시아사 연구 입문』; 羽田正編, 『海から見た歴史』; Das Gupta, *The World of the Indian*. 물론 영어권 학자들(미국이나 유럽의 학자들)이 이런 각 해역세계의 연구들을 충분히 소화하지 못한 채 이제는 '언어(영어)'를 무기로 '글로벌 경제사'라는 이름으로 바다를 통한 인간 교류의 역사를 마음대로 재단하는 일이 심심찮게 나타나고 있지만 말이다. 이 책의 1부는 이에 대한 비판으로 기획되었다고도 할 수 있다.

5) Disney, *A History of Portugal*, vol. 2, 20장 참조.

자리 잡고 있었던 것이다.[6] 그리고 이 현지 정치세력(즉, 중국)은 나름의 해양 질서를 지키고 있었고, 이 해양 질서, 즉 기존 동아시아 해역경제의 구조에 포르투갈인들이 마음대로 개입하도록 놔두지 않았다.

그렇다면 이 장에서 상정하는 동아시아 해역경제의 지리적 범위는 어떠한가. 위의 지도에서 보이듯이, 필자는 현재 한국과 일본, 중국의 해양사 연구자들이 동아시아 해역세계의 지리적 범위로 보고 있는 영역에 동의한다. 대략적으로 말해서 16-18세기 동아시아 해역경제에는 당연히 중국과 한반도, 일본열도가 포함될 것이다. 그와 함께 중국 동남부 연안 앞바다에 위치한 대만과 동중국해에 마치 징검다리처럼 펼쳐져 지정학적으로 남중국해와의 연결고리 역할을 할 수밖에 없는 현재의 오키나와 군도, 즉 당시로 말하면 류큐 제도가 포함될 것이다. 아울러 16세기에 스페인의 지배 하에 들어가며 태평양을 통해 아메리카와의 연결고리 역할을 한 필리핀과, 중국 남부 연안의 광저우와 인접하여 말라카로 이어지는 인도차이나 반도와 말레이 반도 지역, 그리고 더 나아가 고대부터 해역 동남아시아의 중심부 역할을 했고 16-18세기에는 유럽인들의 동아시아 해역 진출의 교두보 역할을 했던 자바 섬 일대까지도 동아시아 해역경제에 포함시키는 것이 옳을 것이다. 특히 해역 동남아시아

---

6) 이런 사정에 대한 설명은, 하네다 마사시, 『동인도회사』, 109-111쪽; 최낙민, 『해항도시 마카오와 상해의 문화교섭』, 60-64쪽 참조. 근대 초기 나타난 유럽인들을 중국인이 부르던 '불랑기'라는 말은 이슬람 상인들이 유럽인을 '프랑크인'이라 부르던 것을 따왔다고 한다. 하지만 이 말의 의미에는 단지 유럽인이라는 뜻만이 아니라 유럽인이 가지고 온 "화포"의 의미도 있었다고 한다. 즉, 중국인들은 유럽인들이 화포라는 무기를 앞세워 등장하였음을 알고 있었고 이를 부정적으로 인식했음을 보여준다. 최낙민, 위의 책, 58쪽 주 5). 또 하네다 마사시의 설명에 따르면, 인도양에서 포르투갈인들이 소위 '바다의 제국'을 건설할 수 있었던 것도, 현지 정치권력이 포르투갈에 복속한 것이 아니라 당시 북인도에 존재하던 강력한 무굴제국이 바다에서의 활동에 직접 개입할 의향이 없었기 때문이었다고 한다. 즉, 인도양 연안 현지 정치권력이 가진 특징 덕분이었던 것이다. 하네다 마사시, 위의 책, 61-62쪽.

를 중심으로 한 소위 '상업의 시대'가 15세기 초 명의 정화(鄭和) 대원정에 자극받아 출범했다는 것[7]은 해역 동남아시아를 동아시아 해역경제에 포함시켜야 할 이유를 충분히 보여준다고 할 것이다.

이렇게 넓은 범위를 가지고 있지만, 동아시아 해역경제에 대한 아래의 저술에서는 주로 중국, 한반도, 일본을 중심으로 한 동북아시아에 초점을 둘 것이다. 동아시아 해역경제의 특징을 밝히며 좀 더 자세히 논하겠지만, 필자는 동아시아 해역경제의 작동 메커니즘과 논리 속에서는 정치권력의 역할이 크게 작용하고 있다고 판단한다. 앞 장의 대서양 해역경제에서는 기본적으로 경제 논리가 모든 것을 압도했고, 유럽의 정치적 전개가 대서양 해역경제에 영향을 주었겠지만, 기본적으로 대서양 해역경제의 전개는 그 자체의 경제 논리에 따라 진행되었고 오히려 그 결과로 유럽의 정치, 경제, 사회의 전개에 영향을 미친 부분이 많았다.[8]

이에 반해 동아시아 해역경제는 오랜 동안의 형성과 변화 과정 속에서 이 해역경제를 둘러싼 정치세력들의 주도성이 더 강하게 나타난 곳이었다. 그렇게 보았을 때 동아시아 해역경제를 둘러싼 정치세력 중 가장 강력한 것은 중국과 한반도, 일본의 정치세력들이었다. 당연히 중국의 강력한 정치세력이 주도권을 가졌을 테지만, 한편으로 이 중국의 정치세력이 가장 관심을 두고 신경을 써야 하는 정치세력은 자신에게 가장 인접해 있으면서 일찍부터 자신들의 정치 제도와 여러 시스템을 차용하여 중국과 거의 동등한 국가로서의 위상을 마련하고서 자체 내에서 부침을 거듭하고 있던 한반도와 일본의 정치세력들이었다. 필자는 좀 다르게 생각하고 있지만, 여러 논자들이 동아시아 해역경제의 논리라

---

7) Reid, *Southeast Asia*, vol. 1, p. 12. 리드는 정화의 대원정이 "중국 시장을 향한 동남아시아의 곡물 생산을 자극했다"는 것은 의심할 여지가 없다고 한다.

8) Smith, "Europe's Atlantic Empires", pp. 103-153 참조.

고 생각하는 '조공체제'의 경우에도 그것이 기본적으로 중국의 정치세력과 그에 인접한 다른 정치세력 간의 힘의 조정 및 관리, 배분 문제였음은 분명하다.[9] 그리고 대만과, 류큐, 인도차이나 지역, 해역 동남아시아를 동아시아 해역경제로 끌어들인 것도 중국과 일본의 흡인력을 통해서였다는 것도 분명하다.

실제로 고대 시기 남중국해를 중심으로 한 해역 교류의 발전은 중국과 한반도 사이의 황해를 비롯한 동중국해 상의 해역 교류 발전과는 별개로 진행되었다.[10] 동중국해의 해역교류는 신라해상(新羅海商)의 활약과 함께 정점에 이르면서 동아시아 해역경제의 초기 형태를 갖추었고,[11] 송(宋)·원(元)대에 남중국해에서 발전한 해역 교류 네트워크를 흡수하여 동아시아 해역경제의 전체상을 완성했다고 볼 수 있다. 이러한 점들을 아래에서 좀 더 자세히 살펴보자.

동아시아 해역에 대한 한국과 일본, 중국의 많은 연구들은 이미 8세기 전후부터 13세기 사이에 동아시아 해역에는 활발한 교역과 문화적 교섭 행위들이 지속적으로 이루어져 하나의 해역세계와 해역경제를 이루어가고 있었음을 밝히고 있다. 예컨대, 모모키 시로를 비롯해 '해역아시아'를 상정하여 역사 연구를 수행하는 일본의 연구자들은 동아시아를

---

9) 조공체제에 대해서도 아래에서 다시 논하겠지만, 일단 濱下武志, 『朝貢システムと近代アジア』, 60-63쪽 참조.

10) 고대부터 시작된 남중국해를 통한 서아시아와 인도, 중국 간의 교류의 발전과정은 이경신, 『해양실크로드의 역사』, 1장 참조. 이런 발전과정에서 주된 역할을 한 것은 아랍 상인들이었다. 8세기 말 당의 재상을 지낸 가탐(賈耽)이 광저우에서 외국 땅으로 가는 해상통로라 하여 「황화사달기(皇華四達記」를 쓴 것은 이 시대의 정점을 보여준다고 할 것이다. 그의 기록 중 일부가 『舊唐書』 卷43下 地理志에 남아있다. 그리고 이 시기, 즉 7세기에서 9세기까지 취안저우가 중국 동남부 연안의 중심 해항도시로 등장한다. 湯錦台, 『閩南海上帝國』, 37-39쪽.

11) "동아시아 세계에서 중국대륙-한반도-일본열도로 구성된 동북아시아 지역은 동아시아 문화권의 유구한 역사를 통해 긴밀한 관계를 맺어온 핵심권층으로 이 지역들의 형성과 발전은 주로 해상교류를 통한 해로(海路)의 연결고리로 실현되었다." 곡금량, 「당조 신라 인구」, 45쪽.

중심으로 하는 해역세계가 9세기부터 형성되어 14세기까지 활발한 해양 활동을 수행함으로써 소위 "중세" 시대를 이루었다고 본다.[12] 이 "중세"라는 용어가 일본 역사에서 통용되는 표현이기 때문에 그것을 동아시아 해역세계에 그대로 적용할 수 있을지는 의문이지만, 어쨌든 이들의 연구는 적어도 14세기까지는 동아시아 해역세계와 해역경제가 형성되었음을 분명히 하고 있다.

이슬람 상인들이 중국 동남부 연안의 해항도시에 드나들고 인도양에서 동중국해에 걸친 해상교역이 활발해지는 것은 8세기부터였다.[13] 좀 더 구체적으로 본다면, 한반도의 백제는 이미 4, 5세기부터 바다를 통한 국제적인 교류와 교역을 수행하여 중국과 한반도, 일본을 연결하는 일정한 해역경제의 성격을 보여주고 있었다.[14] 그리고 8세기대부터 신라인이 동중국해 일대를 장악하여 활발한 해상활동을 벌였으며 장보고와 그의 선단을 통해 절정기를 맞게 되었다.[15] 일본과의 교역도 이 시기에 같이 수행되었으며 특히 당시 하카다를 통해 확실한 교역로가 확보되었다.[16]

---

12) 모모키 시로 편, 『해역아시아사 연구 입문』, 29쪽.

13) Wang Gungwu, *The Nanhai Trade*, pp. 74-78. 8세기는 중국 역사에서 16세기까지 인구, 정치, 사회적 측면에서 진행된 극적인 변화가 시작된 출발점이기도 하다. Hartwell, "Demographic, Political, and Social Transformation", pp. 365-442.

14) 신형식, 『백제의 대외관계』, 174-175쪽.

15) 신라해상의 무역활동에 대한 개관은, 김문경, 「7-9세기 신라인」, 1-26쪽; 김문경, 「신라인의 해외활동과 신라방」, 1-20쪽 참조. 장보고의 교역활동에 대해선, 이유진, 「장보고」, pp. 15-24쪽; 최근식, 「장보고시대의 항로와 선박」, 25-45쪽 참조. 중국사학자 김건인은 8세기 중반(天寶연간)에 중국에서 한반도를 거치지 않고 일본으로 직항하는 항로가 열렸다고 한다. "8세기에 모든 동북아 해역에서 발해에서의 항로, 황해에서의 항로, 동지나해에서의 항로가 모두 만들어졌다." 김건인, 「고대 동북아 해상교류사 분기」, 42쪽.

16) 榎本涉, 「日宋·日元貿易」, 70-71쪽. 이 시기부터 하카다를 통한 교역을 하카다의 후배지에 위치한 다자이후 고로칸(大宰府鴻臚館)이 관리하였다. 重松敏彦., 「大宰府鴻臚館(筑紫館)」, 43-54쪽.

이어서 10세기에 들어 중국에서는 당이 멸망하고 정치적 혼란기에 처하고 한반도에서도 신라가 망하고 그 뒤를 잇기 위한 정치세력들간의 분쟁이 이어진다. 그러나 918년 고려가 건국되고 970년 송이 중국에 들어서면서 다시 본격적인 해상교역의 장이 열렸다. 고려는 송이 들어서기 전부터 오대(五代)시기 오월(吳越)이나 민(閩) 같은 강남 지역의 국가들과 통교관계를 맺고 중국 동남부 지역과의 교류를 개시하였다.[17] 이후 송과 고려의 해상 교역 활동이 본격적으로 진행되고 뒤이어 고려와 일본, 일본과 송 사이에도 무역이 재개되어 체계를 갖추고 교역이 이루어졌다.[18] 그리고 동북아시아의 3개 지역을 연결하는 항로들도 다양화되고 명확해지게 되었다.[19] 이 과정에서 오늘날의 닝보(寧波)인 명주(明州)가 고려와 일본 상인 모두의 교류 중심지 역할을 수행했다.[20] 특히 송대를 거치며 동아시아 해역의 교류는 체계성을 갖추게 되고 긴밀하고 지속적인 연결 관계를 맺게 되었을 뿐 아니라,[21] 해역경제에 속한 나라나 지역들의 정세에 의해 해역경제가 크게 영향을 받는 동아시아 해역경제의 특징도 나타나게 되었다.[22]

13세기의 경우 중국의 원나라는 유목민들이 건설한 대륙 지향적인

---

17) 차광호, 「고려와 중국 남동해안지역」, 51-52쪽.

18) 김철웅, 「고려와 송의 해상교역로」, 101-124쪽; 김영제, 『고려상인』, 93-131쪽; 榎本涉, 「日宋·日元貿易」, 76-78쪽; 森平雅彦, 「日麗貿易」, 100-105쪽.

19) 김강식, 「여·송 시기의 해상항로」, pp. 1-40쪽.

20) 김인희, 「여송시기 해상교류에 있어 닝보항」, 13-15쪽; Von Glahn, "The Ningbo-Hakata Merchant", pp. 249-270. 폰 글란은 닝보에서 하카다를 연결하는 상인 네트워크가 적어도 서기 850년경에는 시작된 것으로 보고 있다.

21) 이진한, 「고려전기 송상왕래」, 163-169쪽;

22) 동아시아 해역경제에 참여하는 동북아시아의 핵심 정치세력들은 비교적 자유로운 경제 활동을 인정하면서도 기본적으로 자신들의 정치체제나 이념적 구조에 영향을 미칠 경우는 확실한 관리체제로 전환하는 모습을 보인다. 이런 특징이 이미 13세기 송·고려·일본 중심의 동아시아 해역경제가 형성되면서 나타났다. 전영섭, 「10-13세기 동아시아교역권」, 1-25쪽. 羽田正編, 『海から見た歴史』, 32-33쪽도 참조.

대제국이라고 생각하기 쉽겠지만, 실제로는 소위 실크로드를 중심으로 한 육상교역로에서 출발지이자 종착점으로서의 역할만 한 것이 아니라 동중국해와 남중국해로의 진출도 적극적으로 모색하였다.[23] 하지만 동북아시아에서는 원 제국의 대두와 함께 잠시 기존에 확립된 동아시아 해역경제가 흔들리게 되었다. 1271년 원나라가 공식적으로 들어서기 전부터 고려는 북으로부터 쇄도하는 몽고세력에게 강한 압박을 받아 송과의 무역이 단절되기 시작했다.[24] 그리고 1274년과 1281년 두 차례에 걸친 원의 일본 원정으로 동북아시아 3국 간의 교역 관계에 잠시 공백이 나타났다. 하지만 얼마 후 고려와 원과의 교역관계가 복원되고[25] 나아가 원이 구축한 남중국해의 영향권을 활용해 고려 상인들은 멀리 남중국해 영역에까지 진출하는 활발한 활동을 벌인다.[26] 일본과 원의 무역도 재개되어 14세기 전반에는 동북아시아 해역경제의 한 정점을 찍게 된다.[27]

여기서 일본에 대한 원의 원정 실패는 이런 원대의 동아시아 해양세계의 지속적인 발전에 전혀 걸림돌이 되지 않았다. 전쟁 역시 문화교섭의 한 양상임을 고려한다면, 더욱이 그러할 것이다.[28] 하지만 고려와 일본 간의 관계는 원의 일본 원정에 고려가 협력한 이후 좀처럼 회복되지 않았고, 14세기 후반에는 소위 '전기왜구(前期倭寇)'가 한반도에 출몰하

---

23) 동중국해 및 남중국해에서 원나라가 수행한 다양한 해상활동들에 대해선, Lo Jung-Pang, *China as a Sea Power*, 8장과 9장 참조. 욧카이치 야스히로, 「몽골제국과 해역아시아」, 39–48쪽도 참조.

24) 이강한, 『고려와 원제국』, 31–32쪽. 남중국해에서의 활동과 관련해서는, 湯錦台, 『閩南海上帝國』, 51–53쪽. 松浦章, 『中國の海商』, 30–32쪽 참조.

25) 모리히라 마사히코, 「몽골시대의 한중 해상교통」, 87–105쪽.

26) 이강한, 『고려와 원제국』, 2부 4장, 3부를 참조.

27) 榎本涉, 「日宋·日元貿易」, 79쪽.

28) 일본원정에서 침몰한 원군의 선박에 대한 인양 작업을 통해 드러난 다양한 유물들은 전쟁이 일정한 문화교섭의 양상임을 분명히 보여준다. 야마우치 신지, 「일본열도와 해역세계」, 66쪽.

기 시작했다.[29]

잠시 중단된 후 14세기에 재개된 동아시아 해역경제의 활발한 해상 교역과 문화교섭 양상, 그리고 이를 통해 일정하게 형성된 해역경제의 성격을 단적으로 드러낸 것은 1975년 전라남도 신안 앞바다에서 발견된 소위 '신안선'일 것이다. 취안저우에서 건조된 후 1323년 닝보에서 하카다로 항해하던 중 폭풍을 만나 표류하다 신안 앞바다에서 좌초한 이 선박의 존재는 류큐를 포함하여 동중국해 일원 전체에 걸친 해역세계와 해역경제의 존재를 입증하고 있다.[30] 특히 이 배의 선원은, 배에서 발견된 유물로 추정컨대, 고려인, 중국인, 일본인, 즉 동북아시아 3국의 모든 사람들로 구성된 것으로 밝혀져, 바다에서 실제로 해역세계의 연결을 수행하는 사람들 사이에 근대적인 국가나 지역 관념이 그다지 중요하지 않았음을 입증하고 있다고 할 것이다.

아울러 13세기 동아시아 해역경제의 완성을 보여주는 또 하나의 사실은 중국 동전의 동아시아 전역에 걸친 유통일 것이다. 앞서 1부에서 잠시 언급했듯이 13세기 들어 동아시아 전역에서는 각 지역과 나라별로 활발한 경제 활동과 성장이 이루어지면서 빠르게 화폐경제화가 진행되었는데, 이 과정에서 당시 가장 크게 번성하던 송의 동전(宋錢)이 널리 유통되어 사용되었다. 고려 시기 분묘에서 출토된 중국 동전을 고려할 때, 고려에서는 12세기부터 14세기에 걸쳐 송전이 광범위하게 사용된 것으로 보인다.[31] 조선 시기에도 종종 중국전의 수입·유통 시도가 있었

---

29) 森平雅彦, 「日麗貿易」, 105쪽.
30) 김영미, 『신안선과 도자기길』, 10-11쪽. 신안선을 통해 확인할 수 있는 바이기도 하지만, 이 시기 동아시아 해역세계를 운항하던 선박은 당시 세계의 기준으로 보았을 때 상당히 큰 규모였다고 한다. 특히 당시 유럽 선박과 비교했을 때 그 크기와 선박 건조 기술 상의 뛰어남이 "놀라울 정도"라고 한다. Dars, "Les jonques chinoises", pp. 41-56.
31) 정용범, 「고려시대 중국전 유통」, 103-108쪽. 물론 이것은 민간의 일상 부문에서

다고 한다.[32] 일본에서도 12세기 중반부터 송전이 사용되었고 13세기 들어서는 막부가 공식적으로 이를 용인했으며 14세기 중반까지 송전 사용이 일본의 공적·사적 부문 전체에 퍼졌다.[33] 심지어 동남아시아에서도 10세기 이래 14세기까지, 즉 유럽인들이 들어오기 직전까지 중국 동전이 통화로 사용되었음이 여러 고고학적 연구의 결과로 확인되었다.[34]

주목되는 것은 이런 중국 동전의 동아시아 해역경제 전역으로의 확산이 남송의 회자 지폐 채택과 원의 유일한 법정 화폐로서의 지폐 채택과 함께 일어났다는 점이다.[35] 이것은 당시 송 경제의 활력이 해상 네트워크를 통해 해역경제 전반에 상승 작용을 일으킨 결과로 해석될 수 있고 동아시아 해역경제가 가진 연결성을 입증하고 있다. 결국 8세기 이전부터 동중국해를 중심으로 한 동아시아 해역에서는 일정한 해역세계 및 해역경제 형성의 움직임들이 존재했고, 13세기에는 취안저우(泉州)나 닝보와 고려의 개경(碧瀾渡) 및 일본의 하카다를 연결하는 권역이 확실하게 형성되었던 것이다.[36]

중국 동전이 사용되었다는 의미는 아니다. 고려와 조선 중기까지는 중국과 일본과는 달리 정부의 명목화폐 도입 노력에도 불구하고 일반 민간 부문에서는 쌀과 포(布) 같은 현물 화폐가 주로 사용되었다고 한다. 한반도의 경우 중국 동전은 주로 대외무역 결제 부분에서 사용되었다고 보면 될 것이다. 최근 고려 시대 분묘에서 출토된 중국전에 대한 분석은 이것들이 주로 한강수계, 낙동강수계, 서남해안에서 출토되었기에 포구를 중심으로 상인 등 제한된 계층에 의해 유통되었을 가능성이 많다고 한다. 이승일, 「고려시대 출토 중국전」, 148-149쪽.

32) 원유한, 『조선후기 화폐사연구』, 30-31쪽.

33) Von Glan, "The Ningbo-Hakata Merchant", pp. 258-261; 박경수, 『전근대 일본유통사』, 412-436쪽.

34) Heng, "Export Commodity and Regional Currency", pp. 179-203. 이렇게 본다면, 18세기 네덜란드 화폐가 해역 동남아시아에 도입되어 이 지역의 화폐경제화를 촉발하고 경제 성장을 추동했다는 네덜란드 학자들의 주장은 정말 앞뒤가 안 맞는 주장이다. Feenstra, "Dutch Coins for Asian Growth", pp. 123-154.

35) Von Glan, *Fontain of Fortune*, pp. 56-58; Von Glan, "The Ningbo-Hakata Merchant", p 261.

36) 당시 개경에 드나들던 외국인들의 모습은, 이진한, 「고려전기 송상왕래」 참조. 당시 일본의 하카다에 대해선, 堀本一繁, 「中世博多の變遷」, 10-29쪽 참조.

한편 이렇게 형성된 동아시아 해역경제에는, 앞서 언급했듯이, 해역 동남아시아가 포함되었다고 보는 것이 옳을 것이다. 해역 동남아시아는 4, 5세기부터 인도양과 중국해를 연결하는 교량 역할을 수행했으며,[37] 7세기 이래 해역 동남아시아의 산물에 대한 중국 수요의 발달로 다양한 무역로를 개발하면서 해역 네트워크를 확립하였다.[38] 중국을 중심으로 남중국해와 동중국해는 서로 긴밀히 연결되었고, 15세기에는 류큐가 남중국해와 동중국해를 연결하는 주요 중계지점으로 등장하면서[39] 일본과 조선까지도 해역 동남아시아와 직접 연결되는 양상을 보였다.[40]

해역 동남아시아는, 여느 세계지도에서 볼 수 있듯이, 유라시아 바다의 지리적 중심에 위치하여 동·서 해양교역로의 통로 역할을 수행했기에, 인도양 해역경제와 동아시아 해역경제를 연결하는 교차지점으로 인식해야 할 것이다.[41] 게다가 중국 동남부 해안의 남중국해 교역 중심도시가 취안저우였고,[42] 이곳이 또한 동중국해 권역의 핵심 해양도시로도 기능했음을 보면, 이는 더욱 그러하다. 따라서 15세기 동아시아 해역경제에서 동북아시아와 동남아시아와의 연결은 아래와 같은 모습이었다고 생각할 수 있다.

---

37) 커틴, 『경제인류학으로 본 세계무역』, 176-177쪽.

38) 櫻井由躬雄,, 「東アジアと東南アジア」, 84쪽.

39) 위의 글, 89쪽; 高良倉吉, 『新版琉球の時代』, 52-55쪽. 류큐 역사 전문가인 우에자토 다카시(上里隆史)는 류큐를 중심으로 해역 동남아시아와 동북아시아를 연결했던 이 시기를 "류큐의 대항해시대"라고 부르기까지 한다. 上里隆史, 『海の王國·琉球』, 80쪽.

40) 고려 말 동남아시아 국가 사절이 직접 방문한 기록이 있다. 하우봉, 「조선초기 동남아시아 국가와의 교류」, 158쪽.

41) 후카미 스미오, 「송원대의 해역동남아시아」, 50쪽; Sen, "Maritime Southeast Asia", pp. 53-55.

42) 최낙민, 「명의 해금정책과 천주인의 해상활동」, 106-109쪽; 湯錦台, 『閩南海上帝國』, 37-41쪽.

그림 10. 15-16세기 동북아시아와 동남아시아 간의 연결 양상[43]

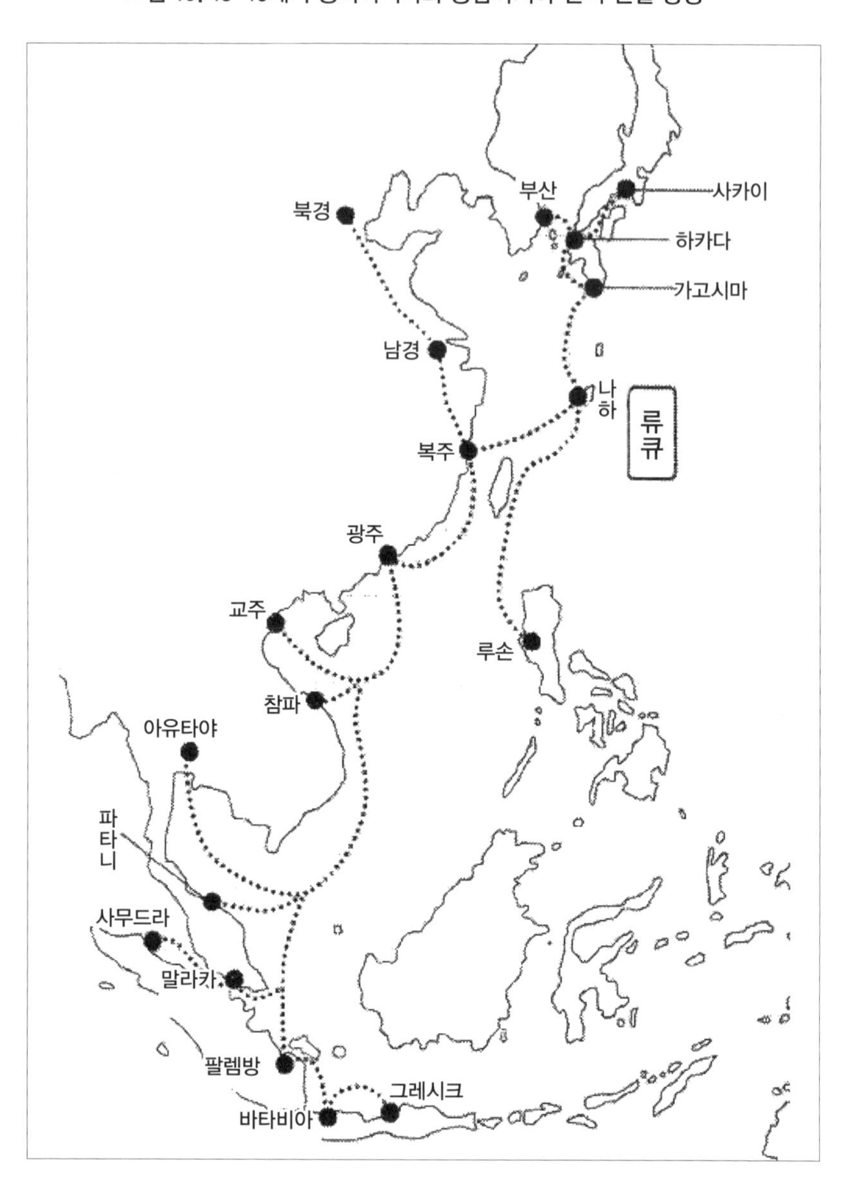

43) 上里隆史, 『海の王國·琉球』, 83쪽, 그림 10. 지명은 한국 독자의 이해에 맞게 일부 수정하였다.

결국 우리의 관심사인 근대 초기, 즉 16세기가 시작될 무렵 동아시아에는 하나의 해역경제가 확실하게 존재하고 있었던 것이다. 이 해역경제는 동아시아의 지난한 역사적 과정 속에서 그에 연동하여 형성되었고 나름의 독특한 특징과 메커니즘을 가지고 있었다. 이렇게 자리하고 있던 해역경제 속에 16세기 들어 유럽인들이 들어왔던 것이고, 유럽인들은 이 속에서 처음엔 자신이 가진 무력을 과신하며 이를 무시했다가 곧 그럴 수 없음을 깨닫고 어떤 형태로든 이 해역경제 속에 자기 나름의 한 자리를 차지하고자 애를 쓰게 되었다.[44)]

16-18세기 동아시아 해역경제의 구조: 다각적 교역관계

그렇다면 이제 유럽인들이 들어오기 이전에 확립되어 있었고 이후 18세기까지 그 기본적 틀을 유지했던 동아시아 해역경제의 구조를 살펴보도록 하자. 여기서 잠시 16세기 이전, 즉 아시아 해역경제가 13, 14세기

44) 이렇게 보면 이 시기 유럽인들이 행사하던 무력의 가장 강력한 표상인 '화포'에 대한 강조는 얼마간 과장된 것이 아닌가 생각된다. 근대 초기 유럽의 대양 팽창에서 대포의 역할을 강조하는 시각에서 유럽의 대포 제작 능력을 상세히 다룬 것은, 치폴라, 『대포, 범선, 제국』인데, 이 책의 한국어판은 2010년에 나왔지만 영어판이 나온 해는 1965년이다. 그 후 유럽의 대포 제작 역량이 다른 문명들에도 확산되어 일종의 전(全)지구적인 무기의 혁신을 일으켰지만, 결국 이 부분에서 가장 앞서나간 유럽이 세계를 지배하게 되었다는 시각이, 제프리 파커에 의해 본격적으로 제기되었다. Parker, *The Milirary Revolution*. 이런 시각은 저명한 세계사가 윌리엄 맥닐에 의해서도 채택되어 자신의 세계 전쟁사의 한 부분을 차지했다. 윌리엄 맥닐, 『전쟁의 세계사』, 3장과 4장 참조. 최근에 나온 한 논문은 유럽이 군사 부문에서 얻은 성과로 그 외 다른 지역에 대해 "폭력상의 비교우위"를 획득했고 이것이 경제 부문에까지 영향을 주었다고 주장한다. Hoffman, "Prices, the military revolution", pp. 39-59. 하지만 최근의 여러 연구들은, 비록 아시아가 유럽에서 발전한 화포 기술을 늦게 받아들였지만, 그렇다고 과연 근대 초기에 아시아의 여러 거대 정치세력들이 유럽에 비해 군사적으로 뒤졌다고 할 수 있는지 의문을 제기한다. Lorge, *The Asian Military Revolution*, pp. 177-178; Sharman, "Myths of military revolution", pp. 491-513.

에 형성된 뒤 15세기에 어떻게 전개되었는지를 살펴볼 필요가 있다. 무엇보다 이 15세기 국면에서 동아시아 해역경제는 좀 더 명확한 특징을 갖게 되는데, 여기에는 14세기 말부터 15세기 중반까지에 걸쳐 주변 나라와 지역들에서 전개된 정치적 격변과 대외정책 변화, 그리고 그에 수반된 류큐의 역할 등장이 깊이 관련되어 있다. 이 부분들을 먼저 정리해야 두어야만 동아시아 해역경제의 구조를 올바로 제시할 수 있을 것이다.

잘 알려져 있듯이, 13세기에 동아시아 해역경제가 완성되었고 14세기에는 원의 중심적 역할을 통해 이 해역경제가 크게 발전했지만, 14세기 말부터 동아시아 해역경제에 접한 여러 나라들은 격심한 정치적 혼란을 겪게 되었다. 무엇보다 중국에서는 1368년 몽고 세력이 북쪽으로 후퇴하면서 명(明)이 건국되었으며 한반도에서도 1392년 고려가 멸망하고 조선이 들어서는 정치적 격변이 일어났다. 일본에서는 14세기는 무로마치(室町) 막부의 시대로 14세기 중반부터 1세기 정도 비교적 안정된 시대를 맞아 동아시아 해역경제로의 활발한 참여가 이루어졌다.[45] 하지만 1467년 오닌의 난(応仁の乱)으로 시작하여 일본 역시 16세기 후반까지 1세기 간의 전국시대(戰國時代)를 맞게 된다. 이런 정치적 격변 과정에서 동아시아 해역경제와 관련해서 각국의 중요한 조치들이 이어지게 되는데, 그것은 소위 '해금(海禁)'정책이다.[46]

명은 건국 초인 1371년에 이미 해금령을 반포했지만 이것은 해외무역을 완전히 금지하는 것은 아니었고 관리를 엄격히 하는 정도였다. 하

45) 특히 이 시기에 중국과의 소위 '감합'무역이 활발하게 전개되었고, 1375년에는 무로막치 막부의 국서에 대한 답례 형식으로 고려에서 처음으로 '통신사(通信使)'가 파견된다. 조선 시기 최초의 통신사는 1428년에 파견되었다. 村井章介, 『世界史のなかの戰國日本』, 24–26쪽; 上田信, 『海と帝國. 明清時代』, 167–169쪽; 이명훈 외, 「최초의 대일통신사, 이예」, 1–2쪽.

46) 아래 동북아시아 3국의 해금정책을 정리한 한 문단의 내용은, 민덕기, 「중·근세 동아시아의 해금정책」, 73–87쪽에 기본적으로 의존한 것임을 밝힌다.

지만 1374년 당(唐)대 이후 해외무역을 관리해오던 시박사(市舶司)[47]를 폐지하고 일체의 해상활동을 금지하는 본격적인 해금령을 실시하게 되었다. 그럼에도 영락제(永樂帝) 시기 명은 오히려 해금령 하에서도 조공관계를 통한 대외정책을 강화하여 1405년부터 여섯 차례에 걸쳐 정화의 대원정을 실시하고 이 결과 중국에 조공사절을 파견하는 나라의 수가 60개 국에 이르렀다.[48] 이 정화 대원정은 앞서 언급했듯이, 동아시아 해역경제를 오랫동안 인도양 해역세계와의 연결고리 역할을 해오던 해역 동남아시아와 깊이 연결하는 계기가 되었고 16세기 이전에 동아시아 해역경제가 완성되는 데 기여했다.[49] 하지만 영락제 이후 해금령은 다시 강화되었고 이후 1567년 월항(月港) 개항으로 약간 완화[50]되지만 결국 청(淸)대에 이르기까지 계속되었다.

조선에서는 명의 해금령에 영향을 받아 1413년에 해외무역을 금지하는 명(命)을 내렸고 1426년에는 외양으로 나가는 것을 아예 금지하였다. 그리고 이와 관련한 정책이나 처벌의 규정도 거의 전적으로 명의 제도와『대명율(大明律)』에 의거하였다고 한다. 이런 조선의 엄격한 해금

---

47) 시박사 제도는 당대에 처음 설치되었지만, 송대에 중국 동남부 연안의 여러 도시에 확대 설치되면서 해외교통과 무역에 대한 관리 및 관세 체계를 확립하였다. 藤田豊八,「宋代の市舶司」, 159-246쪽; 이원근,「중국 송대 해상무역관리기구」, 167-195쪽.

48) 정화 대원정에 대해선 많은 글을 참고할 수 있다. 이경신,『해양실크로드의 역사』, 201-205쪽; 미야자키 마사카쓰,『바다의 세계사』, 102-107쪽; 신웬어우,『중국의 대항해자 정화의 배와 항해』; Church, “Zheng He”, pp. 1-43. 2014년에 간행된 정화 대원정 연구 문헌목록집은 그때까지 중국어를 비롯한 세계 각지 언어로 간행된 학술 저작의 목록을 담았는데, 그 수는 1856건이나 되었다. Liu Ying, et al. (eds.), *Zheng He's Maritime Voyages* 참조. 이러한 활동을 통해 영락제 시기에 ‘해금-조공체제’가 확립되었다고 한다.

49) Chang Pin-tsun, “The Rise of Chinese Mercantile Power”,pp. 210-216. 심지어 정화 대원정이 인도양 경제에 미친 자극으로 인해 유럽인들이 ‘동인도’ 무역에 참여하려는 욕구가 더욱 강화되었다는 주장도 있다. Reid, *Charting the Shape*, pp. 61-62; Sen, “The impact of Zheng He”, pp. 631-632.

50) 한지선,「가정연간 동남연해사회」, 155-161쪽; 민덕기,「동아시아 해금정책」, 196-197쪽.

정책의 시행은 명확한 경제적 이해관계에 입각한 조치가 아니라, 거의 명에 대한 조선의 조공관계와 사대의식에 기초한 것이라고 본다.[51)]

일본에서는 해금에 해당하는 '쇄국(鎖國)' 조치가 명이나 조선보다 한참 뒤인 17세기 후반에야 이루어진다. 이런 조치가 이루어진 계기는 무엇보다 17세기 일본에서 큰 문제가 되었던 기독교도 억압과 관련된 것으로 보이며,[52)] 실제로 그런 정책을 펴면서도 한편으로는 조선, 류큐, 중국, 네덜란드 등과 제한된 형태로나마 교류가 계속 이루어졌다.[53)] 일본의 '쇄국'에 대한 부분은 시기상으로 17세기 이후에 해당하는 것으로 아래 구조와 관련하여 다시 다루겠다.

이렇게 동북아시아 3국에서 해양 교류를 제한하는 조치가 취해지고, 특히 명이 강력한 해금정책을 취하면서 엄격하게 통제된 공식적인 조공무역만을 허용하자, 이 과정에서 동아시아 해역경제의 주요한 연결고리로 떠오르게 된 것이 류큐였다. 류큐는 1372년 중산왕(中山王)이 입공(入貢)하여 명과 정식 조공관계를 맺었다.[54)] 이후 중국의 엄격한 해금정책을 이용해 류큐는 중국 동남부 연안지역과 다른 아시아를 연결하는 주요 중계무역지로 기능하였고 이에 힘입어 크게 번성하였다.[55)] 특히 일본은 해금정책으로 중국과의 무역이 중단되자 류큐를 통한 중계무역

---

51) 민덕기, 「중·근세 동아시아의 해금정책」, 80-84쪽. 조선 초기에 이미 강력한 해금정책을 폈다고 하지만, 한편으로 조선이 건국한 직후인 14세기 후반과 15세기 초에 아유타야와 자바에서 사절단이 왔고 공식 교역을 이루었다는 기록도 있다. 하우봉, 「조선초기 동남아시아 국가와의 교류」, 159-163쪽.

52) 하네다 마사시, 「일본과 바다」, 113-116쪽. 물론 이 조치는 경제와 완전히 무관한 것이 아니라 일본의 은 유출 통제 정책과 깊이 관련된 것이기도 했다. Gunn, *World Trade Systems*, pp. 236-249; 류쉬펑, 「도쿠가와 막부 '쇄국' 체제」, 22쪽.

53) 아라노 야스히로, 『근세 일본과 동아시아』, 78-95쪽; 田代和生, 「'鎖國'時代の日朝貿易」, 1-24쪽; Gunn, *World Trade Systems*, 6-7장도 참조.

54) Akamine Mamoru, *The Ryukuy Kingdom*, pp. 22-23.

55) 陳仲玉, 「古代福州與琉球的海上交通」, 93-101쪽; 上里隆史, 『海の王國·琉球』, 3장.

에 크게 의존했고,[56] 조선도 동남아시아와의 교역을 거의 류큐의 중계를 통해 수행하였다.[57] 이렇게 류큐의 중계무역을 통해 이루어지던 동아시아 해역경제의 모습은 위 그림 10에서 잘 드러나고 있다.

하지만 이렇게 번성하던 류큐는 16세기 후반 일본이 전국시대에 돌입하면서 큐슈 남쪽의 사쓰마(薩摩)의 다이묘 시마즈(島津)씨의 압박을 받기 시작했고, 마침내 도쿠가와 막부 성립 이후인 1609년 류큐를 통한 중국과의 간접 무역을 원하던 막부의 의지에 따라 사쓰마 군이 류큐를 정복하였다.[58] 사쓰마의 류큐 정복 이후에도 일본은 공식적으로는 류큐 지배를 드러내지 않으면서, 류큐를 통한 명과의 간접 무역을 추구했지만 결국 실패했다.[59] 그렇지만 류큐는 그럼에도 동아시아 해역경제에서 차지하는 유리한 입지 덕분에 중국으로의 '진공선(進貢船; 류큐에서 중국으로 보낸 조공무역선의 이름)'의 발착지로서의 역할과 사쓰마 상선의 왕래, 동남아시아와의 교역 등으로 원래의 역할을 상당 부분 수행하고 있었다. 그러나 결국 류큐는 17세기 후반 도쿠가와 막부의 본격적인 쇄국 정책 시행으로 동아시아 해역경제의 자유로운 교역거점으로서의 성격을 상실하였다.[60]

이상의 과정을 거쳐 동아시아 해역경제는 근대 초기, 즉 16세기 유

56) Akamine Mamoru, *The Ryukuy Kingdom*, p. 37; 上里隆史, 『海の王國·琉球』, 91–92쪽.

57) 하우봉, 「조선초기 동남아시아 국가와의 교류」, 163쪽. 조선 전기에 류큐는 40여 차례나 사절단을 파견하여 중계무역을 주도하면서 남방 산물의 공급을 담당했다고 한다. 하지만 15세기 후반에는 하카다 상인들이 류큐인을 사칭하여 조선과의 무역을 대신하는 경향이 생겼고 류큐인들도 왜구로부터 피해를 받으면서 조선과 류큐간의 교역이 거의 단절되기 시작했다. 佐伯弘次, 「15世紀後半の博多貿易商人道安と朝鮮·琉球」, 156–157쪽; 伊藤幸司, 「日明·日朝·日琉貿易」, 94–96쪽.

58) 渡邊美季, 「琉球侵攻と日明關係」, 482–515쪽; Akamine Mamoru, *The Ryukuy Kingdom*, p. 62; 上里隆史, 『海の王國·琉球』, 196–200쪽.

59) Akamine Mamoru, *The Ryukuy Kingdom*, pp. 64–65.

60) 上里隆史, 『海の王國·琉球』, 199–200쪽.

럽인들이 아시아의 바다에 들어왔을 때 아래와 같은 구조를 가지고 자리하고 있었고, 이런 구조는 기본적으로 19세기에 들어 서구 세력에 의해 파괴될 때까지 계속 유지되었다는 것이 필자의 생각이다.

그림 11. 16-18세기 동아시아 해역경제의 구조[61]

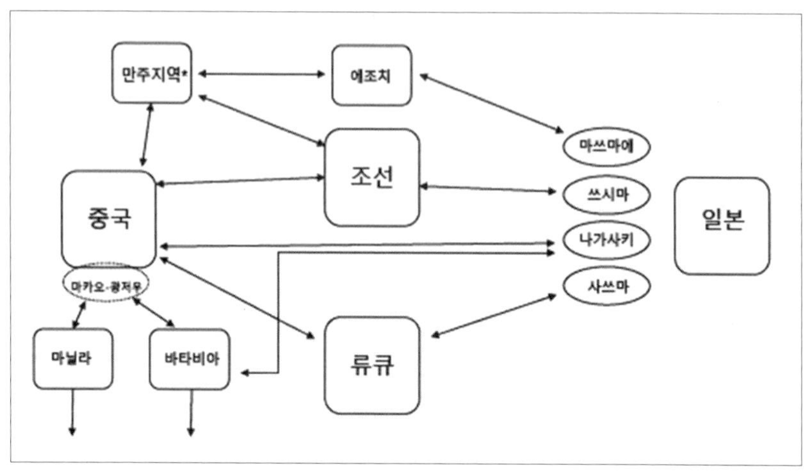

* 만주(滿州)라는 용어는 근대적인 용어이기에 여기서 쓰는 것이 부적절할 수도 있다. 그렇지만 조선이 의주를 통해 요동지역과 수행하던 무역이 있고, 일본이 에조치를 매개로 하여 오늘날의 연해주 지방과 수행하던 무역이 있었다. 이 무역들을 별개로 다루기보다는 둘 다 만주지역을 매개로 중국과의 교역을 수행했다는 점에 주목하여 '만주지역'이라 통칭하였다.

위 그림 속에서 표현된 동아시아 해역경제의 구조는 앞 장에서 본 대서양 해역경제의 구조와 비교하면, 상대적으로 복잡한 모습을 보인다. 삼각형의 기본 구도 속에서 교역 관계의 중심을 유추하기가 쉬웠던 대서양 해역경제와 달리 이 구조에서는 중심을 유추하기가 쉽지 않다. 물론 전체적으로 화살표를 따라가다 보면 중국으로 집중되고 있음을 볼 수 있지만, 그림은 그 외 다른 곳에서도 복잡한 교역관계가 이루어지고

61) 아라노 야스노리, 『근세 일본과 동아시아』, 39쪽 그림 1에 착안하여 16-18세기 동아시아 해역경제의 다양한 교역활동을 전체적으로 고려하면서 작성.

있음을 보여준다. 이것은 동아시아 해역을 '지중해' 개념에 입각해 연구하는 유럽 학자의 눈에도 그렇게 보였는지, 그는 동아시아의 교역체제를 "복잡하게 뒤얽힌 교역 네트워크"라고 부른다.[62] 그러면 이 그림 속의 관계들을 대략적으로 하나씩 살펴보자.

먼저 앞서 말했듯이, 중국은 명대에 들어 해금정책을 펴면서 공식적으로는 대외무역을 제한했다. 그렇지만 여러 가지 형태로 교역관계가 이루어졌고, 조선과는 공식적인 조공사절을 통한 조공무역이 이루어졌다. 16세기 조선과 중국의 무역을 연구한 구도영은 당시 조선의 무역을 크게 사행무역(使行貿易)과 비(非)사행무역으로 구분하고 사행무역은 합법적인 무역으로 비사행무역은 불법적인 민간 무역으로 보았다.[63] 여기서 구도영이 말하는 사행무역은 조공무역이 될 것이다. 중국이나 조선이나 모두 해금정책을 펴고 있었기에, 조선의 공식적인 조공무역은 모두 육로를 통해 이루어졌다.[64] 하지만 불법 사무역은 육로를 통해 요동지역을 대상으로 이루어지거나 고대부터 내려오는 전통적인 황해 연안 항로를 이용하거나 황해 횡단 항로를 이용해서 수행되고 있었다.[65] 특히 이 지점에서 북방 국경지대를 통한 조선과 요동지역과의 교역이 주목되는데, 이곳을 통해 은과 인삼 같은 주요 교역품들이 요동지역으로 넘어갔다.[66] 공식적인 사행무역 외에 이곳을 통한 비사행무역이 얼마나 번성했는지는 조선의 공식 문서 속에 나오는 잠상(潛商)에 대한 언

---

62) 프랑수아 지푸루, 『아시아 지중해』, 160쪽.
63) 구도영, 『16세기 한중무역 연구』, 1장 1절.
64) 명도 북쪽 경계지대에 호시를 열고 조공을 도입하여 북쪽의 위험을 관리하고자 했다. 홍성구, 「명대 북변의 호시와 조공」, 67-92쪽.
65) 구도영, 『16세기 한중무역 연구』, 404쪽.
66) Kim Seonmin, "Borders and Crossing", pp. 16-20; Flynn and Lee, "East Asian Trade", pp. 117-149.

급이 이 시기 급격하게 늘어나고 있는 것에서 알 수 있다.[67] 중국의 한 학자는 북방경계를 통한 조선과 만주지역과의 무역을 이렇게 정의했다.

> 잠상은 조선에 있는 것으로 그치지 않고, 명조에도 있었다. 심지어 청조까지도 여전히 잠상의 활동이 있었다. 이익이 남는 곳이라면 어디든 있어, 잠상은 흔히 적과 자기 편을 구분하지 않았다. 잠상과 「走私商人」(밀무역업자)는 그 뜻이 아주 가깝다. … 잠상이라는 말은 또 「皮島商人」의 뜻과도 아주 가까운데, 이것은 일반적으로 「관상(官商)과 사상(私商)이 같이 일하는 것(官私合營)」, 「반은 관상이고 반은 사상인 것(半官半私)」, 「관리이면서 동시에 상인인 것(亦官亦商)」, 「관리와 상인이 결탁한 것(官商勾結)」, 「관리가 감독하고 상인이 실행하는 것(官督商辦)」을 모두 가리키는 말이다. 그들 중에는 純商人性質의 상업 활동도 있지만, 그들의 상업 활동과 거래가 「不合法的」이었다. … [명청 교체기에] 명조와 영구히 단절된 후에도 잠상은 명조에서 생산한 상품을 거래하는 조건 하에서 명조와 조선 사이에 오가는 것이 허용되었다.[68]

한편 조선은 두만강 쪽으로는 여진족과도 교역하였다. 여진 쪽에서 15세기대에 조공을 통한 무역을 수행했으며, 아울러 민간인에 의한 사무역도 빈번하게 행해졌다. 원칙적으로 조선은 사무역을 금지했기에 이런 무역은 모두 불법이었지만, 청대에 들어가면 인조 시기에 회령(會寧)

---

67) 『조선왕조실록』에서 "잠상"이 언급되는 것은 선조대(16세기 중반)부터이며 청나라가 들어서기 전 선조, 광해군, 인조대(17세기 중반)에 88회에 이른다. 잠상이 가장 많이 언급된 시기는 18세기 전반 영조대이다. 조선 전기 밀무역에 대해선, 백옥경, 「조선 전기의 사행 밀무역 연구」, 3-40쪽 참조.

68) 劉家駒, 「淸初朝鮮潛通明朝始末」, 157쪽, 주 109). 쇼텐함머는 2013년에 나온 글에서 이 구절을 인용하면서 『朝鮮王朝實錄』, 『仁祖實錄』卷三十七, 仁祖十六年七月癸酉에서 인용했다고 적어놓았다. Schottenhammer, "The East Asian 'Mediterranean", p. 141, 주 79). 하지만 해당 자료에는 이 구절이 나오지 않는다. 인용한 구절은 위의 학자가 본문에서 『조선왕조실록』의 구절을 인용한 뒤 잠상 관련 내용을 정리해 놓은 것인데, 쇼텐함머는 이 학자의 각주 내용을 착각하여 이 글이 『조선왕조실록』에 있다고 혼동하고 자료를 직접 확인하지 않은 것 같다.

을 통해 호시(互市)를 열었다.[69]

조선은 역시 공식적인 외교사절을 통해 일본과도 무역을 했는데, 1403년 명이 감합무역을 허가하자 그에 맞추어 1404년부터 공식적인 외교관계를 열었다.[70] 특히 1418년 쓰시마 정벌을 통해 왜구 문제를 해결한 후 성종대에 '조일통교체계'를 완전히 갖추었다. 하지만 1510년 소위 삼포왜란이 발생했고 16세기 중반 이후에는 통교관계의 명맥만 유지될 뿐 밀무역과 왜구가 성행했다. 그래서 중앙정부간의 공식적인 외교관계는 거의 단절 상태였고, 쓰시마를 통한 무역만 유지되었다.[71] 그런 중에 조선에는 일본인을 통제·관리하는 왜관들이 설치되었고, 그 후 임진왜란 이후에는 부산 왜관으로 일본과의 관계가 일원화되었다.[72] 마지막으로 조선과 류큐의 관계는 앞서 말했듯이 16세기에 들어 점차 소원해졌으나 17세기 초까지 명의 북경 회동관을 통한 접촉이 이어졌다. 그러나 청이 들어서면서 그런 간접적인 접촉조차 완전히 끊어졌다.[73]

일본은 앞서 말했듯이 감합무역을 통해 명과 교류하였으나 1523년 영파의 난이 발생해 감합무역이 중단되었다.[74] 거기에 일본 내에서도 전국시대가 시작되면서 정치적 혼란 속에서 소위 '후기왜구'가 발호하였다.[75] 그 후 왜구의 중국인 두목 왕직(王直)을 처형하고 척계광의 활약으로 왜구의 활동이 진정되면서 명은 해금을 일부 완화했지만,[76] 다시

69) 김구진, 「여진과의 관계」, 329-367쪽; 辻大和, 「丙子の亂後朝鮮の對淸貿易について」, 1-21쪽.
70) 하우봉, 「일본과의 관계」, 371쪽.
71) 위의 글, 372-410쪽.
72) 김동철, 「17-19세기 부산 왜관」, 223-262쪽; 김강식, 『조선시대 해항도시 부산』, 211-257쪽..
73) 하우봉, 「류큐와의 관계」, 424-425쪽; 김강식, 「15-16세기 조선과 류큐의 교류와 해역」, 77-90쪽.
74) 村井章介, 『世界史のなかの戰國日本』, 32-33쪽.
75) 김문기, 「가정연간의 왜구와 강남 해방론」, 166-176쪽.
76) 기시모토 미오·미야지마 히로시, 『현재를 보는 역사. 조선과 명청』, 196쪽; Lim,

는 일본에 문을 열지 않았다. 이에 임진왜란 이후 도쿠가와 막부가 들어서면서 일본은 슈인센(朱印船)제도[77]를 통해 적극적인 대외교역을 꾀하면서 다시 중국과의 통교를 원했으나 여의치 않았고, 나아가 17세기 전반 서일본 지역에 퍼져있던 기독교도들이 난을 일으키면서 마침내 1641년 일본은 쇄국을 본격화하였다.[78] 하지만 그렇다고 해서 일본이 완전히 문을 닫은 것은 아니었고, 마쓰마에(松前), 쓰시마(對馬), 나가사키(長崎), 사쓰마(薩摩)를 일컫는 소위 '4개의 입구'를 열어두어 각각 에조치[79]와 조선, 중국 및 네덜란드, 류큐를 상대하게 하였다. 특히 일본은 중국이 직접적인 통교를 하지 않는 상황에서 에조치와 조선, 류큐를 통한 간접적인 교역을 계속 추구하고 있었다.

그림 상의 아래 쪽으로 마닐라와 바타비아가 자리하고 그것이 주로 마카오-광저우와 교류하고 있음을 표시하였다. 익히 알려져 있듯이, 16세기 중반 스페인인이 필리핀에 들어와 마닐라를 건설하고 본격적으로 태평양을 횡단하는 마닐라-아카풀코 갤리언 무역을 개시하였다. 스페인인은 이곳에서 직접 중국인과 거래하거나 포르투갈을 통해 마카오를 거쳐 중국과 거래하였다. 이 노선을 통해 교환된 것은 주로 아메리카산 은과 중국산 직물이었고,[80] 마닐라는 복건의 중국인만이 아니라 일본인들까지 대거 몰려와 장사에 종사하는 국제적인 해항으로 발돋움했다.[81]

"Qi Jiguang and Hu Zongxian's Anti-wokou Campaign", pp. 23-42.

77) 민간 상인이 정부의 인가 하에 대외무역을 수행하던 제도로서, 1592년 도요토미 히데요시가 처음 허가장을 내주었고 이후 도쿠가와 막부 초기에 적극 활용되었다. 1604년부터 슈인센 제도가 폐지되는 1635년까지 356척의 배가 허가를 받아 동남아시아로 출항했다고 한다. 하네다 마사시, 『동인도회사』, 122-125쪽.

78) 류쉬펑, 「도쿠가와 막부 '쇄국' 체제 하의 중일무역」, 21쪽.

79) 에조치와 일본의 관계와 교역에 대해선, 아라노 야스히로, 『근세 일본과 동아시아』, 93-95쪽.

80) Giráldez, *The Age of Trade*, pp. 145-153; Iccariano, "The 'Galleon System'", pp. 95-128.

81) Tremml-Werner, *Spain, China, and Japan in Manila*, pp. 282-283.

한편 네덜란드인들은 17세기 초 포르투갈인에 이어 아시아의 바다로 들어와 빠른 시간 내에 포르투갈인들을 몰아내고 해역 동남아시아의 주요 거점들을 획득하였다.[82] 특히 그들은 1619년 자바 섬 서부에 바타비아(Batavia)를 건설하여 자신들의 대(對)아시아 무역 및 유럽 본국과의 연결을 위한 거점으로 삼았다.[83] 물론 빈도 수에서 대(對)아시아 무역이 훨씬 더 많았지만, 아시아에서 유럽의 본국으로 출항하는 선박의 출항지는 언제나 바타비아였다.[84] 아울러 바타비아는 마카오와 광저우를 거쳐 중국과의 교역도 수행하였다.

마카오는 1554년 포르투갈인이 편법을 동원해 자신들의 거류 허가를 받으면서 유럽 상인들이 광저우로 가서 교역을 하기 위해 거류하는 국제적 공간으로 바뀌었다.[85] 이경신은 마카오를 중심으로 아시아 곳곳으로 4개의 노선이 뻗어있었다고 한다. 즉, 마카오-고아-리스본 노선, 마카오-나가사키 노선, 마카오-마닐라-아카풀코 노선, 마카오-동남아시아 노선이 그것이다. 이런 “마카오 무역의 황금시대”는 청의 ‘일구통상(一口通商)’ 정책에 입각한 광동무역체제에 힘입은 것이었다.[86]

중국에서는 17세기에 명나라가 청나라로 교체되는 엄청난 변혁이 일어났고 이는 동북아시아만이 아니라 동아시아 전역의 정치지형을 뒤흔드는 큰 충격을 주었다.[87] 청이 들어선 이후 처음 천계령(遷界令)을 통해 명의 해금정책을 고수하는 듯했지만, 이것은 주로 중국 동남부 연안의 막강한 해상세력으로 성장한 정씨(鄭氏)일가 같은 반청세력을 견제

---

82) 핀들레이·오루크, 『권력과 부』, 372쪽; 하네다 마사시, 『동인도회사』, 85-89쪽.
83) 레오나르 블뤼세, 「부두에서」, 142-147쪽.
84) Bruijn, “Between Batavia and the Cape”, pp. 251-253.
85) 최낙민, 『해항도시 마카오와 상해의 문화교섭』, 67-69쪽; Wu Zhiliang, “The establishment of Macao”, pp. 116-133.
86) 이경신, 『해양실크로드의 역사』, 246-254쪽.
87) 岸本美緒, 「東アジア·東南アジア傳統社會の形成」, 33-38쪽.

하기 위한 것이었다.[88] 1683년 마침내 정씨세력을 대만에서 물리치면서 청 정부는 광저우, 아모이(廈門), 닝보 등 5개 항에 '해관(海關)'을 설치하고 교역에 문을 열었다.[89] 이후 18세기로 진입하면서 동아시아 해역세계는 활발한 교역의 장이 되었지만, 그렇다고 청이 문호를 완전히 개방한 것은 아니었다. 나아가 1757년 청 정부는 외국의 모든 선박이 하나의 항구, 즉 광저우로만 들어올 수 있도록 조치를 취했다. 이것이 '일구통상' 정책이며 이렇게 들어선 광동무역체제는 19세기 서구세력의 강압적인 개항 때까지 지속되었다.

이상에서 위의 그림이 내포하는 동아시아 해역경제 상의 여러 관계들을 대략적으로 살펴보았다. 전체적으로 볼 수 있는 것은 교역관계와 정치 정세 간의 관계이다. 경제적 교역관계가, 즉 이윤 획득을 위한 경제 논리가 우선하여 정치의 흐름에 영향을 주는 것이 아니라 그 반대의 흐름을 볼 수 있을 것이다. 그리고 다른 한편으로 정치 부분을 빼놓고 보면 동아시아 해역경제 상의 교역관계에서는 특정한 나라나 지역으로의 가치나 이윤의 집중을 통한 경제적 위계의 형성을 살펴보기가 힘들 것이다.

그러면 이런 그림 속에서 교환된 물품은 어떠한 것이었을까. 아라노 야스노리의 설명[90]에 기초해 대략적으로 살펴보면 이러하다. 아라노는 주로 일본 중심의 '새로운 화이질서'를 주장하고 있기에 설명은 주로 일본을 중심으로 진행된다. 먼저 에조치에서 마쓰마에로 들어온 것은 17세기 중반까지 매(鷹)와 금이었고 17세기 말에는 목재가 들어왔다고 한다. 또 해산물과 모피는 쌀과 일용품 같은 상품들과 교환되었다고 한다.

---

88) 홍성구, 「청조 해금정책의 성격」, 168-174쪽.

89) Wong Yong-tsu, *China's Conquest of Taiwan*; Zhao Gang, *The Qing Opning to the Ocean*; 林仁川, 『福建對外貿易與海關史』 참조.

90) 아라노 야스노리, 『근세 일본과 동아시아』, 39쪽.

특히 에조치는 18세기경에 해산물이 나가사키·중국 무역의 주요 상품이 되고 또 농업에서 금비(金肥) 사용이 일반화되면서 중요성이 증대했다. 조선과의 사이에서는 쓰시마를 통해 교역이 이루어졌는데, 일본으로서는 조선이 중국과의 간접 무역을 매개하는 부분도 있어 18세기 초까지는 생사 및 견직물과 은의 교환이 이루어졌고 18세기 중반 이후에는 차류와 모피 등과 동의 교환이 이루어졌다고 한다. 또 18세기 중반까지는 조선 인삼과 목면도 중요 거래 품목이었고 쌀도 수입하였다. 조선과의 거래에서는 주로 은과 구리 같은 화폐금속이 조선 쪽으로 들어갔는데, 이것은 다시 중국으로 들어간 것으로 보인다. 중국과 나가사키 간의 무역에서는 17세기 말까지 생사와 견직물과 은이 거래되었고 17세기 말 이후에는 구리가 주요 거래 품목이었다. 또 18세기 들어서도 생사와 견직물은 여전히 중요한 수입품이었지만 한편으로 약재와 여타 직물들의 수입도 나타났다. 18세기에는 일본에서 중국으로 가는 주요 상품으로 해산물도 등장했다. 한편 류큐의 경우에는 일본으로 설탕을 수입했다.

이런 설명에는 우리의 그림 상에서 설명되지 않는 부분도 있다. 대략 설명하면 역시 류큐는 중국과 일본의 중계무역을 수행했기에, 여기서도 조선과 같이 생사와 견직물 등이 화폐금속과 교환되었을 것이다. 조선의 경우 만주지역과의 교역에서 일본과 마찬가지로 매나 모피 등의 상품을 들여왔고 화폐금속과 인삼, 일용품을 내보낸 것으로 보인다. 한편 마닐라의 경우는 앞서 설명했듯이 아메리카산 은이 중국으로 전달되는 통로였고 대신에 중국산 도자기, 견직물 같은 사치품이 거래되었다. 바타비아는 나가사키로 인도산 직물이나 동남아시아 산물을 주로 들여갔으며 그에 대한 대가로 역시 화폐금속을 가지고 와 다시 중국과의 거래에 나섰다.

이상의 설명들은 지나치게 대략적이라서, 중요한 상품 거래를 놓치고 있을 수도 있다. 그러나 우리가 목적으로 하는 것은 동아시아 해역경제의 구조적 모습을 파악하는 것이기에 이런 대략적인 상품 흐름을 통해서도 그 목적을 이룰 수 있다고 생각한다. 특히 동아시아 해역경제를 각 부문 별로 연구하는 세부적인 성과들에는 각 지역이나 나라 별로 거래된 물품들에 대한 세부적인 명단들이 제시되어 있다.[91] 하지만 동아시아 해역경제의 구조를 파악하면서, 필자는 대서양 해역경제와 달리 거래된 물품들의 목록을 구체적으로 제시할 필요를 느끼지 않는다.

대서양 해역경제에서는, 앞서 살펴봤듯이, 가치의 이전 상에서 불균등이 보이고, 결국 이것은 중심과 주변 간의 불균등 무역과 특정 중심으로의 이윤 집중으로 귀결됨을 볼 수 있었다. 하지만 동아시아 해역경제에서는 은과 구리, 인삼 같은 몇몇 상품을 제외하면 가치의 이전 상에서 불균등을 보기가 힘들다. 특히 은과 구리의 경우 거래되는 시점에서는 상품으로서 거래되지만 그것은 동아시아 각국의 내부 경제에서는 화폐금속이었다. 따라서 이런 화폐금속의 거래에서 이윤의 집중 같은 것을 찾기는 힘들며, 이런 것들이 각 나라의 경제에 영향을 미치게 되는 것은 그것들이 상품으로 거래될 때가 아니라 화폐로 사용될 때였다. 당연히 동아시아 해역경제에서도 상인들이 물건의 이동을 통한 가치의 편차에서 이익을 취하고 있었지만, 이 해역경제에 속한 나라나 지역 간에는 필요한 물건 상의 등가 교환이 주이며 어떤 위계나 이익의 집중을 헤아리기가 힘들다. 특히 동아시아 해역경제의 특징을 조공체제라고 보는 것을 인정하더라도, 이 조공체제 하에서는 중앙이 주변에 대해 이익을 집중하기보다는 오히려 가치상으로 더 많은 혜택을 주변에 부여하는 것이

91) 예컨대, 조선의 경우 왜관을 통해 일본과 거래된 품목에 대한 목록이 생각보다는 비교적 잘 제시되어 있다. 또 북쪽 경계를 통해 사행무역을 통해 거래된 품목의 목록도 비교적 자세히 제시되어 있다. 나가사키에서의 다양한 상품 거래 목록도 제시되어 있으며, 류큐를 통한 거래 품목 목록도 충분히 제시되어 있다.

특징이었다.[92] 이것은 이 동아시아 해역경제의 교역관계가 중앙으로의 이윤 집중을 목적으로 한 것이 아님을 보여준다고 생각한다.

이런 점에서 보았을 때 동아시아 해역경제의 구조는 대서양 삼각무역 구조에서 보이는 모습과 대비하여, 상대적으로 균등하며 다각적이다. 이 해역경제에 참여하는 각 지역의 상인들은 각자의 조건 속에서 이윤을 획득하고 손해를 본다. 특별히 어느 지역이 일방적으로 이윤을 얻고 어느 지역은 일방적으로 손실을 감수하며 억지로 해역경제 속에 끌려들어가는 모습이 전혀 보이지 않는 것이다. 그런 점에서 필자는 동아시아 해역경제의 구조를 다각적 교역관계라고 부르고자 한다.

동아시아 해역경제의 특징

그러면 이렇게 다각적 교역관계를 구조로 가진 동아시아 해역경제의 특징은 무엇일까. 먼저 이와 관련해 흔히 동아시아 '국제질서'와 동일시하는 조공체제와 해역경제 간의 관계를 먼저 잠시 살펴보자. '조공체제'라는 말은 주지하듯이, 미국의 중국사가 존 페이뱅크(John Fairbank)가 동아시아의 국제질서를 지칭하기 위해 사용한 후 한동안 동아시아 역사를 연구하는 사람들 사이에서 전반적으로 받아들여졌다.[93] 그렇지만 이 용어는 위의 뜻 그대로 동아시아의 국제질서를 그리기 위해 고안된 말이었지, 동아시아의 정치·경제 전체를 체제로서 지칭하기 위해 사용된 것은 아니었다.[94] 그리고 이 말에는 일정한 지배·종속의 의미가 내포되어 있다는 점에서 실제로 존재한 책봉·조공관계와는 별개로 역

92) 리보중, 『조총과 장부』, 306-307쪽.
93) Fairbank (ed.), *The Chinese World Order*, pp. 4-5.
94) Chang Feng, "Chinese Primacy", p. 170.

사가들에 의해서 배척되어 온 것 같다.[95] 하지만 경제사 쪽에서는 하마시타 다케시가 1997년 '조공체제'를 근대 이전 동아시아의 정치·경제 전체를 아우르는 하나의 시스템으로서 제기하면서 새로운 관심을 받게 되었다.[96] 특히 서구 학계에서 이에 대한 반응이 폭넓게 분출되어 이와 관련한 많은 성과들이 제시되었다.[97]

하지만 필자는 조공체제라는 말이 동아시아 해역경제의 특징이나 성격을 드러내는 용어가 되기 힘들다고 생각한다.[98] 조공체제는 '조공무역'이라는 말에서 보듯이 동아시아 해역경제와 긴밀한 관계에 있었음은 사실이지만, 그럼에도 동아시아 해역경제와 얼마간 분리해서 보아야 한다. 필자는 조공체제는 동아시아 해역경제에 속한 나라나 지역 간의 정치적 위상 문제와 관련되지, 해역경제 상의 힘의 역관계를 나타내지는 않는다고 보는 것이다.[99] 무엇보다 조공체제라는 말은 기본적으로 원심환 구조에 입각해 있다.[100] 이런 원심환 구조는 무엇보다 중심과 주변이라는 관념에 기초한다. 소위 '일본형 화이질서'를 주장하는 아라노 야스노리도 마찬가지이다. 그는 하마시타처럼 '조공체제'라는 말을 사용하지도 않고 단일한 원심환을 상정하지도 않지만, 조공개념에 핵심적인 '화이질서'를 사용하며 다원적인 국제질서를 상정한다. 이 또한 어쨌든 중심과 주변을 가지고 있는 것은 마찬가지이다.

---

95) 박원호, 「명과의 관계」, 290-292쪽에 나오는 조선 초기 대명관계에 대한 설명에서도 조공체제라는 말은 사용하지 않으며, 이것이 외교적 틀이며 이 속에 들어가는 것이 당시 현실에서 "실질적인 국가이익을 추구"하는 방법이었다고 한다.

96) 濱下武志, 『朝貢システムと近代アジア』. 2018년 이 책의 한국어판이 나왔다.

97) 예컨대, 2017년에 나온 Wang Ban (ed.), *Chinese Visions of World Order*에 실린 글들을 참조.

98) 국제정치학의 관점에서 현재 '조공체제' 논의가 현실적으로 유효성이 떨어진다는 비판은, 김영진, 「전통 동아시아 국제질서」, 249-279쪽 참조.

99) 쇼텐함머도 필자와 비슷한 견해를 표시한다. Schottenhammer, "Empire and Periphery?", pp. 129-196.

100) 濱下武志, 『朝貢システムと近代アジア』, 10쪽의 그림 1-2 참조.

필자는 이런 중심과 주변에 입각한 어떤 개념화도 동아시아 해역경제의 구조에는 맞지 않는다고 생각한다. 정치적 힘관계의 표현이거나 동아시아의 국제질서에 작용하는 이념적 구조로서 이를 사용하는 것에는, 필자가 감당할 수 없는 영역이라 개의치 않는다. 게다가 이런 국제질서가 있다면, 특히 중국의 전통적인 세계관이 이를 기축으로 국가 운영을 하는 것으로 틀지워져 있다면, 이런 세계관에 입각해 무역까지도 얼마간 규제할 수 있다고 생각한다.[101] 하지만 그렇다고 이것을 동아시아 해역경제의 성격이나 특징과 동일시할 수는 없다는 것이다. 설령 당시 동아시아의 국제질서로서 '조공체제'가 있었다고 하더라도, 동아시아 해역경제는 그것과는 얼마간 관계를 맺으면서도 별개로 발전하고 진행되었다고 보아야 한다. 김태명은 경제학적인 측면에서 보면 조공관계는 양쪽이 모두 손해라서 이것을 오늘날의 무역 관념에 입각해 따질 수 없고 "유교문명권 내의 정치적 행위로서 시장가치에 따라 행해지는 경제적인 교환행위가 아니었다"고 주장했다.[102] 조공체제 개념을 비판적으로 분석한 창펑(Chang Feng)도 '중국중심주의'의 성향이 지나치게 강하여 경제 현상의 설명에는 사용하기 어렵다고 주장한다.[103] 따라서 위의 그림에서 보이듯이 해역경제에 참여하는 구성요소들 간의 다각적인 교역관계를 구조로 가진 동아시아 해역경제에 '조공체제'라는 말을 붙이기는 힘든 것으로 보인다.[104]

---

101) 기시모토 미오·미야지마 히로시, 『현재를 보는 역사』, 88쪽은 조공관계로 대외무역을 관리하려 든 것은 명 왕조의 특징이라고 말한다.

102) 김태명, 「조공무역체제에 관한 연구」, 23쪽.

103) Chang Feng, "Chinese Primacy", p. 182.

104) 쇼텐함머는 근대 초기 동아시아 해역세계에 대해 필자와 비슷하게 중심과 주변이라는 관념을 거부하면서, "다각적인 교류관계"라는 표현을 사용한다. Schottenhammer, "The East Asian 'Mediterranean'", pp. 109, 128-129. 하지만 쇼텐함머에게 '다각적인'이 의미하는 것은 경제, 문화, 종교, 등등 다양한 방면을 뜻한다. 필자는 '다각적인'이란 말을 중심을 해체하는 의미에서 사용

이런 동아시아 해역경제의 구조를 매우 잘 보여주는 현상은 근대 초기 동아시아 해역세계에 존재하던 표류민 송환체제인 것 같다. 근대 초기 동북아시아 3개국만이 아니라 동아시아 해역세계 전체에 상당한 수의 조난 사고가 일어났고 그때마다 표류민들을 각 지역이나 나라에서 돌보고 귀환시키는 전체적인 체계가 존재하고 있었다는 점에는 여러 학자들이 주목해왔다.[105] 특히 김강식은 동아시아의 표류민 송환체제에는 전통적인 외교관계에 바탕을 둔 직접 송환체제와 상대적으로 불안정한 외교관계일 때 나타나는 간접 송환체제라는 이중적 모습이 존재했지만, 1683년 이후 국제관계가 안정되면서 표류민 송환체제도 안정되었다고 주장한다.[106] 이런 표류민 송환체제의 안정된 구축과 운영은, 물론 국제질서로서의 조공체제의 안정성에 의해 뒷받침되는 것이겠지만, 한편으로 동아시아 해역경제가 가진 다각적인 교역관계를 반영하고 있다고 생각한다.

그렇다면 이러한 다각적 교역관계를 구조로 가진 동아시아 해역경제의 특징은 무엇인가. 여기서는 길게 논의할 만한 여유가 없기에, 다음 기회에 좀 더 상세한 논의를 약속하면서 그 특징을 세 가지로 요약해 제시해 보고자 한다.

첫째, 다각적이고 얼마간은 수평적인 교역관계이다. 교역은 경제 행위이다. 경제 행위는 가치의 이전과 이윤의 발생을 결과하게 마련이다. 이런 측면에서 동아시아 해역경제를 살펴보면, 대서양 해역경제와는 달

한다.

105) 김강식, 「조선 후기 동아시아 해역의 표류민 송환체제」, 165-195쪽; 劉序楓, 「淸代環中國海域的海難事件硏究」, 173-238쪽; 아라노 야스노리, 『근세 일본과 동아시아』, 4장.

106) 김강식, 「조선 후기 동아시아 해역의 표류민 송환체제」, 193-195쪽. 한편 류쉬펑은 동아시아 전역의 표류민 송환체제가 완비되는 것이 18세기를 거치면서라고 주장한다. 劉序楓, 「淸代環中國海域的海難事件硏究」, 238쪽.

리, 흔히 조공체제론에서 중심으로 간주되는 영역에서 특별한 이윤이 발생하지 않는다. 교역 자체는 정치 상황에 의해 자주 간섭받았지만, 그 교역 안에서 일어나는 가치 이전 방식이나 이윤 창출 구조 자체에는 정치세력의 개입이 강하게 나타나지 않는다. 다만 그런 교역 행위의 결과로 일반 민(民)의 삶에 문제가 생길 경우와, 교역 행위 자체에 정치세력이나 이념에 위해를 가할 가능성이 생길 때에만 직접적인 개입이 일어났다. 그래서 특별히 중심 출신의 상인들이 거래 행위에서 더 이롭거나 이윤을 집중적으로 끌어가지도 않는다. 그리고 동아시아 해역경제의 교역관계에는 특정 지역이 이윤을 집중하고 그런 구조 속으로 다른 지역 상인 집단이나 민(民)을 강제로 끌어들이는 메커니즘이 존재하지 않는다. 앞서도 말했듯이, 이런 점에서 중심과 주변을 설정하는 조공체제나 다원적인 교류관계라는 표현으로는 이 다각적인 교역관계의 구조를 가진 동아시아 해역경제를 담아낼 수가 없는 것이다.

이어서 동아시아 해역경제가 가진 두 번째 특징은 그 해역경제가 정치 상황의 변화에 크게 영향 받았다는 점이다. 앞서의 우리의 논의 속에서 두드러지게 나타난 점은 원·명 교체와 명·청 교체 같은 거대한 정치적 격변과 혼란이 해역경제의 작동에 영향을 미쳐 조금씩 변화를 일으킨다는 것이다. 특히 동아시아 해역경제에서 일본의 위치가 자주 그런 모습을 보여주는데, 일본은 지정학적 위치 탓으로 중국에서 발생하는 정치적 변화나 혼란에 가장 크게 영향 받으며, 이에 대한 대응도 가장 강하게 보여준다. 하지만 동아시아 해역경제 속에서 그에 속한 주변 나라나 지역의 정치적 격변이 해역경제의 작동 자체에 영향을 미치지만, 그럼에도 위에서 말한 동아시아 해역경제의 다각적이고 얼마간 수평적인 교역관계라는 특징을 손상시키지는 않았다. 따라서 이런 격변과 혼란에 대한 대응으로 일본이 자신만의 영향권을 추구해서, 아라노 야스노리의 말처럼, '일본형 화이질서'라는 것을 만들고자 했는지는 모르지만, 그조차도 기본적으로 조공체제와 마찬가지로 국제질서와 이념적 구조에 해당되는 것으로, 동아시아 해역경제가 가진 기본 특징에서 벗어나거나 별개의 해역경제를 만들어 나갔다고는 볼 수가 없다. 일본이 별개의 해역경제를 만들어나가서 결국 기존의 동아시아 해역경제를 무너뜨리게 되는 것은, 대서양 해역경제의 방식을 받아들이는 19세기 말 이후의 상황이라고 보인다.

마지막으로, 동아시아 해역경제가 가진 세 번째 특징은 해역경제가 그 해역경제에 속한 각 나라의 경제에 미치는 영향이 그렇게 크지 않다는 점이다. 이 또한 대서양 해역경제와 비교할 때 두드러진 차이라고 할 것인데, 동아시아 해역경제의 번성으로 분명 각 나라는 나름의 이익을 보거나 손실을 보았을 것이다. 특히 이 해역경제에 종사하는 상인들의 개인적 성공과 실패는 그가 속한 공동체의 상업화와 시장경제의 발달에 영향을 주었을 것임은 분명하다. 하지만 그렇더라도 여전히 동아시아 해역경제에 속한 각 나라, 특히 동북아시아 3국의 경제적 성쇠에는 해역경제가 직접적으로 미친 경제적 영향 부분이 그리 크지 않았던 것으로 보인다. 이는 무엇보다 이 해역경제를 지탱하는 축이었던 이 3국이 모두 여전히 기본적으로 농업에 기초한 경제 구조를 가지고 있었고, 실제 전체 경제의 운명을 좌우하던 것도 농업 부문이었다는 점에서 기인한다고 본다.[107] 중국의 명·청 교체에 대해 은 교역의 영향이나 대외적인 힘의 작용으로 설명하는 것이 부적절함은 1부에서 얘기했다. 명·

---

107) "… 16세기는 동아시아의 습윤지 도작의 확대가 하나의 정점에 달하는 시기이다. 중국 장강 델타지역의 수리 조건이 현저히 정비되는 것이 이 시기이고, 일본의 대하천 하류 지역의 개발이 본격화하는 것도 16세기의 일이다. 16세기 동아시아 해역의 유례없는 성황은 동아시아 도작 사회의 대규모 확장을 전제로 한 것이었다고 할 수 있다." 기시모토 미오·미야지마 히로시, 『현재를 보는 역사』, 241-242쪽.

청교체의 원인을 둘러싼 논란이 완전히 끝난 것은 아니지만, 이것을 기근과 그에 대한 중국 정부의 대처('황정(荒政)')에 입각하여 설명하는 연구[108]는 매우 주목된다. '생태위기'로 발생한 기근에 대처하는 명 정부나 청 정부는 모두 재정적 어려움을 겪고 있었다. 이 재정적 어려움에는 물론 은 무역을 비롯한 외부의 힘이 작용했을 수 있다. 하지만 정부의 붕괴로 이어지는 결정적인 계기는 농업과 긴밀하게 결부되어 마련된 '황정'이라는 제도적 요소였다. 근대 초기 일본이 "눈부신 경제성장"을 했다고 글로벌 경제사 연구자들은 주장하고 있다. 이 성장의 기초가 된 것은 광범위한 전답의 개간이나 소농 가족 경제에 입각한 집약적 농업의 수행 같은 주로 농업과 관련된 요소였다.[109]

하네다 마사시가 편한 『바다에서 보는 역사』 한국어판은, 전체 3부로 되어 있는 책의 각 부의 제목을 "열려 있는 바다", "경합하는 바다", "공생하는 바다"로 옮겼다. 즉 개방, 경합, 공생이 1250년부터 1800년까지 동아시아 바다에서 그 바다에 접하고 살아가는 각 나라나 지역의 사람들이 보여주던 모습이었다는 것이다. 물론 하네다 마사시의 이 책은 단지 경제에만 초점을 맞춘 것이 아니라 바다를 통해 일어나는 정치, 경제, 문화, 사회적 현상을 모두 포괄하여 말하고자 하지만, 이 책의 부 제목들이 말하는 기본 의도는 필자가 동아시아 해역경제의 구조와 특징으로 말하고자 하는 것에 정확히 부합한다고 생각한다. 개방과 경합, 공생이란 말은 그에 연루되는 사람들 사이에 얼마간 공평하고 균등한 관계를 전제로 하고 있다. 적어도 그 사람들 사이에 중심과 주변이나 지배와 종속 같은 관계는 내세우지 않고 있는 것이다. 그런 점에서 리보중의 조공체제에 대한 다음과 같은 말은 다분히 '중국중심주의'의 위험성을 내

108) 김문기, 「명말청초의 황정과 왕조교체」, 111-170쪽.
109) 齋藤修, 「大開墾·人口·小農經濟」, 171-215쪽.

포하긴 했지만, 역시 동아시아 해역경제의 구조와 특징을 얼마간 담고 있다고 생각한다. "중국은 번속국의 내정에 간섭하지 않고, 경제적 이익을 얻으려 하지 않았으며 국가 간의 분규가 발생해도 중국에 직접적인 위협이 되지 않으면 무력을 사용하는 것을 피했다. 그래서 어떤 학자는 중국과 인접국 간의 조공–종번 관계가 '조공'과 '종번'의 조건을 갖추지 않았다고 보기도 한다. 이 '종번관계'에서는 상응하는 의무나 규정이 없었고, 중국 통치자가 실질적으로 권력을 행사하지 않는 데다 조공은 무역이라는 외투를 입고 있었을 뿐이기 때문이다. 실제로 중국은 다른 나라를 평등하게 대하며 간섭하지 않았고, 동아시아의 국제질서는 기본적으로 무력에 그다지 의존하지 않았다."[110] 리보중이 말하는 것처럼, 실제로 중국이 정치적 측면에서나 자신의 권위를 강요하는 면에서 무력이나 강요를 행사하지 않고 "다른 나라를 평등하게" 대했는지는 의문이다. 하지만 적어도 동아시아 해역경제에서는 이 해역경제에 참여해 이익을 보기 위해 애를 쓴 것은 중국이 아니라 오히려 '주변'에 해당하는 나라들이었다는 것은 분명하다.

---

110) 리보중, 『조총과 장부』, 307쪽.

7. 결 론: 비교

구조

이제 이상의 모든 논의에 대한 결론을 몇 가지로 정리해 보자. 2부의 서두에서 말했듯이, 여기서 제시하는 것은 광역 비교의 방법이다. 대서양 해역경제와 동아시아 해역경제라는 지리적으로 상당히 멀리 떨어진 두 영역을 동일 시간대, 즉 16-18세기의 몇 가지 키워드로 탐색하고 정리하여 최종적으로 둘을 비교해 보는 것이다. 원래 처음 이런 구상을 했을 때는 사실 어떤 결론이 나올지 예측하기 힘들었다. 하지만 지금 이 두 해역경제를 몇 가지 키워드에 입각해 정리해 놓고 보니 여기에 정리하기도 전에 둘 사이에 명확한 차이들을 볼 수가 있는 것 같다.

이 마지막 장에서 두 해역경제를 비교하며 제시하는 키워드는 서론에서 밝힌 것처럼, 구조와 주변 나라나 지역들의 경제에 미친 영향, 그리고 그 나라나 지역들의 정치·사회적 조건과의 관계이다. 먼저 여기서는 구조를 비교해 보도록 하겠다.

구조 면에서 보았을 때, 가장 먼저 눈에 띄는 것은 대서양 해역경제는 그에 속한 3개 대륙 사이에 삼각형 모양의 교역구조가 형성되었다는 점과 동아시아 해역경제는 지형적 원인도 작용하여 굉장히 복잡한 교역구조를 만들었다는 점이다. 또한 명확한 것은 대서양 해역경제는 3개의 대륙이 근대 초기에 유럽인의 대양 진출과 적극적 경제 활동이라는 매개를 통해 연결되면서 탄생했다는 점과 동아시아 해역경제는 고대 이래의 지속적인 해양 활동의 결과로 근대 초기가 도래하기 훨씬 전에 이미 형성되어 있었다는 점이다. 그리고 대서양 해역경제에서는 해역경제 형성의 매개로서 활발한 해양 활동을 수행한 유럽 대륙이 주도권을 가지고 전체 구조가 형성되었지만, 동아시아 해역경제에서는 원래 해양활동에 가장 일찍 나섰던 해역 동남아시아보다 여러 가지 지정학적 환경상 가장 빠르게 정치·사회적 안정화를 이루며 규모 면에서 가장 크게 대두되었던 동북아시아 3국 쪽이 해역경제를 유지하고 지탱하는 근간이 되었다.

한편 앞서 살펴보았던 대서양 해역경제를 구조 면에서 다시 되새겨 봤을 때, 가장 부각되는 점은, 대서양 해역경제의 삼각무역 형태를 통해 이전되는 상품과 사람의 이동에서 유럽 대륙의 중심성을 볼 수가 있고, 전체적인 상품과 사람의 이동을 통해 최종적으로 경제적 이윤이 발생하는 곳은 유럽 대륙이라는 점이다. 처음부터 대서양 해역경제를 구성해 나가던 유럽인들의 목적 속에 경제적 최대 이윤의 획득이라는 목표가 자리하고 있었기에, 대서양 해역경제는 전체적으로 이런 목적을 향해 구성되었고, 유럽 대륙 외 나머지 2개 대륙의 구조 속에서의 위치 부여도 이런 목적에 맞게 짜여져 있는 느낌이다. 따라서 대서양 해역경제는 교역관계를 수행하면 할수록 이 구조의 중심에 있는 한 대륙으로 이윤이 집중되어 가는 구조이며, 이런 구조를 이루기 위해 해역경제를 구성하는 각 나라나 지역들 사이에 위치나 역할이 주어지는 위계적 성격을 지니고 있었다. 원래 원주민이 있던 지역들의 위치나 역할이 가장 하부에 가장 가혹한 위치와 역할에 놓여있고, 원주민의 수가 적어 유럽인들의 대량 이주가 발생한 소위 '정착' 식민지 지역에서는 거의 유럽에 근접할 만큼의 경제적 이득을 올리는 모습도 볼 수 있는데, 이 과정에서도 그런 이득을 올리는 것은 원래 자신의 땅에서 강제로 이동하게 된 노동력에 힘입어서였다. 결국 이 구조 속에서 최상위에 속한 유럽 대륙은 지구상의 다른 어느 곳보다 빨리 본격적인 자본주의 산업화의 길에 오를 수가 있었다.

반면에 동아시아 해역경제에서는 대서양 해역경제에서 볼 수 있는 강제 이주와 강제 노동에 입각한 최대 이윤 추구나 위계제적 형태를 볼 수가 없었다. 물론 동아시아 해역경제에서도 상업적 이익을 쫓아 먼 바다를 건너 타지로 이동하는 사람들을 볼 수가 있다. 하지만 이들에게는 누군가에 의해 강제적으로 이동하여 자기 노동력을 자신과 아무 관계도 없는 자기 눈에는 보이지도 않는 대륙의 사람들을 위해 강제로 사용해야 하는 그런 일은 없었다. 이들은 동아시아 해역경제 한 가운데에서 각자와 경쟁하면서 자기 능력에 따라 수익을 얻고 실패했다. 동아시아 해역경제에서 가장 큰 규모이고 그것을 지탱하던 동북아시아 3국이나 중국으로 모든 이윤이 집중되지도 않았고 그것이 중심으로 기능하면서 주변에게 자신의 이윤 창출을 위해 희생하도록 강요하지도 않았다. 적어도 경제적 측면에서 볼 때 동아시아 해역경제 속의 각 나라나 지역들은, 그리고 그곳 출신으로서 해역경제 속에서 활발한 경제 활동을 수행하던 사람들은 다른 어떤 요인이 아니라 딱 그 경제적 결과로 성과과 실패의 결과를 얻었다. 게다가 동아시아 해역경제에 속한 나라나 지역들을 국제 질서 면에서 규정지을 수도 있는 '조공체제'는 오히려 중심이 주변보다 더 손해를 보는 구조로 이런 시각에서 보면 중심이 이윤을 얻기 위해 주변에게 무엇인가를 강요하기보다 오히려 주변이 더 조공무역을 통해 중심에게 가고자 하는 모습으로 나타났다.

결국 구조 면에서 대서양 해역경제와 동아시아 해역경제를 비교해 보았을 때, 대서양 해역경제는 중심 대륙으로 모든 수익이 집중되는 위계적이고 강압적인 (즉, 근대 초기 글로벌화의 주창자들은 흔히 간과하지만, 그 무엇보다 자본주의적인) 삼각형의 구조를 보여준다. 반면에 동아시아 해역경제는 오랜 기간에 걸친 바다에서의 인간 활동을 통해 형성되면서, 정치세력들 간의 국제질서를 제쳐둔다면 중심과 주변이라는 기본 구도가 거의 구성되지 않은 채 해역경제에 속한 나라나 지역들 간에 깊고 지속적인 가치 이전과 상호 영향을 발휘하고 있다. 이런 구조는 다각적이고 얼마간 수평적인 교역관계의 구조라고 부를 수 있다고 생각한다.

주변 나라나 지역에 대한 경제적 영향

대서양 해역경제와 동아시아 해역경제를 비교하면서 두 번째로 살펴볼 키워드는 해역경제들이 자신에게 속한 주변 나라나 지역들에 미친 경제적 영향이다. 대서양 해역경제는 전체적으로 볼 때 그에 참여하는 3개 대륙의 경제 전개에 큰 영향을 준 것으로 판단된다. 특히 오늘날까지 이어지는 장기 역사적 맥락에서 판단했을 때, 근대 초기 대서양 해역경제가 각 대륙에 미친 경제적 영향은 21세기 오늘날까지도 여전히 그 유산을 남기고 있다. 가장 많은 사람들이 강제 이주 당하고 자기의 원래 고향이 아니라 다른 곳에서 다른 누군가를 위해 노동력을 사용해야 했던 아프리카의 경우는 그 영향이 가장 심각하다. 흔히 아프리카인의 야만성을 가리키는 것으로 지목하던 일부다처제가 노예무역으로 인한 젊

은 남성 노동력의 대량 유출의 결과로 나타난 것이라는 사실은 이 대륙에 미친 대서양 해역경제의 경제적, 사회적, 정치적 영향이 얼마나 깊은지를 알게 한다.

그리고 라틴아메리카 지역은, 오늘날 글로벌 경제사학자들이 19세기까지는 유럽보다도 높은 경제성장을 보인 곳으로 대서양 해역경제의 큰 혜택을 본 지역이듯이 말하지만, 그럼에도 오늘날 이곳이 겪고 있는 빈곤과 고통의 근원이 근대 초기 대서양 해역경제에 있음은 많은 이들이 지적하는 바이다. 원래 안데스 산맥 고원지대에서 자신들의 먹거리 공급량에 맞추어 다수 품종을 고르게 분포시켜 농사를 짓던 원주민들의 농사법을 이윤 산출 면에서 비효율적이라고 보아 다 파괴해버리고, 단일 경작에 과도한 비료 공급을 통한 인위적인 생산량 상승에 집중할 경우 그런 경제가 맞게 되는 결과는 파국밖에 없을 것이다. 정착 식민지 경제에서 수출 주도 경제로 발전하여 산업화를 이루고 오늘날에는 유럽을 능가하는 지위를 누리는 미국조차도 농업적 측면에서는 동일한 비판이 가능하다. 자본 집중과 기계화로 몇 가지 상품 작물을 중심으로 대량 생산하여 전(全)세계로 송출해 이윤을 축적하는 방식의 농업은 결국 사람들이 누려야 할 먹거리 작물의 다양성을 축소시키고 비정상적 영양 상태를 조장하는 결과를 낳을 것이다.

대서양 해역경제의 가장 상위에 위치했던 유럽 대륙은 근대 초기 여기서 얻은 수익과 해역경제의 구조적 특성에 힘입어 가장 빠르게 산업혁명을 이루어나갔고, 가장 많은 성장의 혜택을 누렸다. 그런 성장의 혜택의 결과로 두 차례나 끔찍한 세계대전을 치르고 1,000만 명 이상의 목숨이 사라졌는데도, 그 과정에서 유럽 대륙은 최근까지 대서양 해역경제의 수위에 위치했던 것이 가져다 준 경제적 혜택을 누려왔다. 비록 최고의 자리는 미국에게 넘겨줬지만 말이다. 물론 21세기 들어 유럽이 처한 정치, 경제, 사회적 어려움들 자체도 바로 이 대서양 해역경제가 제공해준 경제적 영향의 결과였다고 할 수 있을 것이다.

동아시아 해역경제는 근대 초기에 자신에게 속한 주변 나라나 지역들에 미친 경제적 영향의 정도가 그리 크지 않았다. 물론 해역 동남아시아는 동아시아 해역경제에 속함으로써, 북쪽에 있는 거대 규모의 경제에서 발생하는 수요에 맞추어 가면서 경제적 번영을 누렸다고 한다. 또 류큐 같은 곳도 근대 초기 동아시아 해역경제 속에서 중계무역을 통해 커다란 경제적 성취를 올렸다. 하지만 동아시아 해역경제의 주요 축이라고 할 수 있는 동북아시아 3국은 근대 초기에 기본적으로 농업에 중심을 두고 있는 경제였고, 특히 중국의 경우 은본위제로 인해 국제 교역을 통한 은 공급에 얼마간 영향을 받았다고 할 수 있지만, 전체적으로 해역경제가 이 3국의 국내경제에 미치는 영향은 상당히 제한적이었던 것 같다.

그렇기에 근대 초기 동아시아 해역경제에 속했던 나라나 지역들의 오늘날의 상황은 당시의 해역경제의 영향과는 거의 관계가 없다고 생각된다. 해역 동남아시아의 여러 나라들이 빈곤과 고통을 겪고 있지만, 그것은 근대 초기 동아시아 해역경제에 속했기 때문이 아니라 오히려 17세기 이후 대서양 해역경제의 논리를 가지고 들어온 유럽인들의 영향과 그 유산 때문이라고 보아야 할 것이다. 물론 오키나와와 에조치 같은 곳들이 근대 초기 동아시아 해역경제에 속한 가운데 일본의 "최초의 식민지"가 되었고 그것이 지금까지 영향을 주고 있음은 사실이다. 그리고 당시 일본이 이런 이른 식민주의를 취하게 만든 것이 얼마간 근대 초기 동아시아 해역경제의 작동 탓임도 사실이다. 분명 그런 요소도 있다. 하지만 전체적으로 볼 때, 특히 동북아시아 3국의 현재는 근대 초기 동아시아 해역경제의 경제적 영향과 그 유산이라고 볼 여지가 별로 없다. 오늘날 일본 경제 성장의 기원을 근대 초기에서 끌어내려는 스기하라 가오루 같은 일부 학자들의 시도가 있지만, 그것을 사실로 인정한다 하더라도 그런 주장을 하는 학자들은 성장의 기원을 일본 자체의 내적 요소에서 찾고 있지 해역경제라는 외적 요소에서 찾지 않는다. 중국과 한국의 경우, 생각하기 따라서는 근대 초기에 폐쇄적인 대외정책이나 낡은 이념에 대한 고수 같은 것을 들면서 그 사이 겪은 지난한 역사의 원인을 찾을 수도 있을 것이다. 하지만 그렇게 엮어가더라도 오히려 이것은 동아시아 해역경제의 경제적 영향이 아니라 그런 경제적 영향의 부재 때문이라는 이야기가 된다. 오히려 이렇게 말할 수 있을지도 모르겠다. 근대 초기 동아시아 해역경제가 18세기 이후 본격적으로 대두해오던 유럽인들의 '대서양 해역경제'에 밀려 결국 형해화되고 그 자리에 대서양 해역경제의 논리에 따른 새로운 틀과 강요와 위계가 대신 자리잡지 않았다면, 그래서 동아시아 해역경제가 19세기와 그 이후까지도 유지되면서 조금씩 주변 나라들에 대한 경제적 영향을 확대해 갔다면, 두 나라가 겪었던 지난한 고통과 고난이 조금은 다르게 전개되었을 수도 있지 않을까.

정치·사회적 조건과의 관계

이제 우리가 대상으로 삼는 이 두 해역경제들과 정치·사회적 조건과의 관계를 살펴보자. 이것은 앞의 두 번째 키워드와 서로 연동되어 있는 것 같다. 결국 경제적 영향을 적게 주는 만큼 정치적 영향을 더 받게 된다는 얘기 같기도 하기 때문이다. 여기서는 지금까지와는 달리 동아시아 해역경제부터 다루어 보자. 근대 초기 동아시아 해역경제는 자신에게 속한 주변 나라나 지역들의 정치적 상황 전개에 크게 영향 받았다. 확고하게 구축된 것처럼 보이는 해항도시간 네트워크들이 정치적 상황 전개에 따라 무너져 버리는 일도 있었고(쇄국 하의 일본, 일본 지배 하의 류큐), 반대로 정치적 상황 전개로 인해 갑자기 해역경제의 핵심 결절점으로서 번성을 누리는 일도 있었다(역시 명의 해금령 시기 류큐). 아무리 경제적으로 번성을 누리고 정치세력에게까지 이윤을 제공해도 정치적 혹은 이념적 고려에 의해 모든 것을 무(無)로 돌리는 예도 있었다(일본의 쇄국). 동아시아 해역경제가 가진 주요 특징은 바로 이렇게 정치 상황의 전개에 의해 상당한 영향을 받는다는 점이다. 중국 대륙의 커다란 정치적 변혁이 가장 큰 영향을 주었고, 심지어 동아시아 해역경제의 기본 틀을 흔드는 결과까지 낳을 수도 있었다(조선과 일본의 '소중화'론). 한편 각 나라의 사회적 조건은 동아시아 해역경제와 크게 관계없이 발전해 나갔다. 동북아시아 3국에서 기본적으로 소농 가족 중심의 농촌 사회가 발전해 가면서 경제적으로는 내부 분화가 일어났고 각각 자체적인 성장을 이루어갔다.

하지만 대서양 해역경제에서는 그 해역경제에 속한 3개 대륙에서 일어나는 정치적·사회적 변화들이 해역경제와 긴밀하게 결합되어 있었고, 그런 변화들이 오히려 해역경제를 자극하고 더욱 발달시키는 역할도 했다. 일례로 17세기 영국 내전은 영국 사회 전체에 거대한 변화를 가져온 격변이었다. 하지만 그 과정에서도 16세기 말부터 시작된 영국의 대양 진출은 멈추지 않았고, 오히려 더 가속화되었다. 영국 내전 과정에서 체계를 갖추어간 여러 '항해조례'들은 명예혁명으로 정치 불안이 종식되자 바로 영국의 대양 진출과 네덜란드와의 패권 다툼에 밑거름이 되었다. 18세기 말에서 19세기 초에 대서양 양안을 휩쓴 소위 '대서양 혁명들'도 라틴아메리카에 여러 독립국을 탄생시키고 북아메리카에는 미국이라는 거대 세력을 탄생시켰으며, 유럽 대륙에서는 새로운 체제에의 열망을 담은 혁명의 불꽃들을 이어갔지만, 대서양 해역경제는 그 조차도 성장의 토대로 삼았다. 같은 시기에 산업혁명을 이룬 영국의 선례를 따라 새로이 탄생한 독립국들이 열심히 해역경제의 경쟁 속으로 뛰어들었던 것이다. 이들은 오히려 대서양이라는 좁은 틀에서는 대서양 해역경제가 더 이상 이윤을 뽑아내지 못한다는 듯이 산업혁명의 성과에 기대어 전(全)지구로 대서양 해역경제를 확장해 가기 시작했다.

이렇게 본다면 18세기 이후의 동아시아 바다에서 벌어진 일들은 그 이전과 전혀 달랐다. 유럽인들이 처음 동아시아의 바다에 나타났을 때 그들은 이미 존재하던 동아시아 해역경제의 틀 내에서 그저 한 자리를 얻고자 노력했을 뿐이었지만, 이제 19세기의 국면에서는 그들은 더 이상 한 자리를 얻고자 할 필요가 없어진 것이다. 그들은 자신들이 가장 익숙하고 잘 작동시킬 수 있는 해역경제 속에서 그 일원으로 그것을 가지고 동아시아로 들어왔기에 그곳에 이미 있던 해역경제에 들어갈 필요가 없었던 것이다. 그리고 그들은 자신들의 위계적 구조를 가진 해역경제를 작동시켜서 다각적이고 수평적인 구조를 가진 동아시아 해역경제를 대체해 가기 시작했다. 경제적 이윤 동기에 크게 영향을 받지 않고 오히려 정치 상황에 따라 크게 흔들렸던 동아시아 해역경제는, 경제적 최대 이윤 산출을 최종 목적으로 두고 정치 상황도 그에 따라 바뀌는 위계제적 구조의 작동을 무기로 내세운 대서양 해역경제에게 결국 대체되고 말았던 것이다.

마지막으로 이 책의 전체 결론으로서 몇 마디만 더하고 마치겠다. 필자가 이 책을 구상하게 된 계기는 지난 10여 년 글로벌 경제사에 대한 공부를 해오면서, 유럽학자들이 자신들의 기준으로 세계 전체의 다양한 지역과 나라들을 획일적으로 통계 처리하고 그 결과를 비교해 마음대로 평가한다는 인상 때문이었다. 1부에서 필자는 본인이 할 수 있는 최대한으로 이런 기준들이 어떤 객관성도 갖지 못할 수 있음을 말하고자 했다.

수치화 할 수 있다는 것이 바로 객관화의 지표는 아니기 때문이다. 게다가 수 이전에 그 수를 범주화하는 개념들조차도 전혀 객관적이지 않은데도 말이다. 예컨대, 필자가 근대 초기 글로벌화를 비판하면서 곧이 다루지 않은 부분이 있는데, 그것은 '도시화 비율'이다. 글로벌 경제사학자들은 흔히 이 도시화 비율을 전체 인구 대비 도시 인구로 계산하여 내놓고 이를 중요한 경제성장의 지표 중 하나로 제시한다. 그런데 이렇게 계산된 도시화 비율을 정작 도시학자나 도시사학자들은 많은 문제가 있다고 비판하고 있다. 물론 도시화를 산정할 수 있는 다른 수단이 현재 없는 상황에서 이런 단순한 계산을 통해 도시화를 평가하는 것은 편리한 일일 것이다. 하지만 전체 인구 대비 도시 인구의 비율이 높다고 해서, 즉 도시화 비율이 높다고 경제성장을 이루고 있다고 말할 수 없는 경우도 많다. 유럽인들이 나타나기 이전 해역 동남아시아는 '항시국가(港市國家)'를 발달시키고 있었다. 해역 동남아시아는 가용 토지에 비해 인구가 극히 작은 지역이었다. 따라서 최대한 효율성을 높이기 위해 인구는 밀집되어 항구를 갖춘 도시를 이루었다. 그렇다면 이 시기 전체 인구 대비 도시 인구로 계산한 도시화 비율은 세계 그 어느 곳보다 높을 수도 있다. 하지만 글로벌 경제사학자들은 어찌된 일인지 유럽인들이 들어간 이후의 도시화 비율만 산정하여 평가를 내린다.

또 전체 인구 대비 도시 인구를 계산하려면 먼저 도시 인구를 산정해 내야 한다. 그러면 인구가 어느 정도일 때 도시로 여길 수 있는가라는 문제가 발생한다. 경우에 따라서는 인구가 400명이 되어도 도시가 될 수 있다. 하지만 흔히 도시화 비율을 낼 때는 인구를 5,000명이나 1만 명으로 잡고 계산한다. 우리가 도시를 도시라고 부르는 것은 인구 수 때문만이 아니라 그 도시가 하는 기능과 역할 때문이기도 하다(이 기능과 역할을 어떻게 보느냐에 따라 전혀 도시 같지 않은데도 도시가 될 수도 있다). 도시가 원래 인구 수로 결정되는 것이 전혀 아닌데, 어째서 도시화 비율을 낼 때는 인구 수로 결정하는지 모를 일이다

앞서도 말했듯이 계량경제학적 방법을 사용하는 글로벌 경제사학자들이 사용하는 모든 복잡한 공식을 통해 산출된 수식들은 이미 그 이전에 하나의 개념들을 전제로 하고 있다. 도시, 인구, 생활수준, 키, GDP, 등등. 이런 개념들을 사용하는 경제사학자들은 정말 오랜 고민 끝에 이런 저런 변수를 모두 다 고려하면서, 그리고 그런 고려들을 모두 글 속에 표현하면서 값을 산출해 낸다. 하지만 이런 개념들 자체가 문제시 된다면 그들이 산출한 값은 어떻게 돼야 할까.

2부에서는 역시 위의 생각들과 연동하여 드는 의문들을 다루어보았다. 과거의 사람들이 서로 영향을 주며 살아가는 과정 속에 반드시 중심과 주변이 있어야 할까. 많은 학자들은 과거 사실이나 현재 상황에 대한 분석을 통해 상하 관계나 경중 관계를 따지는 것을 목표로 삼는다. 어떤 이들은 그것이 학문의 최종 목표가 아닌가, 상하와 경중을 따져 효율성을 높이는 것이 인간 삶의 진보에 기여하는 길이 아닌가라고 되물을지도 모르겠다. 필자는 2부에서 16-18세기 격심하게 요동치던 세계의 어느 한 영역과 다른 어느 한 영역이, 생각보다는 그렇게 서로 관련이 없었음을 보여주었다. 구조도 다르고 작동 방식도 다르고 영향을 주는 방식도 달랐다. 자본주의적 기제를 처음부터 갖추고 작동하는 해역경제와 그런 것과는 무관하게 나름의 조건 속에서 오랜 시간에 걸쳐 형성된 해역경제는 전혀 다를 수밖에 없었다. 그리고 이 오래된 해역경제는 중심이 있긴 해도 크게 중심으로서의 역할을 하지 않는, 비교적 다각적이고 수평적인 교역 구조를 가지고 있었다. 역사 속에서는 작동하는 경제임에도, 우리의 고정관념과는 다르게 최대 이윤을 추구하지도 않고 정치에 쉽게 휘둘리고 위계적으로 작동하지도 않는 그런 경제도 있었던 것이다.

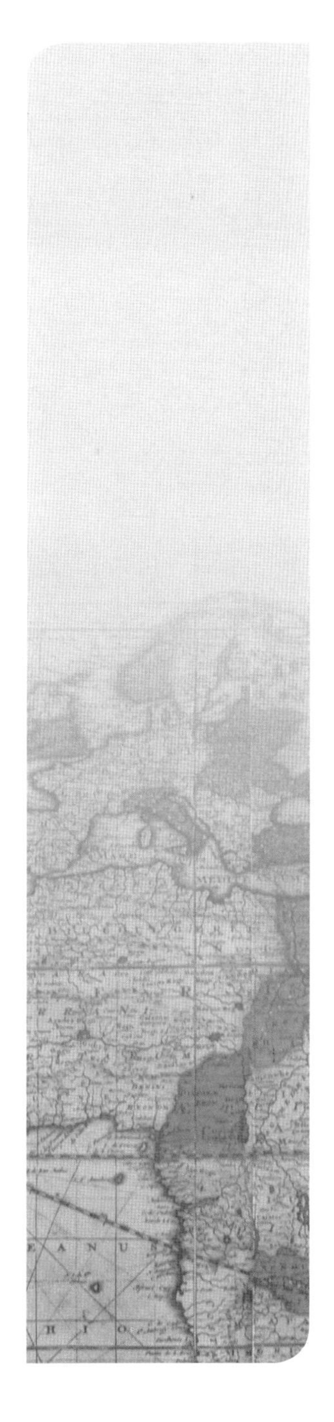

부록

참고문헌

찾아보기

참고문헌

J.R. 맥닐·윌리엄 맥닐, 유정희·김우영 옮김, 『휴먼 웹: 세계화의 세계사』, 이산, 2007.

강만길, 『조선후기 상업자본의 발달』, 고려대학교출판부, 1973, 제4판 1981.

곡금량, 「당조 신라 인구의 해외거주 공간분포와 항구 네트워크에 대한 연구 -9세기 산동반도와 강회연해를 중심으로」, 김건인 외, 『7-10세기 동아시아 문물교류의 제상 -중국편-』, 해상왕장보고기념사업회, 2008

구도영, 『16세기 한중무역 연구: 혼돈의 동아시아, 예의의 나라 조선의 대명무역』, 태학사, 2018.

구로다 아키노부, 정혜중, 『화폐시스템의 세계사』, 논형, 2005.

기시모토 미오·미야지마 히로시, 김현영·문순실 옮김, 『현재를 보는 역사: 조선과 명청』, 너머북스, 2014.

김강식, 「여·송 시기의 해상항로의 형성과 활용」, 『해항도시문화교섭학』 11 (2014. 10), 1-40쪽.

______, 「조선 후기 동아시아 해역의 표류민 송환체제」, 이수열 외편, 『동아시아 해역의 해항도시와 문화교섭 I: 해역질서·역내교역』, 선인, 2018.

______, 『조선시대 해항도시 부산의 모습 -군항과 해항』, 선인, 2018.

______, 「15-16세기 조선과 류큐의 교류와 해역」, 『제10회 세계해항도시연구회 국제학술대회 동아시아 해역과 해양활동』 (2021. 3), 77-90쪽.

김건인, 「고대 동북아 해상교류사 분기」, 김건인 외, 『7-10세기 동아시아 문물교류의 제상 -중국편-』, 해상왕장보고기념사업회, 2008.

김구진, 「여진과의 관계」, 『한국사 22권: 조선 왕조의 성립과 대외관계』, 국사편찬위원회, 1995.

김대길, 『조선후기 장시연구』, 국학자료원, 1997.

김동철, 「17-19세기 부산 왜관의 개시와 조시」, 『한일관계사연구』 41 (2012), 223-262쪽.

김문경, 「7-9세기 신라인 해외무역 활동」, 『한국복식』 13 (1995), 1-26쪽.

______, 「신라인의 해외활동과 신라방」, 『한국사 시민강좌』 28 (2001), 1-20쪽.

김문기, 「가정연간의 왜구와 강남 해방론」, 부경대 해양문화연구소, 『조선전기 해양개척과 대마도』, 국학자료원, 2007.

______, 「명말청초의 황정과 왕조교체」, 『중국사연구』 89 (2014), 111-170쪽.

김성준, 『유럽의 대항해시대』, 문현, 2019.
김영미, 『신안선과 도자기길』, 국립중앙박물관, 2005.
김영재, 『고려상인과 동아시아 무역사』, 푸른역사, 2019.
김영진, 「전통 동아시아 국제질시 개념으로서 조공체세에 대한 비판적 고찰」, 『한국정치외교사론총』 38-1 (2016), 249-279쪽.
김인희, 「여송시기 해상교류에 있어 닝보항과 저우산군도의 관계」, 『도서문화』 42 (2013. 12), 7-29쪽.
김진웅, 「조공제도에 대한 서구학계의 해석 검토」, 『역사교육론집』 50 (2013), 409-432쪽.
김철웅, 「고려와 송의 해상교역로와 교역항」, 『중국사연구』 28 (2004. 2), 101-124쪽.
김태명, 「조공무역체제에 관한 연구」, 『한국전통상학연구』 14-2 (2000), 19-46쪽.
김형근 편, 『해상왕 장보고의 국제무역활동과 물류』, 장보고기념사업회, 2001.
나종일, 「17세기 위기론과 한국사」, 나종일, 『세계사를 보는 시각과 방법』, 창작과비평사, 1992, 30-80쪽.
대니얼 R. 헤드릭, 김우민 옮김, 『과학기술과 제국주의』, 모티브북, 2013.
대런 애쓰모글루·제임스 A. 로빈슨, 『국가는 왜 실패하는가』, 시공사, 2012.
데이비드 그레이버, 서정은 옮김, 『가치이론에 대한 인류학적 접근: 교환과 가치, 사회의 재구성』, 그린비, 2009.
레오나르 블뤼세, 「부두에서: 바타비아 정박지를 둘러싼 삶과 노동」, 하네다 마사시편, 현재열·김나영 옮김, 『17-18세기 아시아 해항도시의 문화교섭』, 선인, 2012.
로널드 핀들레이·케빈 H. 오루크, 하임수 옮김, 『권력과 부: 1000년 이후 무역을 통해 본 세계정치경제사』, 에코리브르, 2015.
로버트 C. 앨런, 이강국 옮김, 『세계경제사』, 교유서가, 2017.
루이자빈·창후아, 이재연 옮김, 『중국 화폐의 역사』, 다른생각, 2016.
류쉬펑, 「도쿠가와 막부 '쇄국' 체제 하의 중일무역 고찰」, 이수열 외편, 『동아시아해역의 해항도시와 문화교섭 I: 해역질서·역내교역』, 선인, 2018.
리보중, 이화승 옮김, 『조총과 장부: 경제 세계화 시대, 동아시아에서의 군사와 상업』, 글항아리, 2018.
마르크 블로흐, 「유럽 사회의 비교사를 위하여」, 김응종, 『아날학파의 역사세계』, 아르케, 2001.

마이클 피어슨, 노영순 옮김, 『인도양: 대양의 역사와 대양에서의 역사』, 선인, 2018.
마커스 레디커, 박지순 옮김, 『노예선 –인간의 역사–』, 갈무리, 2018.
모리히라 마사히코, 「몽골시대의 한중 해상교통」, 『고려건국 1100주년 기념 2018 국립해양박물관 국제학술대회 발표자료집. 고려 건국과 통일의 원천, 바다』 (2018. 9), 87–105쪽.
모모키 시로 엮음, 최연식 옮김, 『해역아시아사 연구 입문』, 민속원, 2012.
미셸 푸코, 이규현 옮김, 오생근 감수, 『광기의 역사(Histoire de la folie à l'âge classique)』, 나남, 2003.
미야자키 마사카쓰, 이수열·이명권·현재열 옮김, 『바다의 세계사』, 선인, 2017.
민덕기, 「동아시아 해금정책의 변화와 해양경계에서의 분쟁」, 『한일관계사연구』 42 (2012), 189–228쪽.
______, 「중·근세 동아시아의 해금정책과 경계인식」, 이수열 외편, 『동아시아해역의 해항도시와 문화교섭 I: 해역질서·역내교역』, 선인, 2018.
박경수, 『전근대 일본유통사와 정치권력』, 논형, 2012.
______, 「에도시대 삼화제도와 '본위화폐' –금·은 이원제에서 금본위제로 전환을 중심으로」, 『동양사학연구』 128 (2014), 263–296쪽.
박원호, 「명과의 관계」, 『한국사 22권: 조선 왕조의 성립과 대외관계』, 국사편찬위원회, 1995.
白石 隆, 류교열 외 옮김, 『바다의 제국』, 선인, 2011.
백옥경, 「조선 전기의 사행 밀무역 연구 –부경사행을 중심으로–」, 『역사문화연구』 25 (2006), 3–40쪽.
신웬어우, 허일·김성준·최운봉 옮김, 『중국의 대항해자 정화의 배와 항해』, 심산, 2005.
신형식, 『백제의 대외관계』, 주류성, 2005.
아라노 야스노리, 신동규 옮김, 『근세 일본과 동아시아』, 경인문화사, 2019.
안드레 군더 프랑크, 이희재 옮김, 『리오리엔트』, 이산, 2003.
앤드류 존스, 이가람 옮김, 『세계는 어떻게 움직이는가: 세계화를 보는 열한 가지 생각』, 동녘, 2012.
양동휴, 「16–19세기 귀금속의 이동과 동아시아 화폐제도의 변화」, 『경제사학』 54 (2013), 131–166쪽.
______, 「16세기 영국 가격혁명의 재조명」, 서울대학교 경제학부 2014년 1학기

경제사 워크숍 (2014), 1-16쪽.
______, 『유럽의 발흥: 비교경제사 연구』, 서울대출판문화원, 2014.
양승윤·최영수·이희수 외, 『바다의 실크로드』, 청아출판사, 2003.
에노모토 와타루, 「중국인의 해상진출과 해상제국으로서의 중국」, 모모키 시로 편, 최연식 옮김, 『해역아시아사 연구 입문』, 민속원, 2012.
에릭 윌리엄스, 김성균 옮김, 『자본주의와 노예제』, 우물이 있는 집, 2014.
오타 아츠시, 「18세기의 동남아시아와 세계경제」, 모모키 시로 편, 최연식 옮김, 『해역아시아사 연구 입문』, 민속원, 2012.
욧카이치 야스히로, 「몽골제국과 해역아시아」, 모모키 시로 편, 최연식 옮김, 『해역아시아사 연구 입문』, 민속원, 2012.
원유한, 『조선후기 화폐사연구』, 한국연구원, 1975.
웬델 베리, 이승렬 옮김, 『소농, 문명의 뿌리』, 한티재, 2016.
위르겐 오스터함멜·닐스 페테르손, 배윤기 옮김, 『글로벌화의 역사』, 에코리브르, 2013.
윌리엄 맥닐, 신미원 옮김, 『전쟁의 세계사』, 이산, 2005.
유재건, 「유럽중심주의와 자본주의」, 한국서양사학회편, 『유럽중심주의 세계사를 넘어 세계사들로』, 푸른역사, 2009.
윤명철, 『장보고시대의 해양활동과 동아지중해』, 학연문화사, 2002.
융이, 류방승 옮김, 『백은비사 -은이 지배한 동서양 화폐전쟁의 역사』, 알에이치코리아, 2013.
이강한, 『고려와 원제국의 교역의 역사: 13-14세기 감춰진 교류상의 재구성』, 창비, 2013.
이경신, 현재열·최낙민 옮김, 『동아시아 바다를 중심으로 한 해양실크로드의 역사』, 선인, 2018.
이매뉴얼 월러스틴, 나종일 외 옮김, 『근대세계체제 I : 자본주의적 농업과 16세기 유럽 세계경제의 기원』; 유재건 외 옮김, 『근대세계체제 II: 중상주의와 유럽 세계경제의 공고화 1600-1750년』; 김인중 외 옮김, 『근대세계체제 III: 자본주의 세계경제의 거대한 팽창의 두 번째 시대, 1730-1840년대』 까치, 1999, 제2판 2013.
이명훈·유종현·이동광, 「최초의 대일통신사, 이예」, 『조선통신사연구』 16 (2013), 1-37쪽.
이승일, 「고려시대 출토 중국전의 용도에 대한 연구」, 『석당논총』 37 (2006), 111-168쪽.

이영림·주경철·최갑수, 『근대유럽의 형성, 16-18세기』, 까치, 2011.
이원근, 「중국 송대 해상무역관리기구로서의 시박사에 관한 연구」, 『해운물류연구』 44 (2005), 167-195쪽.
이유진, 「장보고의 교역활동」, 『전남대학교 세계한상문화연구단 국제학술회의』 (2012. 11), 15-24쪽.
이정수·김희호, 『조선의 화폐와 화폐량』, 경북대학교출판부, 2006.
____________, 『조선후기 노동양식 연구: 노비, 고공과 협호의 비교』, 민속원, 2016.
이진한, 「고려전기 송상왕래와 동북아 지역 교역망」, 『고려건국 1100주년 기념 2018 국립해양박물관 국제학술대회 발표자료집. 고려 건국과 통일의 원천, 바다』 (2018. 9), 156-172쪽.
이학로, 「아편전쟁 이전 동남 연해지역에서의 서양은원의 유통」, 『계명대학교 국제학논총』 3 (1998), 1-28쪽.
자크 랑시에르, 안준범 옮김, 『역사의 이름들』, 울력, 2011.
자크 르 고프, 안수연 옮김, 『중세와 화폐』, 에코리브르, 2011.
재닛 아부-루고드, 박흥식 옮김, 『유럽 패권 이전; 13세기 세계체제』, 까치, 2006.
전영섭, 「10-13세기 동아시아교역권의 성립과 해상활동 -해항도시·국가의 길항관계와 관련하여」, 『해항도시문화교섭학』 3 (2010. 10), 1-25쪽.
정문수·류교열·박민수·현재열, 『해항도시문화교섭연구방법론』, 선인, 2014.
정문수·정진성, 「해문(海文)과 인문(人文)의 관계 연구」, 현재열 편, 『동아시아 해역세계의 인간과 바다』, 선인, 2020.
정성일, 『조선후기 대일무역』, 신서원, 2000.
정용범, 「고려시대 중국전 유통과 주전책 -성종·숙종 연간을 중심으로-」, 『지역과 역사』 4 (1997), 95-129쪽.
주경철, 「해양시대의 화폐와 귀금속」, 『서양사연구』 32 (2005), 189-212쪽.
______, 『대항해시대 - 해상팽창과 근대세계의 형성』, 서울대학교출판부, 2008.
______, 「대서양 세계의 형성과 '서구의 흥기'」, 『역사학보』 232 (2016), 1-29쪽.
지그프리드 크라카우어, 김정아 옮김, 『역사: 끝에서 두 번째 세계』, 문학동네, 1995.
차광호, 「고려와 중국 남동해안지역과의 해상교류를 통해 본 11세기 항해 해로 변경」, 『한국문명교류연구소 제5차 학술심포지엄. 해상실크로드를 통한 고려·송의 해상교류』 (2010. 7), 40-67쪽.

최근식, 「장보고시대의 항로와 선박」, 『전남대학교 세계한상문화연구단 국제학술회의』 (2012. 11), 25-45쪽.

최낙민, 「명의 해금정책과 천주인의 해상활동」, 『역사와 경계』 78 (2011), 103-136쪽.

최낙민, 『해항도시 마카오와 상해의 문화교섭』, 선인, 2014.

최완기, 「임노동의 발생」, 『한국사 33권: 조선후기의 경제』, 국사편찬위원회, 1997.

카를로 M. 치폴라, 최파일 옮김, 『대포, 범선, 제국 -1400-1700년, 유럽은 어떻게 세계의 바다를 지배하게 되었는가?』, 미지북스, 2010.

카를로 M. 치폴라, 장문석 옮김, 『스페인 은의 세계사』, 미지북스, 2015.

캐서린 이글턴·저너선 윌리암스 외, 양철·김수진 옮김, 『MONEY: 화폐의 역사』, 말·글 빛냄, 2008.

티모시 브룩, 이정·강인환 옮김, 『쾌락의 혼돈: 중국 명대의 상업과 문화』, 이산, 2005.

페르낭 브로델, 주경철 옮김, 『물질문명과 자본주의』 전6권, 까치, 1995-1997.

__________, 강주헌 옮김, 『지중해의 기억』, 한길사, 2006.

__________, 김홍식 옮김, 『물질문명과 자본주의 읽기』, 갈라파고스, 2008.

__________, 주경철·남종국·조준희·윤은주 옮김, 『지중해: 펠리페 2세 시대의 지중해 세계』, 전3권, 까치, 2017.

폴 뷔텔, 현재열 옮김, 『대서양: 바다와 인간의 역사』, 선인, 2017.

프랑수아 지푸루, 노영순 옮김, 『아시아 지중해: 16-21세기 아시아 해항도시와 네트워크』, 선인, 2014.

피에르 빌라르, 김현일 옮김, 『금과 화폐의 역사 1450-1920』, 까치, 2000.

필리스 딘, 나경수·이정우 옮김, 『영국의 산업혁명』, 민음사, 1987.

필립 D. 커틴, 김병순 옮김, 『경제인류학으로 본 세계무역의 역사』, 모티브, 2007.

필립 오드레르, 「퐁디셰리의 힌두 중개인과 프랑스 총독, 1744-1760년」, 하네다 마사시편, 현재열·김나영 옮김, 『17-18세기 아시아 해항도시의 문화교섭』, 선인, 2012.

하네다 마사시편, 조영헌·정순일 옮김, 『바다에서 본 역사: 개방, 경합, 공생 -동아시아 700년의 문명 교류사』, 민음사, 2018.

____________, 「17·18세기 아시아 해항도시 비교연구의 틀과 방법」, 하네다 마사시편, 현재열·김나영 옮김, 『17-18세기 아시아 해항도시의 문화

교섭』, 선인, 2012.

______________, 「광조우와 나가사키 그리고 인도양의 해항도시 비교」, 하네다 마사시편, 현재열·김나영 옮김, 『17-18세기 아시아 해항도시의 문화교섭』, 선인, 2012.

______________, 이수열·구지영 옮김, 『동인도회사와 아시아의 바다』, 선인, 2012.

______________, 「일본과 바다」, 이수열 외편, 『동아시아해역의 해항도시와 문화교섭 I: 해역질서·역내교역』, 선인, 2018.

하야미 아키라, 조성원·정안기 옮김, 『근세 일본의 경제발전과 근면혁명: 역사인구학으로 본 산업혁명 vs 근면혁명』, 혜안, 2006.

하우봉, 「일본과의 관계」, 『한국사 22권: 조선 왕조의 성립과 대외관계』, 국사편찬위원회, 1995.

하우봉, 「류큐와의 관계」, 『한국사 22권: 조선 왕조의 성립과 대외관계』, 국사편찬위원회, 1995.

하우봉, 「조선초기 동남아시아 국가와의 교류」, 『전남대학교 세계한상문화연구단 국제학술회의』 (2012. 11), 157-165쪽.

한국서양사학회편, 『유럽중심주의 세계사를 넘어 세계사들로』, 푸른역사, 2009.

한명기, 「17세기 초 은의 유통과 그 영향」, 『규장각』 15 (1992), 1-36쪽.

한지선, 「가정연간 동남연해사회와 월항의 개방」, 『중국사연구』 90 (2014. 6), 127-168쪽.

허지은, 「근세 쓰시마의 바쿠후로의 정보보고와 유통」, 『한일관계사연구』 37 (2010), 85-115쪽

헬렌 M. 로즈와도스키, 오수원 옮김, 『처음 읽는 바다 세계사』, 현대지성, 2019.

현재열, 「브로델의 『지중해』와 '해역세계(Maritime World)'」, 『역사와 세계』 42 (2012), 193-219쪽.

______, 「'바다에서 보는 역사'와 8-13세기 '해양권역'의 형성」, 『역사와 경계』 96 (2015), 183-214쪽.

______, 「16·17세기 세계 은 흐름의 역사적 의미」, 『해항도시문화교섭학』 13 (2015), 119-170쪽.

______, 「16-17세기 세계경제의 등장과 그 성격: 이론적 접근」, 『역사와 세계』 48 (2015), 273-304쪽.

______, 「현재의 글로벌화는 '1571년'에 시작되었는가? -'16세기 글로벌화기원

론'에 대한 비판적 평가」, 『서양사론』 132 (2017), 271-296쪽.
_____·이수열, 「글로벌경제사 속의 일본공업화론: 비판적 평가」, 『해항도시문화교섭학』 20 (2019), 205-236쪽.
홍성구, 「청조 해금성잭의 성격」, 이문기 외 저, 『한·중·일의 해양인식과 해금』, 동북아역사재단, 2007.
_____, 「명대 북변의 호시와 조공」, 『중국사연구』 72 (2011), 67-92쪽.
홍성화, 「청대도량형연구사」, 『중국사연구』 54 (2008), 255-283쪽.
_____, 「18세기 중국 강남지역의 화폐사용관행」, 『명청사연구』 36 (2011), 71-98쪽.
_____, 「18세기 중국 강남지역의 화폐와 물가 -왕휘조와 정광조의 기록을 중심으로」, 『동양사학연구』 130 (2015), 157-198쪽.
_____, 「청중기 전국시장과 지역경제」, 『역사와 세계』 48 (2015), 305-350쪽.
후카미 스미오, 「송원대의 해역동남아시아」, 모모키 시로 편, 최연식 옮김, 『해역아시아사 연구 입문』, 민속원, 2012.
F.H. 킹, 곽민영 옮김, 『4천 년의 농부』, 들녁, 2006.
K.N. 쵸두리, 임민자 옮김, 『유럽 이전의 아시아: 이슬람의 발흥기로부터 1750년까지 인도양의 경제와 문명』, 심산, 2011.

K. ポメランツ, 川北稔 監譯, 『大分岐 - 中國, ヨーロッパ, そして近代世界經濟の形成』, 名古屋: 名古屋大學出版會, 2015.
榎本涉, 「日宋·日元貿易」, 大庭康時外編, 『中世都市博多を掘る』, 福岡: 海鳥社, 2008.
高良倉吉, 『新版琉球の時代』, 那覇: ひるぎ社, 1989.
堀本一繁, 「中世博多の變遷」, 大庭康時外編, 『中世都市·博多を堀る』, 福岡: 海鳥社, 2008.
大島眞理夫, 「土地希少化と勤勉革命の比較史 -經濟史上の近世-」, Discussion Paper no. 25 (2004), 1-31쪽.
渡邊美季, 「琉球侵攻と日明關係」, 『東洋史硏究』 68-3 (2009), 482-515쪽.
藤田豊八, 「宋代の市舶司及び市舶條例」, 『東洋學報』 7-2 (1917), 159-246쪽.
劉家駒, 「清初朝鮮潛通明朝始末」, 許卓雲等著, 『中國歷史論文集』, 臺北: 臺灣商務印書館, 1986, 121-162쪽.
劉序楓, 「清代環中國海域的海難事件研究 -以清日兩國間對外國難民的救助及遣返制度爲中心(1644-1861)」, 朱德蘭編, 『中國海洋發展史論文集』8

(2002), 173-238쪽.
______,「文淳得漂海事件外一章 -以1801年漂流到朝鮮, 日本的澳門船事例爲中心」,『제10회 세계해항도시연구회 국제학술대회 동아시아 해역과 해양활동』(2021. 3), 130-141쪽.
李隆生,「海外白銀大明後期中國經濟影響的再探究」,『香港社會科學學報』(2004), 28, 141-156쪽.
林仁川,『福建對外貿易與海關史』, 廈門: 路江出版社, 1991.
本多博之,『天下統一とシルバーラッシュ』, 東京: 吉川弘文館, 2015.
濱下武志,『朝貢システムと近代アジア』, 東京: 岩波書店, 1997.
杉原薫,「近代アジア經濟史における連續と斷絕」,『社會經濟史學』62-3(1996), 80-102쪽.
______,「東アジアにおける勤勉革命徑路の成立」,『大阪大學經濟學』54-3(2004), 336-361쪽.
森平雅彦,「日麗貿易」, 大庭康時外編,『中世都市博多を掘る』, 福岡: 海鳥社, 2008.
上里隆史,『海の王國·琉球』, 那覇: ボーダーインク, 2018.
上田信,『海と帝國. 明清時代 中國の歷史9』, 東京: 講談社,, 2005.
速水融·宮本又郎編,『日本經濟史1 經濟社會の成立』, 東京: 岩波書店, 1988.
松浦章,『中國の海商と海賊』, 東京: 山川出版社, 2003.,
辻大和,「丙子の亂後朝鮮の對淸貿易につて」,『內陸アジア사연구』30 (2015), 1-21쪽.
岸本美緒,「東アジア·東南アジア傳統社會の形成」,『岩波講座世界歷史 13』, 東京: 岩波書店, 1998.
岸本美緒,『東アジアの近世』, 東京: 山川出版社, 1998.
岩井茂樹,『朝貢·海禁·互市: 近世東アジアの貿易と秩序』, 名古屋: 名古屋大學出版會, 2020.
櫻井由躬雄,,「東アジアと東南アジア」, 濱下武志編 ,『東アジア世界の地域ネットワーク』, 東京: 山川出版社, 1999.
羽田正編, 小島毅監修,『海から見た歷史』, 東京: 東京大學出版會, 2013.
伊藤幸司,「日明·日朝·日琉貿易」, 大庭康時外編,『中世都市·博多を掘る』, 福岡: 海鳥社, 2008.
齋藤修,「大開墾·人口·小農經濟」, 速水融·宮本又郎編,『日本經濟史1 經濟社會の成立 17-18世紀』, 東京: 岩波書店, 1988.

______, 「勤勉革命論の實證的再檢討」, 『三田學會雜誌』 97-1 (2004), 151-161쪽.
田代和生, 「鎖國'時代の日朝貿易-銀の路·絹の路」, 『經濟史硏究』, 14 (2011), 1-24쪽
佐伯弘次, 「15世紀後半の博多貿易商人道安と朝鮮·琉球」, 『전북사학』 29 (2006), 145-162쪽.
重松敏彦,, 「大宰府鴻臚館(筑紫館)」, 『海路』 10 (2012. 3), 43-54쪽.
陳仲玉, 「古代福州與琉球的海上交通」, 『國立中央圖書館臺灣分館館刊』, 5卷2期 (1987. 12), 93-101쪽.
川勝平太編, 『「鎖國」を開く』, 東京: 同文館, 2000.
村上隆, 『金·銀·銅の世界史』, 東京: 岩波書店, 2007.
村井章介, 『世界史のなかの戰國日本』, 東京: 筑摩書房, 2012.
湯錦台, 『閩南海上帝國 -閩南人與南海文明的興起』, 台北: 大雁出版基地, 2013.
豊田有恒, 『世界史の中の石見銀山』, 東京: 祥傳社, 2010.
荒野泰典, 『「鎖国」を見直す』, 東京: 岩波書店, 2019.

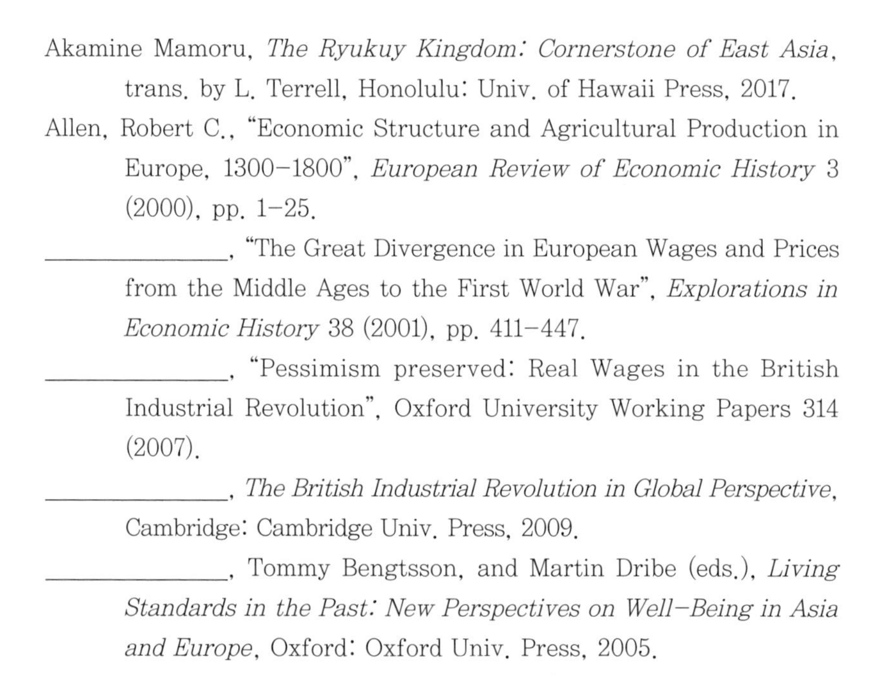
Akamine Mamoru, *The Ryukuy Kingdom: Cornerstone of East Asia*, trans. by L. Terrell, Honolulu: Univ. of Hawaii Press, 2017.
Allen, Robert C., "Economic Structure and Agricultural Production in Europe, 1300-1800", *European Review of Economic History* 3 (2000), pp. 1-25.
______________, "The Great Divergence in European Wages and Prices from the Middle Ages to the First World War", *Explorations in Economic History* 38 (2001), pp. 411-447.
______________, "Pessimism preserved: Real Wages in the British Industrial Revolution", Oxford University Working Papers 314 (2007).
______________, *The British Industrial Revolution in Global Perspective*, Cambridge: Cambridge Univ. Press, 2009.
______________, Tommy Bengtsson, and Martin Dribe (eds.), *Living Standards in the Past: New Perspectives on Well-Being in Asia and Europe*, Oxford: Oxford Univ. Press, 2005.

______________, J.-P. Bassino, Debin Ma, Ch. Moll-Murata, and Jan Luiten van Zanden, "Wages, Prices, and Living Standards in China, 1738-1925, in Comparison with Europe, Japan, and India", *Economic History Review* 64 (2011), pp. 8-38.

______________, T.E. Murphy, and E.B. Schneider, "The Colonial Origins of the Divergence in the Americas: A Labor Market Approach", *Journal of Economic History* 72 (2012), pp. 863-894.

Amin, Samir, *Unequal Development: An Essay on the Scial Fomations of Peripheral Capitalism*, trans. B. Pearce, Hassocks, UK: The Harvester Press, 1976.

Andaya, Barbara W., "The Unity of Southeast Asia: Historical Approaches and Question", *Journal of Southeast Asian Studies* 28 (1997), pp. 161-171.

Arroyo Abad, Leticia, E. Davies, and J.L. van Zanden, "Between Conquest and Independence: Real wages and demographic change in Spanish America, 1530-1820", *Explorations in Economic History* 29-2 (2012), pp. 149-166.

______________________, and Jan Luiten van Zanden, "Growth under Extractive Institutions? Latin American Per Capita GDP in Colonial Times", *Journal of Economic History* 76 (2016), pp. 1182-1215.

Atwell, William S., "International Bullion Flows and the Chinese Economy, circa 1530-1650", *Past and Present* 95 (1982), pp. 68-90.

______________________, "Some Observations on the "Seventeenth-Century Crisis" in China and Japan", *Journal of Asian Studies* 45-2 (1986), pp. 223-244.

______________________, "Ming China and the Emerging World Economy, c. 1470-1650", in *The Cambridge History of China*, vol. 8, Part 2, ed. by D. Twitchett and F.W. Mote, Cambridge: Cambridge Univ. Press, 1998.

______________________, "Another Look at Silver Imports into China, ca. 1635-1644", *Journal of World History* 16-4 (2005), pp. 467-489.

Austin, Gareth, "Resources, Techniques and Strategies South of Sahara: Revising the Factor Endowments Perspective on African Economic Development, 1500–2000", *Economic History Review* 61 (2008), pp. 587–624.

______________, "Factor Markets in Nieboer Conditions: Pre-Colonial West Africa, c. 1500–c.1900", *Continuity and Change* 24 (2009), pp. 23–53.

Bagchi, Amiya K., "De-industrialization in India in the nineteenth-century: Some theoretical implications", *Journal of Development Studies* 12 (1976), pp. 135–164.

Bakewell, Peter, "Mining in Colonial Spanish America", in *The Cambridge History of Latin America*, vol. II, ed. by L. Bethell, Cambridge: Cambridge Univ. Press, 1984.

Baldwin, Richard, *The Great Convergence: Information Technology and the New Globalization*, Cambridge, Mass.: The Belknap Press, 2016.

Baran, Paul A., *The Political Economy of Growth*, New York: Monthly Review Press, 1957.

Barnhart, Edwin, *Maya to Aztec: Ancient Mesoamerica Revealed: Course Guidebook*. Chantilly, Vir.: The Great Courses, 2015.

Barrett, Ward, "World Bullion Flows, 1450–1800", in James D. Tracy (ed.), *The Rise of Merchant Empires: Long-Distance Trade in the Early Modern World, 1350–1750*, Cambridge: Cambridge Univ. Press, 1990.

Bentley, Jerry H., "Cross-Cultural Interaction and Periodization in World History", *American Historical Review* 101–3 (1996), pp. 749–770.

______________, "Sea and Ocean Basins as Frameworks of Historical Aalysis", *The Geographical Review* 89–2 (1999), pp. 215–224.

Berg, Maxine, *Luxury and Pleasure in Eighteenth-Century Britain*, Oxford: Oxford Univ. Press, 2005.

Boomgaard, Peter, "Labour, land, and capital markets in early modern Southeast Asia from the fifteenth to the nineteenth century", *Continuity and Change* 24–1 (2009), pp. 55–78.

Boxer, C.R., "Plata Es Sangre: Sidelights on the Drain of Spanish-American Silver in the Far East, 1550-1700", *Philippine Studies*, 18-3, (1970) pp. 457-478.

Boyer, George R., and Timothy J. Hatton, "Regional Labour Market Integration in England and Wales, 1850-1913", in George Grantham and Mary MacKinnon (eds.), *Labour Market Evolution: The economic history of market integration, wage flexibility and the employment relation*, London and New York: Routledge, 1994.

Braudel, Fernand, "Monnaies et civilisation: de l'or du Soudan à l'argent d'Amérique", *Annales: Economies, Sociétés, Civilisations*, 1e anée, N. 1 (1946), pp. 9-11.

__________________, "Du Potosi à Buenos Aires: une route cladenstine de l'argent", *Annales: Economies, Sociétés, Civilisations*, 3e année, no. 4 (1948), pp. 546-550.

__________________, *The Mediterranean and the Mediterranean World in the Age of Philip II*, trans. by S. Reynolds, 2 vols., New York: Harper & Row, 1972-1973.

Broadberry, Stephen, Hanhui Guan, and David D. Li, "China, Europe and the Great Divergence: A Study in Historical Naitonal Accounting, 980-1850", University of Oxford Discussion Papers, no. 155 (2017), pp. 1-64.

Bruijn, J.R., "Between Batavia and the Cape: Shipping Patterns of the Dutch East India Company", *Journal of Southeast Asian Studies* 11 (1980), pp. 251-263.

___________, "Productivity, profitability, and costs of private and corporate Dutch ship owning in the seventeenth and eighteenth centuries", in James D. Tracy (ed.), *The Rise of Merchant Empires: Long-Distance Trade in the Early Modern World, 1350-1750*, Cambridge: Cambridge Univ. Press, 1990.

Buschmann, Rainer F., *Oceans in World History*, New York: McGraw-Hill, 2007.

Canny, Nicholas, "Atlantic History and Global History", in Jack

P. Greene and Philip D. Morgan (eds.), *Atlantic History: A Critical Appraisal*, Oxford: Oxford Univ. Press, 2009.

Carney, Judith A., *Black Rice: The African Origins of Rice Cultivation in the Americas*, Cambridge, Mass.: Harvard Univ. Press, 2001.

Cha Myung Soo, "Productivity Trends in Korea from the Seventeenth to Nineteenth Cenmtury: A Comment on Jun, Lewis and Kang", *Journal of Economic History* 69 (2009), pp. 1138–1143.

Chang Feng, "Chinese Primacy in East Asian History: Deconstructing the Tribute System in China's Early Ming Dynasty", Ph. D. diss. London School of Economics (2009).

Chang Pin–tsun, "The Rise of Chinese Mercantile Power in Maritime Southeast Asia, c. 1400–1700", *Crossroads* 6 (2012), pp. 205–230.

Chaudhuri, K.N., *The Trading World of Asia and the English East India Company, 1660–1760*, Cambridge: Cambridge Univ. Press, 1978.

________________, *Trade and Civilisation in the Indian Ocean: An Economic History from the Rise of Islam to 1750*, Cambridge: Cambrdge Univ. Press, 1985.

________________, "World Silver Flows and Monetary Factors as a Force of International Economic Integration, 1658–1758", in W. Fisher and R.M. McInnis (eds.), *The Emergence of a World Economy, 1500–1914*, Wiesbaden: Franz Steiner Verlag, 1986.

Chaudhury, Sushil, "The Inflow of Silver to Bengal in the Global Perspective", n C.E. Núñez (ed.), *Monetary History in Golbal Perpective, 1500–1800* (B6 Proceedings Twelfth International Economic History Congress, Madrid, Aug. 1998), Sevilla: Publ. de la Universidad de Sevilla, 1998.

________________, "The Asian merchants and companies in Bengal's export trade, circa mid–eighteenth century", in S. Chaudhury and M. Morineau (eds.), *Merchants, Companies and Trade: Europe and Asia in the Early Modern Era*, Cambridge:

Cambridge Univ. Press, 1999.
Chaunu, Pierre, "Manille et Macao, face à la conjoncture de XVIe et XVIIe siècle", *Annales: Economies, Sociétés, Civilisations*, 17 (1962), pp. 555-580.
Chilosi, David, Tommy E. Murphy, Roman Studer, and A.C. Tunçer, "Europe's many integrations: Geography and grain markets, 1620-1913", *Explorations in Economic History* 50 (2013), pp. 46-68.
Christopher, E., C. Pybus, and M. Rediker (eds.), *Many Middle Passages: Forced Migration and the Making of the Modern World*, Berkeley, Calif.: Univ. of California Press, 2007.
Chuan Hange-Sheng, "Trade Between China, the Philippines and the Americas During the Sixteenth and Seventeenth Centuries", *Proceedings of the International Conference of Sinology: Section on History and Archeology*, Taipei: Academia Sinica, 1981, pp. 849-854.
Church, Sally K., "Zheng He: An Investigation into the Plausibility of 450-Ft Treasure Ships", *Monumenta Serica* 53 (2005), pp. 1-43.
Clapham, J.H., *An Economic History of Modern Britain: The Early Railway Age 1820-1850*, Cambridge: Cambridge Univ. Press, 1926, 1939.
Clark, Gregory, "The condition of the working class in England, 1209-2004", *Journal of Political Economy* 11 (2005), pp. 1307-1340.
Coates, Timothy, "European Forced Labor in the Early Modern Era", in *The Cambridge World History of Slavery*, vol. 3: *AD 1420-AD 1804*, ed. by David Eltis and Stanley L. Engerman, Cambridge: Cambridge Univ. Press, 2011.
Coatsworth, John H., "Political economy and economic organization", in *The Cambridge Economic Histoty of Latin America*, vol. 1: *The Colonial Era and the Short Nineteenth Century*, eds. by V. Bulmer-Thomas, et al., Cambridge: Cambridge Univ. Press, 2005.
Coleman, D.C., "Proto-Industrialization: A Concept Too Many",

Economic History Review, 36-3 (1983), pp. 435-448.
Crafts, N.F.R., *British Economic Growth during the Industrial Revolution*, Oxford: Clarendon Press, 1985.
Crosby, Alfred, *Ecological Imperialism: The Biological Expansion of Europe, 800-1900*, Cambridge: Cambridge Univ. Press, 1986.
Crouzet, François, "The Second Hundred Years War: Some Reflections", *French History* 10 (1996), pp. 432-450.
Curtin, Philip D., *The Atlantic Slave Trade: A Census*, Madison, Wisc.: Univ. of Wisconsin Press, 1969.
______________, *The Rise and Fall of the Plantation Complex: Essays in Atlantic History*, 2nd ed., Cambridge: Cambridge Univ. Press, 1998.
Da Silva, Daniel B.D., *The Atlantic Slave Trade from West Central Africa, 1780-1867*, Cambridge: Cmabridge Univ. Press, 2017.
Dalton, John T., and Tin Ch. Leung, "Why Is Polygyny More Prevalent in Western Africa? An African Slave Trade Perpsective", *Economic Development and Cultural Change* 62 (2014), pp. 599-632.
Dars, Jacques, "Les jonques chinoises de haute mer sous les Song et les Yuan", *Archipel* 18 (1979), pp. 41-56.
Das Gupta, Ashin, *The World of the Indian Ocean Merchant 1500-1800: Collected Essays of Ashin Das Cupta*, compiled by Uma Das Gupta, New Delhi: Oxford Univ. Press, 2001.
Daudin, Guillaume, "A Model of Smithian Growth and Intercontinental Trade Profits in Early Modern Europe", OFCE paper, https://gdaudin.github.io/Research_Papers_ files/SmithianGrowthCourtTravail.pdf, 2021년 3월 29일 참조.
Davis, Ralph, *The Rise of the Atlantic Economies*, Ithaca, NY: Cornell Univ. Press, 1973.
__________, *Industrial Revolution and Brtish Overseas Trade*, Leicester, UK: Leicester Univ. Press, 1979.
Day, Tony, *Fluid Iron: State Formation in Southeast Asia*, Honolulu: Univ. of Hawaii Press, 2002.

De Vries, Jan, "Connecting Europe and Asia: A Quantitative Analysis of the Cape-route Trade, 1497-1795", in D.O. Flynn, *et al.*, (eds.), *Global Connection and Monetary History, 1470-1800*, Aldershot, UK: Ashgate, 2003.

____________, *The Industrious Revolution: Consumer Behavior and the Household Economy, 1650 to the Present*, Cambridge: Cambridge Univ. Press, 2008.

____________, "The Economic Crisis of the Seventeenth Century after Fifty Years", *Journal of Interdisciplinary History* 90-2 (2009), pp. 151-194.

____________, "The limits of globalization in the Early Modern World", *Economic History Review* 63-3 (2010), pp. 710-733.

____________, and Ad van der Woude, *The First Modern Economy: Success, failure, and perseverance of the Dutch economy, 1500-1815*, Cambridge: Cambridge Univ. Press, 1997.

De Zwart, Pim, "*Globalization and the Colonial Origins of the Great Divergence: Intercontinental Trade and Living Standards in the Dutch East India Company's Commercial Empire, c. 1600-1800*", Ph.D. diss., Universiteit Utrecht (2015).

____________, *Globalization and the Colonial Origins of the Great Divergence: Intercontinental Trade and Living Standards in the Dutch East India Company's Commercial Empire, c. 1600-1800*, Leiden and Boston: Brill, 2016.

____________, and Jan Luiten van Zanden, *The Origins of Globalization: World Trade in the Making of the Global Economy, 1500-1800*, Cambridge: Cambridge Univ. Press, 2018.

Dell, Melissa, "The Persistent Effects of Peru's Mining Mita", *Econometrica* 78 (2010), pp. 1863-1903.

Deng, Kent, and Patrick O'Brien, "Establishing Statistical Foundations of a Chronology for the Great Divergence: A Survey and Critique of the Primary Sources for the Construciton of Relative Wage Levels for Ming-Qing China", *Economic History Review* 69 (2016), pp. 1057-1082.

________________________, "How Well Did Facts Travel to Support Protracted Debate on the History of the Great Divergence betweem Western Europe and Imperial China?", LSE Working Papers no. 257 (2017), pp. 1–27.

________________________, "The Tyranny of Numbers: Are There Acceptable Data for Nominal and Real Wages for Pre-modern China?", in John Hatcher and Judy Z. Stephenson (eds.), *Seven Centuries of Unreal Wages: The Unreliable Data, Sources and Methods that have been used for Measuring Standards of Living in the Past*, Cham, Switzerland: Palgrave Macmillan, 2018.

Deuchler, Martina, *The Confucian Transformation of Korea: A Study of Society and Ideology*, Cambridge, MA: Harvard Univ. Press, 1992.

____________, "Social and economic developments in eighteenth-century Korea", in Anthony Reid (ed.), *The Last Stand of Asian Economies. Responses to Modernity in the Diverse States of Southeast Asia and Korea, 1750–1900*, London: Macmillan, 1997.

Diffie, Bailey W., and George D. Winius, *Foundations of the Portuguese Empire, 1415–1580*, Minneapolis: Univ. of Minnesota Press, 1977.

Disney, A.R., *A History of Portugal and the Portuguese Empire: From Beginnings to 1807*, 2 vols., Cambridge: Cambridge Univ. Press, 2009.

Dobado-Gonzáles, Rafael, Alfredo Garcia-Hiernaux, and David E. Guerrero, "The Integration of Grain Markets in the Eighteenth Century: Early Rise of Globalization in the West", *Journal of Economic History* 72 (2012), pp. 671–707.

Doherty, Kerry W., and Dennis O. Flynn, "A microeconomic quantity theory of money and the price revolution", in E.H.G. van Cauwenberghe (ed.), *Precious Metals, Coinage and the Changes of Monetary Structures in Latin America, Europe and*

Asia, Leuven: Leuven Univ. Press, 1989.

Edwards, Andrew, Fabian Steinger, and A.G. Tosato, "The Era of Chinese Global Hegemony: Denaturalizing Money in the Early Modern World", *L'Atelier du Centre de recherches historiques* 18 (2018), mis en ligne le 13 mars 2018. URL: http://journals.openediton.org/acrh/8076. 2020년 12월 11일 참조.

Egnal, Marc, *New World Economies: The Growth of the Thirteen Colonies and Early Canada*, Cary, NC: Oxford Univ. Press, 1998.

Elliot, J.H., *Empires of the Atlantic World: Britain and Spain in America 1492-1830*, New Haven: Yale Univ. Press, 2006.

Eltis, David, "Trade between Western Africa and the Atlantic World before 1870: Estimates of Trends in value, Composition and Direction", *Research in Economic History* 12 (1989), pp. 197-239.

__________, and Lawrence C. Jennings, "Trade between Western Africa and the Atlantic World in the Pre-Colonial Era", *American Historical Review* 93 (1988), pp. 936-959.

__________, and Stanley L. Engerman, "The Importance of Slavery and the Slave Trade to Industrializing Britain", *Jounrnal of Economic History* 60 (2000), pp. 123-144.

__________, and David Richardson (eds.), *Extending the Frontiers: Essays on the New Transatlantic Slave Trade Database*, New Haven: Yale Univ. Press, 2008.

Emmer, Pieter, "The Myth of Early Globalisation: The Atlantic Economy, 1500-1800", *Nuevo Mundo Mundos Nuevos* [En ligne], Colloques, mis en ligne le 19 septembre 2008, URL: http://journals.openediton.org/nuevomundo/42713. 2020년 8월 15일 참조.

Engerman, Stanley L., and K.L. Sokoloff, "History Lessons. Institutions, Factor Endowments, and Paths of Development in the New World", *Journal of Economic Perspectives* 14 (2000), pp. 217-232.

Fairbank, John K. (ed.), *The Chinese World Order: Traditional China's Foreign Relation*, Cambrige, MA: Harvard Univ. Press, 1968.

Federico, Giovanni, "When did European markets integrate?", *European Review of Economic History* 15 (2011), pp. 93–126.

__________, "How much do we know about market integration in Europe?", *Economic History Review* 65–2 (2012), pp. 470–497.

Feenstra, Alberto, "Dutch Coins for Asian Growth: VOC–duiten to Assess Java's Deep Monetisation and Economic Growth", *TSEG* 11–3 (2014), pp. 123–154.

Feinstein, Charles F., "Pessimism perpetuated: real wages and the standard of living in Britain during and after the Industrial Revolution", *Journal of Economic History* 58 (1998), pp. 625–658.

Findlay, Ronald, "The 'Triangular Trade' and the Atlantic Economy of the Eighteenth Century: A Simple General–Equilibrium Model", *Essays in Internaitonal Finance*, no. 177 (1990), pp. 1–36.

__________, "The Emergence of the World Economy: Towards a Historical Perspective 1000–1750", Columbia Univ. Discussion Paper, no. 9596–08 (1996).

__________, and Kevin H. O'Rourke, "Commodity Market Integration, 1500–2000", in Michael D. Bordo, et al. (eds.), *Globalization in Historical Perspective*, Chicago: Univ. of Chicago Press, 2003.

Fisher, Douglas, "The Price Revolution: A Monetary Interpretation", *Journal of Economic History* 49–4 (1989), pp. 883–902.

Flynn, Dennis O., "Use and misuse of the quantity theory of money in early modern historiography", in E. van Cauwenberghe, and F. Irsigler (eds.), *Minting, Monetary Circulation and Exchange Rates*, Trier: Verlag Trierer Historische Forshungen, 1984.

__________, "The Microeconomics of Silver and East–West Trade in the Early–Modern Period", in W. Fisher and R.M. McInnis (eds.), *The Emergence of a World Economy, 1500–1914*, Wiesbaden: Franz Steiner Verlag, 1986.

__________, "Comparing the the Tokugawa Shogunate with Hapsburg Spain: Two Silver-Based Empires in a Global Setting", in James D. Tracy (ed.), *The Political Economy of Merchant Empires: State Power and World Trade, 1350-1750*, Cambridge: Cambridge Univ. Press, 1991.

__________, "Silver in a global perspective", in *The Cambridge World History*, vol VI, Part 2, eds. by J.H. Bentley, et al., Cambridge: Cambridge Univ. Press, 2015.

__________, "Fifteenth-Century European Silver and Chinese End-Markets", in Jörg Oberste und Susanne Ehrich (Hrsg.), *Italien als Vorbild? Ökonomische und kulturelle Verflechtungen europäischer Metropolen am Voraben der ‚ersten Globalisierung'(1300-1600)*, Regensburg: Schnell & Steiner, 2019.

__________, and Arturo Giràldez, "China and the Manila Galleons", in A.J.H. Latham and H. Kawakatsu (eds.), *Japanese Industrialization and the Asian Economy*, London: Routledge, 1994.

____________________, "Born with 'Silver Spoon': The Origin of World Trade in 1571", *Journal of World History* 6-2 (1995), pp. 201-221.

____________________ (eds.), *Metals and Monies in an Emerging Global Economy*, Aldershot, UK: Variorium, 1997.

____________________, "Cycles of Silver: Global Economic Unity through the Mid-Eighteenth Century", *Journal of World History* 13-2 (2002), pp. 391-427.

____________________, "Silver and Ottoman Monetary History in Global Perspective", *Journal of European Economic History* 31-1 (2002), pp. 9-43.

____________________, "Path Dependence, Time Lags and the Birth of Globalization: A Critique of O'Rourke and Williamson", *European Review of Economic History* 8-1 (2004), pp. 81-108.

____________________, "Globalization began in

1571", in B.K. Gills and W.R. Thompson (eds.), *Globalization and Global History*, London & New York: Routledge, 2006.

________________________________, "Born Again: Globalization's Sixteenth Century Origins", *Pacific Economic Review* 13-3 (2008), pp. 359-387.

________________________________, *China and the Birth of Globalization in the 16th Century*, Farnham: Ashgate, 2010.

__________, L. Frost, and A.J.H. Latham, "Introduction: Pacific centuries emerging", in Dennis O. Flynn, et al. (eds.), *Pacific Centuries: Pacific and Pacific Rim history since the sixteenth century*, London and New York: Routledge, 1999.

__________, and Marie A. Lee, "East Asian Trade before/after 1590s Occupation of Korea: Modeling Imports and Exports in Global Context", *Asian Review of World Histories* 1-1 (2013), pp. 117-149.

Fontaine, Laurence, "The Circulation of Luxury Goods in Eighteenth-Century Paris: Social Redistribution and an Alternative Currency", in Maxine Berg and E. Eger (eds.), *Luxury in the Eighteenth Century: Debates, Desires and Delectable Goods*, Houndmills, UK: Palgrave Macmillan, 2003.

Fores, Michael, "The Myth of A British Industrial Revolution", *History* 66, no. 127 (1981), pp. 181-198.

Foss, Richard, *Rum: A Global History*, London: Reaktion Books, 2012.

Frank, Andre Gunder, *World Accumulation, 1492-1789*, London, Macmillan, 1978.

________________, *Dependent Accumulation and Underdevelopment*, London: Macmillan, 1979.

Frost, Mark R., "Asia's Maritime Networks and the Colonial Public Sphere, 1840-1920", *New Zealand Journal of Asian Studies* 6-2 (2004), pp. 63-94.

Galizia, Paul C., *Mediterranean Labor Markets in the First Age of Globalization: An Economic History of Real Wages and Market Integration*, New York: Palgrave Macmillan, 2015.

Garcia, Manuel P. , and Lucio De Sousa (eds.), *Global History and*

New Polycentric Approaches, Singapore: Palgrave Macmillan, 2018.

Garner, Richard L., "Long-Term Silver Mining Trends in Spainish America: A Comparative Analysis of Peru and Mexico", *American Historical Review* 93-4 (1988), pp. 898-935.

Gibson, Carrie, *Empire's Crossroads: A History of the Caribbean From Columbus to the Present Day*, New Yo가: Atlantic Monthly Press, 2014.

Giddens, Anthony, *The Consequences of Modernity*, Stanford, CT: Stanford Univ. Press, 1990.

Gilroy, Paul, *The Black Atlantic: Modernity and Double Consciousness*, London and New York: Verso, 1993.

Giráldez, Arturo, *The Age of Trade: The Manila Galleons and the Dawn of the Global Economy*, Lanham: Rowman & Littlefield, 2015.

Glamann, Kristof, *Dutch-Asiatic Trade, 1620-1740*, 's-Gravenhage: Martinus Nijhoff, 1981.

Goldstone, Jack, "Urbanization and Inflation: Lessons from the English Price Revolution of the Sixteenth and Seventeenth Centuries", *American Journal of Sociology* 89-5 (1984), pp. 1122-1160.

________________, "Trend or Cycles?: The Economic Histoy of East-West Contact in the Early Modern World", *Journal of the Economic and Social History of the Orient*, 36 (1993), pp. 104-119.

Grasso, Joshua, "The Providence of Pirates: Defoe and the 'True-Bred Merchant'", *Digital Defoe: Studies in Defoe and His Contemporaries* 2-1 (2010), pp. 21-40.

Green, Toby, *The Rise of the Trans-Atlantic Slave Trade in Western Africa, 1300-1589*, Cambridge: Cambridge Univ. Press, 2012.

Greffi, Gary, and M. Korzeniewicz (eds.), *Commodity Chains and Global Capitalism*, Westport, Conn.: Praeger, 1994.

Guderjan, Thomas H., *The Nature of an Ancient Maya City: Resources, Interaction, and Power at Blue Creek, Belize*,

Tuscaloosa, Al.: Univ. of Alabama Press, 2007.
Gunn, Geoffrey C., *World Trade Systems of the East and West: Nagasaki and the Asian Bullion Trade Networks*, Leiden and Boston: Brill, 2018.
Habib, Irfan, "Colonization of the Indian Economy, 1757–1900", *Social Scientist* 3–8 (1975), pp. 23–53;
__________, "Studying a Colonial Economy – Without Perceiving Colonialism", *Modern Asian Studies* 19–3 (1985), pp. 355–381.
Hall, Kenneth R., *Maritime Trade and State Development in Early Southeast Asia*, Honolulu: Univ. of Hawaii Press, 1985.
______________, *A History of Early Southeast Asia: Martime Trade and Societal Development, 100–1500*, Lanham, Ma.: Rowman & Littlefield, 2011.
Hamilton, Earl J., "American Treasure and the Rise of Capitalism (1500–1700)", *Economica*, 27 (1929), pp. 338–357.
______________, "Imports of American Gold and Silver into Spain, 1503–1660", *The Quarterly Journal of Economics* 43–3(1929), pp. 436–472.
Haneda Masashi, "Features of Port Cities in the Maritime World of the Indian Ocean", *The Formative History of Sea–Port Cities and the Structural Features of Sea–areas*, International Conference of WCMCI, April 15–16 2011 (Busan, 2011).
Hans–Dieter, Evers, "Traditional Trading Networks of Southeast Asia", *Archipel* 35 (1988), pp. 89–100.
Harley, C. Knick, "Slavery, the British Atlantic Economy and the Industrial Revolution", Discussion papers in Economic and Social History no. 113 (2013).
Hartwell, R.M. (ed.), *The Causes of the Industrial Revolution in England*, London: Methuen, 1967.
________________, "Demographic, Political, and Social Transformation of China, 750–1550", *Harvard Journal of Asiatic Studies* 42–2 (1982), pp. 365–442.
Harvey, Mark, "Slavery, Indenture and the Development of British

Industrial Capitalism", *History Workshop Journal* 88 (2019), pp. 66–88.

Hatton, Timothy J., and Jeffrey G. Williamson (eds.), *Migration and the International Labor Market, 1850–1939*, London and New York: Routledge, 1994.

Held, David, Anthony G. McGrew, David Goldblatt, and Jonathan Perraton, *Global Transformations: Politics, Economics, and Culture*, Stanford, CA: Stanford Univ. Press, 1999.

Heng, Derek Th. S., "Export Commodity and Regional Currency: The Role of Chinese Copper Coins in the Melaka Straits, Tenth to Fourteenth Centuries", *Journal of southeast Asian Studies* 37–2 (2006), pp. 179–203.

Hobsbawm, E.J., *The Age of Revolution: Europe 1789–1848*, London: Weidenfeld and Nicolson, 1962.

Hoffman, Philip T., "Prices, the military revolution, and western Europe's comparative advantage in violence", *Economic History Review* 64, S1 (2011), pp. 39–59.

Hoogervorst, Tom, "Southeast Asia in the ancient Indian Ocean World: Combining historical linguistic and archaeological approaches", Ph.D. diss. University of Oxford (2012).

________________, "An interdisciplinary approach towards the dispersal of Southeast Asian maritime technology across the Indian Ocean", in A. Sila Tripati (ed.), *Maritime archaeology*, New Delhi: Kaveri Books, 2014.

Horne, Gerald, *The Apocalypse of Settler Colonialism: The Roots of Slavery, White Supremacy, and Capitalism in Seventeenth-Century Nort America and the Caribbean*, New York: Nonthly Review Press, 2017.

Hudson, Pat, *The Industrial Revolution*, London: Hodder Arnold, 1992.

Huff, G., and G. Caggiano, "Globalization and Labor Market Integration in Late Nineteenth and Early Twentieth-Century Asia", in A.J. Flield, et al. (eds.), Research in Economic

History, Oxford: Elsevier, 2007.

Hwang, Ray, *Taxation and Governmental Finance in Sixteenth Century Ming China*, Cambridge: Cambridge Univ. Press, 1974.

Iccariano, Ubaldo, "The 'Galleon System' and Chinese Trade in Manila in the Turn of the 16th Century", *Ming Qing Yanjiu* 16 (2011), pp. 95–128.

Iliffe, John, *Africans: The History of a Continent*, Cambridge: Cambridge Univ. Press, 1995.

Inikori, Joseph E., "The Import of Firearms into West Africa, 1750 to 1807: A Quantitative Analysis", *Journal of African History* 18 (1977), pp. 339–368.

_______________, *Africans and the Industrial Revolution in England: A Study in International Trade and Economic Development*, Cambridge: Cambridge Univ. Press, 2002.

_______________, "Africa and the Globalization Process: Western Africa, 1450–1850", *Journal of Global History* 2 (2007), pp. 63–86.

_______________, "Transatlantic Slavery and Economic Development in the Atlantic World: West Africa, 1450–1850", in *The Cambridge World History of Slavery*, vol. 3: *AD 1420–AD 1804*, ed. by David Eltis and Stanley L. Engerman, Cambridge: Cambridge Univ. Press, 2011.

Iwao Seiichi, "The 'Country of Silver'", *Japan Quarterly* 5–1 (1958), pp. 43–50.

Jacks, David S., "Intra- and international commodity market integration in the Atlantic economy, 1800–1913", *Explorations in Economic History* 42 (2005), pp. 381–413.

Jun Seong Ho, J.B. Lewis and Kang Han-Rog, "Korean Expansion and Decline from the Seventeenth to the Nineteenth Century: A View Suggested by Adam Smith", *Journal of Economic History* 68 (2008), pp. 244–282.

_______________________________________, "Stability or Decline? Demand or Supply?", *Journal of Economic History* 69 (2009), pp. 1144–1151.

____, "Labour costs, land prices and interest rates in the southern region of Korea (1700 to 1900)", Paper presented in International Conference on 'Towards a Global History of Prices and Wages' by IISG, 19–21 Aug. 2014 (http://iisg.nl/hpw/conference.html, 2020년 12월 26일 참조).

Kelly, Morgan, and Cormac O'Gráda, "Speed under Sail, 1750–1850", UCD Working Paper Series WP14/10 (2014), pp. 1–21.

Kemp, Tom, *Industrialization in Nineteenth-Century Europe*, 2nd ed., London and New York: Longman, 1985.

Kim Seonmin, "Borders and Crossings: Trade, Diplomacy, and Ginseng between Qing China and Choson Korea", Ph.D. diss. Duke University, 2006.

Kindleberger, Charles P. , *Spenders and Hoarders: The World Distribution of Spanish American Silver 1550–1750*, Singapore: Institute of Southeast Asian Studies, 1989.

Klein, Herbert S., *The Atlantic Slave Trade*, 2nd. ed., Cambridge: Cambridge Univ. Press, 2010.

________________, S. L. Engerman, R. Haines, and R. Shlomowitz, "Transoceanic Mortality: The Slave Trade in Comparative Perspective", *William and Mary Quarterly*, 3d Series, 58–1 (2001), pp. 93–118.

Kobata A., "The Production and Uses of Gold and Silver in Sixteenth and Seventeenth-Century Japan", *Economic History Review* 93–2 (1965), p. 245–266.

Komlos, John, "*The Industrial Revolution* as the Escape from the Malthusian Trap", Munich Discussion Paper no. 2003–13 (2003), pp. 1–36.

Kriedte, P. , et al., *Industrialization before Industrialization: Rural Industry in the Genesis of Capitalism*, trans. B. Schempp, Cambridge: Cambridge Univ. Press, 1981.

Kugler, Peter, and Peter Bernholz, "The Price Revolution in the 16th Century: Empirical Results from a Structural

Vectorautoregression Model", WWZ Working Paper 12/07 (2007), pp. 1–19.
Kuroda Akinobu, "Why and How did Silver dominate across Eurasia late–13th through mid–14th century? Historical Backgrounds of the Silver Bars Unearthed from Orheiul Vechi", *Tyragetia*, 11–1 (2017), pp. 23–34.
Landes, David S., *The Unbound Prometheus*, Cambridge: Cambridge Univ. Press, 1972.
Lavely, William, and R. Bin Wong, "Revising the Malthusian Narrative: the Comparative Study of Population Dynamics in Late Imperial China", CSDE Working Paper no. 98–05 (1998), pp. 1–45.
Lewis, James B., *Frontier Contact Between Chosŏn Korea and Tokugawa Japan*, London: RoutledgeCurzon, 2003.
Lieberman, Victor, *Strange Parallels: Southeast Asia in Global Context, c. 800–1830*, 2 vols., Cambridge: Cambridge Univ. Press, 2003 and 2009.
Lim, Ivy M., "Qi–Jiguang and Hu Zhongxian's Anti–wokou Campaign", in Y.H. Teddy Sim (ed.), *The Maritime Defence of China: Ming General Qi Jiguand and Beyond*, Singapore: Springer, 2017.
Lindert, P. H., and J.G. Williamson, "English Workers' Living Standard During *the Industrial Revolution*: A New Look", *Economic History Review* 36 (1983), pp. 1–25.
Liu Ying, et al. (eds.), *Zheng He's Maritime Voyages (1405–1433) and China's Relations with the Indian Ocean World: A Multilingual Bibliography*, Leiden: Brill, 2014.
Lo Jung–Pang, *China as a Sea Power 1127–1368*, Hongkong: Hongkong Univ. Press, 2012.
Lombard, Denys, "Another 'Mediterranean' in Southeast Asia", *Asia Pacific Journal: Japan Focus* (Mars 2007). URL: http://www.japanfocus.org/–Denys–Lombard/ 2371, 2009년 6월 3일 참조.
Lopez, Robert A., *The Commercial Revolution of the Middle Ages,*

950–1350, Cambridge: Cambridge Univ. Press, 1976.
Lorge, Peter A., *The Asian Military Revolution: From Gunpowder to the Bomb*, Cambridge: Cambridge Univ. Press, 2008.
Lovejoy, Paul E., "The Impact of the Atlantic Slave Trade on Africa: A Review of the Literature", *Journal of African History* 30 (1989), pp. 365–394.
______________, *Transformation in Slavery. A history of slavery in Africa*, 3rd ed., Cambridge: Cambridge Univ. Press, 2011.
Maddison, Angus, and Pierre van der Eng, "Asia's Role in the Global Economy in Historical Perspective", Centre for Economic History, The Austalian National Univ. Discussion Paper, no. 2013–11 (2013).
Mahdi, Waruno, "Origins of Southeast Asian Shipping and Maritime Communication Across the Indian Ocean", in G. Campbell (ed.), *Early Exchange between Africa and the Wider Indian Ocean World*, Cham, Switzerland: Palgrave MacMillan, 2016.
Mancall, Peter, "Commodity Exports, Invisible Exports and Terms of Trade for the Middle Colonies, 1720 to 1775", NBER Working Paper 14334 (2008).
______________, J. Rosenbloom and T. Weiss, "Exports and Slow Economic Growth in the Lower South Region, 1720–1800", NBER Working Paper 12045 (2006).
Márquez, Graciela, "Commercial Monopolies and External Trade", in *The Cambridge Economic History of Latin America*, vol. 1: *The Colonial Era and the Short Nineteenth Century*, Cambridge: Cambridge Univ. Press, 2006.
McCants, Anne M., "Exotic Goods, Popular Consumption, and the Standard of Living: Thinking about Globalization in the Early Modern World", *Journal of World History* 18 (2007), pp. 433–462.
______________, "Poor Consumers as Global Consumers: The Diffusion of Tea and Coffee Drinking in the Eighteenth Century", *Economic History Review* 61–1 (2008), pp. 172–200.
McCloskey, Deirdre, *The Bourgeois Virtues: Ethics for an Age of*

Commerce, Chicago: Univ. of Chicago Press, 2006.

________________, *The Bourgeois Dignity: Why Economics Cant's Explain the Modern World*, Chicago: Univ. of Chicago Press, 2010.

________________, *The Bourgeois Equality: How Ideas, Not Capital or Institutions, Enriched the World*, Chicago: Univ. of Chicago Press, 2016.

McCusker, John J., and Russell Menard, *The Economy of British America, 1607–1789*, Chape Hill, NC: Univ. of North Carolina Press, 1985.

McKeown, Adam, "Global Migration, 1846–1940", *Jurnal of World History* 15–2 (2004), pp. 155–189.

McLaughlin, Raoul, *Rome and the Distant East: Trade Routes to the Ancient Landes of Arabia, India and China*, London: Continuum, 2010.

Mendels, Franklin F., "Proto-industrialization: the first phase of the industrialization process", *Journal of Economic History* 32–1(1972), pp. 241–261

Mendes, António de Almeida, "The Foundations of the System: A Reassessment of the Slave Trade to the Spanish Americas in the Sixteenth and Seventeenth Centuries", in David Eltis and David Richardson (eds.), *Extending the Frontiers: Essays on the New Transatlantic Slave Trade Database*, New Haven: Yale Univ. Press, 2008.

Mintz, Sidney W., and Richard Price, *The Birth of African-American Culture: An Anthropological Perspective*, Boston: Beacon Press, 1976, 1992.

Moll-Murata, Christine, "Chinese Price and Wage Data of the Seventeenth and Eighteenth Centuries: Availability and Problems", Paper presented in International Conference on 'Towards a Global History of Prices and Wages', 19–21 Aug. 2004. URL://http://www.iisg.nl/hpw/conference.html. 2021년 2월 7일 참조.

Moloughney, Brian, and Xia Weizhong, "Silver and the Fall of the

Ming: A Reassessment", *Papers on Far Eastern History* 40 (1989), p. 51-78.

More, Karl, and David Lewis, *The Origins of Globalization*, New York and London: Routledge, 2009.

Morgan, Kenneth, "Liverpool's Dominance in the British Slave Trade, 1740-1807", in David Richardson, S. Schwarz, and A. Tibbles (eds.), *Liverpool and Transatlantic Slavery*, Liverpool: Liverpool Univ. Press, 2007.

__________, "Atlantic Trade and British Economy"(2016), Oxford Bibliographies. URL:https:// www.oxfordbibliographies.com/view/document/obo-9780199730414/obo -9780199730414-0035.xml (2020. 12. 21 참조).

Morineau, Michel, "Fonction de base et diversification des roles de l'or et de l'argent dans la vie économique à l'Epoche Moderne", in C.E. Núñez (ed.), *Monetary History in Golbal Perpective, 1500-1800* (B6 Proceedings Twelfth International Economic History Congress, Madrid, Aug. 1998), Sevilla: Publ. de la Universidad de Sevilla, 1998.

Munro, John H., "Political Muscle in an Age of Monetary Famine: a Review", *Revue belge de phililogie et d'histoire* 64-4 (1986), pp. 741-746.

__________, "Precious Metals and the Origins of the Price Revolution Reconsidered: The Conjuncture of Monetary and Real Forces in the European Inflation of the Early to Mid-16th Century", in Clara E. Núñez, ed., *Monetary History in Global Perspective, 1500-1808* (B6 Proceedings Twelfth International Economic History Congress, Madrid, Aug. 1998), Sevilla: Publ. de la Universidad de Sevilla, 1998.

__________, "The Monetary Origins of the 'Price Revolution': South German Silver Mining, Merchant Banking, and Venetian Commerce, 1470-1540", in Dennis O. Flynn, et al. (eds.), *Global Connections and Monetary History, 1470-1800*, Aldershot, U.K.: Ashgate, 2003.

__________, "Money, Prices, Wages, and 'Profit Inflation' in Spain, the Southern Netherlands, and England during the Price Revolution era:

ca. 1520–ca. 1650", *História et Economica* 4–1 (2008), pp. 13–71.

Mutoukias, Z., "Una forma de oposición: el Contrabando", in M. Ganci and R. Romano (eds.), *Governare il mondo. L'impero spagnolo dal XV al XIX secolo*, Plarmo: Società Siciliana, 1991.

Nadri, *Eighteenth-Century Gujarat: The Dynamics of Its Political Economy, 1750–1800*, Leiden and Boston: Brill, 2009.

Nef, John U., "Silver Production in Central Europe, 1450–1618", *Journal of Political Economy* 99 (1941), pp. 575–591.

Newitt, Mayln, *A History of Portuguese Overseas Expansion, 1400–1668*, London and New York: Routledge, 2005.

North, Douglass, "Sources of Productivity Change in Ocean Shipping, 1600–1850", *Journal of Political Economy* 76 (1968), pp. 953–970.

North, Michael, *The Baltic: A History*, trans. K. Kronenberg, Cambirdge, Mass.: Harvard Univ. Press, 2015.

Nun, Nathan, "The Long-Term Effects of Africa's Slave Trade", *Quarterly Journal of Economics* 123 (2008), p. 139–176.

O'Brien, Patrick K., "European Economic Development: The Contribution of the Periphery", *Economic History Review*, 2nd ser., 35–1 (1982), pp. 1–18

______________________, *The Economies of Imperial China and Western Europe: Debating the Great Divergence*, Cham, Switzerland: Palgrave Macmillan, 2020.

O'Malley, Gregory E., *Final Passages. The Intercolonial Slave Trade of British America, 1619–1807*, Chapel Hill: Univ. of North Carolina Press, 2014.

O'Rourke, Kevin H., and Jeffrey G. Williamson, "After Columbus: Explaining Europe's Overseas Trade Boom, 1550–1800", *Journal of Economic History* 62–2 (2002), pp. 417–455.

____, "When Did Globalization Begin?", *European Review of Economic History* 6 (2002), pp. 23–50.

____, "Once More: When

Did Globalisation Begin?", *European Review of Economic History* 8 (2002), pp. 109–117.

Osterhammel, Jürgen, *The Transformation of the World. A Global History of the Nineteenth Century*, trans. P. Camiller, Princeton, NJ: Princeton Univ. Press, 2014.

Overton, Mark, *Agricultural Revolution in England: The Transformation of the Agrarian Economy 1500–1850*, Cambridge: Cambridge Univ. Press, 1996.

______________, et al., *Production and Consumption in English Households, 1600–1750*, London and New York: Routledge, 2004.

Palat, Ravi, *The Making of An Indian Ocean World-Economy, 1250–1650*, Houndmills, UK: Palgrave Macmillan, 2015.

Palma, Nuno, "Sailing Away from Malthus: Intercontinental Trade and European Economic Growth, 1500–1800", LSE Economic History Working Papers no. 210/2014 (2014), pp. 1–22.

Pamuk, Şevket, "The Disintegration of the Ottoman Monetary System During the Seventeenth Century", *Princeton Papers in Near Eastern Studies* 2, (1993) pp. 67–81.

______________, *A Monetary History of the Ottoman Empire*, Cambridge: Cambridge Univ. Press, 2000.

Panza, Laura, "Globalisation and the Ottoman Empire: A study of integration between Ottoman and world cotton markets", La Trobe University Working Paper no. 1 of 2012 (2012), pp. 1–36.

Park Ki-Joo, and Donghyu Yang, "The Standard of Living in the Chosŏn Dynasty Korea in the 17th to 19th Centuries", *Seoul Journal of Economics* 20–3 (2007), pp. 297–332.

Parker, Geoffrey, *The Military Revolution: Technological Innovation and the Rise of the West*, 2nd ed., Cambridge: Cambridge Univ. Press, 1996.

______________, "Crisis and Catastrophe: The Global Crisis of the Seventeenth Century Reconsidered", *American Historical Review* 113–4 (2008), pp. 1053–1079.

Parthasarathi, Prasannan, "Cotton Textiles in the Indian Subcontinent, 1200–1800", in G. Riello and P. Parthasarathi (eds.), *The Spinning World: A Global History of Cotton Textiles, 1200–1850*, Oxford: Oxford Univ. Press, 2009.

______________________, *Why Europe Grew Rich and Asia Did Not. Global Economic Divergence, 1600–1850*, Cambridge: Cambridge Univ. Press, 2011.

Pedersen, Maja U., Vincent Geloso, and Paul Sharp, "Globalization and Empire: Market integration and international trade between Canada, the United States and Britain, 1750–1870", CAGE Working Paper no. 531 (2020), pp. 1–46.

Perlin, Frank, "A History of Money in Asian Perspective", *Journal of Peasant Studies*, 7–2 (1980), pp. 235–244.

Persson, Karl Gunnar, *Grain Markets in Europe, 1500–1900: Integration and Deregulation*, Cambridge: Cambridge Univ. Press, 2004.

Phillips, Jr., William D., "Slavery in the Atlantic Islands and the Early Modern Spanish Atlantic World", in *The Cambridge World History of Slavery*, vol. 3: *AD 1420–AD 1804*, ed. by David Eltis and Stanley L. Engerman, Cambridge: Cambridge Univ. Press, 2011.

Pilossof, Rory, "'Guns Don't Colonise People...': The Role and Use of Firearms in Pre-Colonial and Colonial Africa", *Kronos* 36 (2010), pp. 266–277.

Pomeranz, Kenneth, *The Great Divergence: China, Europe and the Making of the Modern World Economy*, Princeton, NJ: Princeton Univ. Press, 2000.

Prakash, Om, "European trade and South Asian economies: some regional contrasts, 1600–1800", in L. Blussé and G.S. Gaastra (eds.), *Companies and Trade. Essays on Overseas Trading Companies during the Ancient Régime*, Leiden: Leiden Univ. Press, 1981.

________, *Dutch East India Company and the Economy of Bengal*

1630–1720, Princeton, NJ: Princeton Univ. Press, 1985.

_____________, "Precious Metal Flows into India in the Early Modern Period", in C.E. Núñez (ed.), *Monetary History in Golbal Perpective, 1500–1800* (B6 Proceedings Twelfth International Economic History Congress, Madrid, Aug. 1998), Sevilla: Publ. de la Universidad de Sevilla, 1998.

Ray, Indrajit, "The myth and reality of deindustrialisation in early modern India", in L. Chaudhary, et al. (eds.), *A New Economic Histroy of Colonial India*, London and New York: Routledge, 2016.

Rediker, Marcus, *Villains of All Nations: Atlantic Pirates in the Golden Age*, London and New York: Verso, 2012.

Reid, Anthony, "Economic and Social Change, c. 1400–1800", in *The Cambridge History of Southeast Asia*, vol. 1: *From Early Times to c. 1800*, ed. by Nicholas Tarling, Cambridge: Cambridge Univ. Press, 1992.

_____________, *Southeast Asia in the Age of Commerce*, 2 vols., New Haven: Yale Univ. Press, 1993.

_____________, *Charting the Shape of Early Modern Southeast Asia*, Chiang Mai: Silkworm Books, 1999.

_____________, *A History of Southeast Asia: Critical Crossroads*, Oxford: Wiley Blackwell, 2015.

Rennstich, Joachim K., "Three steps in globalization: Global networks from 1000 BCE to 2050 CE", in B.K. Gills and W.R. Thompson (eds.), *Globalization and Global History*, London and New York: Routledge, 2006.

Richards, John F., "Early Modern India and World Hisotry", *Journal of World History* 8–2 (1997), pp. 197–209.

Richards, W.A., "The Imports of Firearms into West Africa in the Eighteenth Century", *Journal of African History* 21 (1980), pp. 43–49.

Richardson, David, "The Slave Trade, Sugar, and British Economic Growth, 1748–1776", *Journal of Interdisciplinary History* 17–4

(1987), pp. 739–769.

________________, "The British Empire and the Atlantic Slave Trade, 1660–1807", in P. J. Marshall, ed., *The Oxford History of the British Empire*, vol. 2: *The Eighteenth Century*, Oxford: Oxford Univ. Press, 1998.

Riello, Giorgio, *Cotton: The Fabric that made the Modern World*, Cambridge: Cambridge Univ. Press, 2013.

____________, and T. Roy, "Introduction: The World of South Asian Textiles, 1500–1850", in Riello, Giorgio, and T. Roy (eds.), *How India Clothed the World. The World of South Asian Texteiles, 1500–1800*, Leiden: Brill, 2009.

Rodney, Walter, *How Europe Underdeveloped Africa*, London: Bogle-L'Ouverture Publ., 1972.

Rönnbäck, Klas, "Integration of Global Commodity Markets in the Early Modern Era", *European Review of Economic History* 13 (2009), pp. 95–120.

____________, "The speed of ships and shipping productivity in the age of sail", *European Review of Economic History* 16 (2012), pp. 469–489.

Roy, Tirthankar, *India in the World Economy: From Antiquity to the Present*, Cambridge: Cambridge Univ. Press, 2012.

____________, *An Economic History of Early Modern India*, London and New York: Routledge, 2013.

Saito Osamu and Settsu Tokihiko, "Money, credit and Smithian growth in Tokugawa Japan", Hitotsubashi University Discussion Paper Series no. 139 (2006), pp. 1–23.

Schaffer, Linda, "Southernization", *Journal of World History* 5-1 (1994), p. 1–21.

Schmidt, Johannes D., and Jacques Hersh, "Economic History and the 'East Wind': Challenges to Eurocentrism", *Monthly Review*, vol. 69, issue 09 (Feb. 2018). URL://www.monthlyreview.org/2018/02/01/economic-history-and-the-east-wind/ (2020년 8월 9일 참조).

Schottenhammer, Angela, "The East Asian Maritime World, 1400-1800: Its fabrics of powers and dynamics of exchanges - China and her neighbours", in Angela Schottenhammer (ed.), *The East Asian Maritime World 1400-1800: Its Fabrics and Power and Dynamics of Exchanges*, Wiesbaden: Harrassowitz Verlag, 2007.

__________________________, "Empire and Periphery? The Qing Empire's Relations with Japanand the Ryūkyūs (1644-c. 1800), a Comparison", *The Medieval History Journal* 16-1 (2013), pp. 139-196.

__________________________, "The East Asian 'Mediterranean': A Medium of Flourishing Exchange Relations and Interaction in the East Asian World", in Peter N. Miller (ed.), *The Sea: Thalassography and Historiography*, Ann Arbor: The Univ. of Michigan Press, 2013.

Sen, Tansen, "Maritime Southeast Asia Between South Asia and China to the Sixteenth Century", *TRaNS*, 2-1 (2014), pp. 31-59.

___________, "The impact of Zheng He's expeditions on Indian Ocean interactions", *Bulletin of SOAS* 79-3 (2016), pp. 609-636.

Sharman, J.C., "Myths of military revolution: European expansion and Eurocentrism", *European Journal of International Relations* 24-3 (2018), pp. 491-513.

Sharp, Paul, "The Long American Grain Invasion of Britain: Market integration and the wheat trade between North America and Britain from the Eighteenth Century", University of Copenhagen Discussion Papers no. 08-20 (n.d.), pp. 1-24.

___________, and Jacob Weisdorf, "Globalization revisited: Market integration and the wheat trade between North America and Britain from the eighteenth century", *Explorations in Economic History* 50 (2012), pp. 88-98.

Sherwood, Marika, *After Abolition: Britain and the Slave Trade Since 1807*, London: I.B. Tauris, 2007.

Shin, Michael D. (ed.), *Everyday Life in Joseon-Era Korea. Economy and Society*, Leiden and Boston: Global Oriental, 2014.

Smith, Jeremy C.A., "Europe's Atlantic Empires: Early Modern State Formation Reconsidered", *Political Power and Social Theory* 17 (2005), pp. 103-153.

Snooks, G.D. (ed.), *Was the Industrial Revolution Necessary?*, London and New York: Routledge, 1994.

So, Billy K.L., "Economic values and social space in the historical Lower Yanzi Delta market economy: an introduction", in Billy K.L. So (ed.), *The Economy of Lower Yangzi Delta in Late Imperial China: Connecting money, markets, and institutions*, New York: Routledge, 2013.

Soares, Pedro, et al., "Ancient Voyaging and Polynesian Origins", *The American Journal of Human Genetics* 88 (2011), pp. 239-247.

Solar, Peter M., "Opening to the East: Shipping between Europe and Asia, 1770-1830", *Journal of Economic History* 73 (2012), pp. 625-661.

______________, and Klas Rönnbäck, "Copper Sheathing and the British Slave Trade", *Economic History Review* 68-3 (2015), pp. 806-829.

______________, and Luc Hens, "Ship speeds during the Industrial Revolution: East India Company ships, 1770-1828", *European Review of Economic History* 20 (2015), pp. 66-78.

______________, and Pim de Zwart, "Why were Dutch East Indianmen so Slow?", *The International Journal of Maritime History* 2904 (2017), pp. 738-751.

Solow, Barbara L., "Caribbean Slavery and British Growth: The Eric Williams Hypothesis", *Journal of Development Economics* 17 (1985), pp. 99-115.

Stiglitz, Joseph, *Making Globalization Work*, New York: W.W. Norton, 2007.

Stutz, Frederick, and Barney Warf, *The World Economy: Geography, Business, Development*, 6th ed., New York: Pearson, 2012.

Sugihara Kaoru, "Labour-intensive industrialization in global history:

an interpretation of East Asian experience", in G. Austin and K. Sugihara (eds.), *Labour-Intensive Industrialization in Global History*, London and New York: Routledge, 2013.

Sutherland, Heather, "Contingent Devices", in Paul H. Kratoska, Remco Raben, and Henk Schulte Nordholt (eds.), *Locating Southeast Asia: Geographies of Knowledge and Politics of Space*, Singapore: Singapore Univ. Press, 2005.

Sylla, R., and G. Toniolo (eds.), *Patterns of European Industrialization: The Nineteenth Century*, London and New York: Routledge, 1991.

Temin, Peter, "Globalization", *Oxford Review of Economic Policy* 15-4 (1999), pp. 76-89.

Terborn, Görn, "Globalization and Inequality: Issue of Conceptualization and Explanation", *Sozial Welt* 52 (2001), pp. 449-476.

Thornton, John, "The Slave Trade in Eighteenth Century Angola: Effects on Demographic Structures", *Canadian Journal of African Studies* (1980), pp. 417-427.

______________, *Africa and Africans in the Making of the Atlantic World, 1400-1680*, Cambridge: Cambridge Univ. Press, 1992.

Tremml-Werner, Birgit, *Spain, China, and Japan in Manila, 1571-1644: Local Comparisons and Global Connecitons*, Amsterdam: Amsterdam Univ. Press, 2015.

Uebele, Martin, "National and international market integration in the 19th century: Evidence from comovement", *Explorations in Economic History* 48 (2011), pp. 226-242.

Unger, Richard W., "Integration of Baltic and Low Countries grain markets, 1400-1800", in *The interactions of Amsterdam and Antwerp with the Baltic region, 1400-1800. De Nederlanden en het Oostzeegebied, 1400-1800*, Papers presented at the third international conference of the 'Association Internationlae d'Histoire des Mers Norgiques de l'Europe', Utrecht, August 30th-September 3rd 1982, Leiden: Martinus Nijjhoff, 1983.

___________ (ed.), *Shipping and Economic Growth 1350-1850*, Leiden and Boston: Brill, 2011.

Van der Wee, Herman, *The Growth of the Antwerp Market and the European Economy (fourteenth-sixteenth centuries)*, The Hague: Martinus Nijhoff, 1963.

Van Zanden, Jan Lutien, *The Long Road to the Industrial Revolution. The European Economy in a Global Perspective, 1000-1800*, Leiden: Brill, 2009.

______________________, and Daan Marks, *An Economic History of Indonesia, 1800-2000*, London and New York: Routledge, 2012.

Von Glahn, Richard, *Fountain of Fortune: Money and Monetary Policy in China, 1000-1700*, Berkeley: Univ. of California Press, 1996.

______________________, "Myth and Reality of China's Seventeenth Century Monetary Crisis", *Journal of Economic History* 56-2 (1996), pp. 429-454.

______________________, "Cycles of silver in Chinese monetary history", in Billy K.L. So (ed.), *The Economy of Lower Yangzi Delta in Late Imperial China: Connecting money, markets, and institutions*, New York: Routledge, 2013.

______________________, "The Ningbo-Hakata Merchant Network and the Reorientation of East Asian Maritime Trade, 1150-1350", *Harvard Journal of Asiatic Studies* 74-2 (2014), pp. 249-279.

______________________, "Economic Depression and the Silver Question in Nineteenth-Century China", in Manuel P. Garcia and Lucio De Sousa (eds.), *Global History and New Polycentric Approaches*, Singapore: Palgrave Macmillan, 2018.

______________________, "The Changing Significance of Latin American Silver in the Chinese Economy, 16th-19th Centuries", *Revista de Historia Economica* 38-3 (2019), pp. 553-585.

Wade, Geoff, "An Early Age of Commerce in Southeast Asia, 900-1300 CE", *Journal of Southeast Asia Studies* 40 (2009), pp. 221-265.

Wakeman, Frederic E., Jr., "China and the Seventeenth-Century Crisis", in Frederic E. Wakeman, Jr., *Telling Chinese History:*

A Selection of Essays, Berkeley: Univ. of California Press, 2009.

Wallerstein, *The Politics of the World-Economy: The States, the Movements and the Civilizations*, Cambridge: Cambridge Univ. Press, 1984.

Wang Ban (ed.), *Chinese Visions of World Order: Tianxia, Culture, and World Politics*, Durham: Duke Univ. Press, 2017.

Wang Gungwu, *The Nanhai Trade: The early history of Chinese trade in the South China Sea*, Singapore: Times Academic Press, 1998.

Wareing, John, *Indentured Migration and the Servant Trade from London to America, 1618-1718*, Oxford: Oxford Univ. Press, 2017.

Watson, Andrew M., "Back to Gold- and Silver", *Economic History Review* 20-1 (1967), pp. 1-34.

Weaver, John C., *The Great Land Rush and the Making of the Modern World, 1650-1900*, Montreal: McGill-Queens Univ. Press, 2006.

Wong Yong-tsu, *China's Conquest of Taiwan in the Seventeenth Century*, Singapore: Springer, 2017.

Wong, R. Bin, "Beyond Sinocentrism and Eurocentrism", *Science & Society* 67-2 (2003), pp. 173-184.

Wong, R., and Pierre-Etienne Will, "Entre monde et nation: les régions braudélliennes en Asie", *Annales. Histoire, Sciences Sociaes* 56e année, n. 1 (2001), pp. 5-41.

Wright, John, *The Trans-Saharan Slave Trade*, London and New York: Routledge, 2007.

Wrigley, E.A., *The Path to Sustained Growth: Englad's Transition from an Organic Economy to an Industrial Revolution*, Cambridge: Cambridge Univ. Press, 2016.

Wu Zhiliang, "The establishment of Macao as a special port city and ensuing debates", *Social Sciences in China* 30-2 (2009), pp. 116-133.

Yang Donghyu and Kim Shin-Haing, "An Escape from the 'Malthusian Trap': A Case of the Chosŏn Dynasty of Korea from 1701 to 1891 Viewed in Light of the British Industrial Revolution", *Seoul Journal of Economics* 26-2 (2013), pp. 173-201.

Yang, Bin, "Horse, Silver, and Cowries: Yunnan in Global Perpsective", *Journal of World History* 15-3 (2004), pp. 281-322.

Zhao Gang, *The Qing Opning to the Ocean. Chinese Maritime Politices 1684-1757*, Honolulu: Univ. of Hawaii Press, 2013.

Zhou Feizhou, *Institutional Change and Rural Industrialization in China: The Putting-Out System in Handicraft Industry in Late Qing and Early Republic Period*, Singapore: World Scientific Pub., 2018.

찾아보기

【ㄹ】

【ㅁ】

【ㅇ】

【ㅈ】

【ㅊ】

【ㅋ】

【ㅌ】

【ㅍ】

【ㅎ】

저자 소개

현재열

한국해양대 국제해양문제연구소 HK교수.

프랑스 근현대사 전공으로 2009년부터 한국해양대의 인문한국 프로젝트에 참여하면서 프랑스사 외에 도시사와 해양사 및 글로벌 역사로 관심의 폭을 넓혀 연구를 수행하여 다수의 논저를 발행하였다. 폴 뷔텔의 『대서양』(2017)과 조너선 데일리의 『역사대논쟁: 서구의 흥기』(2020) 외에 여러 저서를 번역했고, 『해항도시 문화교섭 연구방법론』(공저, 2014)과 『동아시아 해역세계의 인간과 바다 – 배, 선원, 문화교섭』(편저, 2020) 등 여러 연구서를 간행했다.